包装标准与法规

主　编　方海峰　李春伟　陈春晟
副主编　郑　权　田　静　关桦楠
　　　　崔琳琳

东北林业大学出版社

图书在版编目 （CIP） 数据

包装标准与法规／方海峰，李春伟，陈春晟主编.
--2 版. --哈尔滨：东北林业大学出版社，2016.7
（2025.4重印）
ISBN 978-7-5674-0805-0

Ⅰ.①包… Ⅱ.①方… ②李… ③陈… Ⅲ.①包装-
标准化-高等学校-教材②包装-法规-中国-高等学校-
教材 Ⅳ.①TB48-65②D922.292

中国版本图书馆 CIP 数据核字 （2016） 第 150536 号

责任编辑：戴 千
封面设计：刘长友
出版发行：东北林业大学出版社（哈尔滨市香坊区哈平六道街 6 号 邮编：150040）
印 装：三河市佳星印装有限公司
开 本：787mm×960mm 1/16
印 张：26.75
字 数：487 千字
版 次：2016 年 8 月第 2 版
印 次：2025年4月第3次印刷
定 价：109.00 元

如发现印装质量问题，请与出版社联系调换。（电话：0451-82113296 82191620）

编 委 会

主　任　赵 红（齐齐哈尔大学）

副主任　方海峰（东北林业大学）

　　　　苏 丹（黑龙江科技学院）

编　委　（以姓氏笔画为序）

　　　　马文哲（黑龙江交通职业技术学院）

　　　　王 维（齐齐哈尔大学）

　　　　王海霞（齐齐哈尔大学）

　　　　田 静（黑龙江工程学院）

　　　　纪 铖（哈尔滨德强商务学院）

　　　　许裔男（哈尔滨理工大学）

　　　　李鸿鹏（东北农业大学）

　　　　李雯雯（绥化学院）

　　　　陈春晟（东北林业大学）

　　　　郑 权（东北林业大学）

　　　　周 颐（东北农业大学）

　　　　赵 琪（黑龙江交通职业技术学院）

　　　　黄俊彦（大连工业大学）

　　　　曾 瑶（黑龙江农垦职业学院）

　　　　关桦楠（哈尔滨商业大学）

　　　　崔琳琳（哈尔滨商业大学）

　　　　李 明（哈尔滨职业技术学院）

序

　　包装工程在中国是一门新兴的综合性学科，虽然涉足该领域研究的学者越来越多，一些研究专著相继出版，但是，我国包装工程高等教育起步较晚，学科建设相对薄弱。1984年教育部将包装工程列为试办专业，此后几年间我国先后有十多所高校开设了包装工程专业。1993年国家教委将包装工程列为正式专业，进一步推动了包装工程高等教育的发展。经过近二十年的建设，包装工程高等教育取得了可喜的成绩。

　　本书编写的目的是努力提供一种认识包装工程的新方法、新技术和新理念。因此，本书的大部分内容是在许多研究包装领域的前辈的研究成果上进行的，另有部分内容是依据国家标准和相关研究案例来编写的，以期尽可能地展示更具有技术性的研究路线，使学生从中获得必要的技术实践训练。

　　本系列丛书编写得还很不完善，希望使用本系列丛书的有关院校及师生和广大读者提出宝贵意见，以便使本系列丛书得到进一步的修改和完善。

包装工程系列丛书编委会

2016年4月

前　言

　　我国包装工业 30 多年来，经历了从无到有、从小到大的发展历程，如今中国已是世界第二包装大国，年工业产值超过 12 000 亿元人民币，包装产品、产量都居于世界前列。在国民经济 42 个工业行业中，包装工业总产值从 20 世纪 80 年代的倒数第 2 位提升至第 14 位，成为国民经济中举足轻重的产业。尤其是产品贸易逐步标准化、规范化、国际化以来，包装系列标准与法规在包装行业发展中扮演着十分重要的角色。

　　标准是对重复性事物和概念所做的统一规定。它以科学、技术和实践经验的综合成果为基础，经有关方面协商一致，由主管机构批准，以特定形式发布，作为共同遵守的准则和依据。包装标准是商品标准中十分重要、不可缺少的内容，是衡量包装质量的技术法规，又是包装生产和质量检验的准则。在有利于商品生产流通、安全、节约的原则下，对包装材料、造型、规格尺寸、容量、印刷标志及盛放、衬垫、包装、捆扎方法等颁发的统一规定。包装标准应包括包装基础标准、包装体系标准、包装规格尺寸标准、包装容量标准、包装材料标准、包装标志标准、包装试验标准等。

　　《包装标准与法规》汇编本是根据专业教学过程中的实际需要，对国家包装标准体系中较重要、难理解以及实用性强的系列标准和法规进行整理汇编而成。本教材舍弃基础术语、包装试验条件、结构设计规范等其他教材中的重复内容和非常用系列标准，重点对运输包装尺寸系列、运输包装件试验方法、包装常用材料试验方法、实用包装技术、包装标志及与包装关系密切的知识产权法进行整理汇编。其中大部分摘自《中国包装标准汇编》，有些内容源于中国包装标准网。该汇编本适用于包装工程、物流工程等专业本科教学，满足了本科生专业学习、教学实验及课内外实践的需要，对学生综合能力的培养将起到至关重要的作用。

　　本书共分九章，其中东北林业大学方海峰老师主要编写第一、二、三章，并对全书进行整理；东北林业大学陈春晟老师编写第四章；东北林业大学郑权老师编写第五章和第六章；哈尔滨商业大学崔琳琳老师编写第七章第一节至第十七节；哈尔滨商业大学关桦楠老师编写第七章第十八节至第二十六节及第八章第一节至第四节；黑龙江工程学院田静老师编写第八章第五节至第七节及第九章。内容的设定注重学生的综合应用和实践创新能力培养，为其就业岗位需要和业务能力发展打下坚实基础。

《包装标准与法规》的编写历时较长，书稿的顺利完成得益于各位编者的辛勤工作，感谢各位编者，感谢东北林业大学出版社编辑的支持与帮助，同时也感谢业内人士对标准的不断更新和改进。

本书可供包装工程专业、物流专业等专业学生做教材，也可供相关企业、进出口公司、海关等设计人员、实验人员、检验检疫人员或从事相关工作的人员作为工作参考。

本书尚有很多不足之处，敬请大家批评指正。

编　者

2016 年 5 月

目　　录

第一章　包装标准基础知识

本标准讲述了标准化的基本概念、标准认证体系、标准的分类以及标准化的作用与意义，使读者对包装标准有初步的了解。

第一节　标准化的基本概念

1. 标准

标准为在一定范围内获得最佳程序，对活动或其要规定的范畴共同和重复使用的规范性，指南或特性的文件。该文件经协商一致制定并经一个公认机构批准。

注：标准应以科学、技术和经验的综合成果为基础，并以促进最大社会效益为目的。

2. 标准化

标准化为在一定的范围内获得最佳秩序，以实际的或潜在的问题制定共同的和重复使用的规则的活动。

注：①上述活动尤其要包括制定、发布及贯彻标准的过程。

②标准化的显著好处是改进产品、过程和服务的适用性，防止技术壁垒，并便于技术合用。

3. 体系

体系为相互关联或相互作用的一组要素。

4. 国际标准

国际标准为国际标准化组织（ISO）、国际电工委员会（IEC）所制定的标准，以及 ISO 所出版的国际标准题目关键词索引（KWIC Index）中收录的其他国际组织制定的标准等。

5. 国家标准

国家标准为需要在全国范围内统一的技术要求，由国务院标准化行政部门组织制定的标准。

6. 行业标准

行业标准为没有国家标准而又需要在全国某个行业范围内提出技术要求，由国务院有关行政主管部门组织制定的标准。

7. 地方标准

地方标准为没用国家标准和行业标准而又需要在省、自治区、直辖市范围内统一的工业产品的安全、卫生要求、由省、自治区、直辖区市标准化行政主管部门制定的标准。

8. 企业标准

企业标准为企业生产的产品没有国家标准、行业标准、地方标准的，而需要在企业内统一的技术要求和管理事项，由企业制定并经企业最高管理者批准发布的标准。

9. 产品标准

产品标准为保证产品的适用性、以产品必须达到的某些或全部要求所制定的标准。其范围包括品种、规格、技术性能、试验方法、检验规则、包装、贮藏、运输等。

10. 方法标准

方法标准为以试验、检查、分析、抽样、统计、计算、测定、作业等各种方法对象制定的标准。

11. 基础标准

基础标准为在一定范围内作为其他标准的基础并普遍适用，具有广泛指导意义的标准。如名词、术语、符号、代号、标识、方法、模数、公差与配合、优先数系、基本参数系列、产品系列型谱、产品环境条件、可靠性要求等。

12. 标准体系

标准体系为一定范围内的标准按其内在联系形成的科学有机整体。

13. 标准体系表

标准体系表为在一定范围内的标准，按其内在的相互关系绘制成的，能够反映标准体系特性的图表。

14. 标准样品（实物标准）

标准样品为具有准确的标准值、均匀性和稳定性并具有一种或多种性能特征，经国务院标准化行政主管部门或者国务院有关行政主管部门批准，取得证书和标志的实行标准。

第二节　标准化认证体系

1. ISO9000

ISO9000 是国际标准化组织颁布的全世界范围内通用的质量管理和质量保证方面的一套系列标准，目前已被 90 多个国家所采用，该系列的影响，有人称为"ISO—9000 现象"。

ISO9000 标准主要是为了促进国际贸易而颁布的，是买卖双方对质量的一种认可，是贸易活动中建立相互信任关系的基石。众所周知，对产品提出性能指标等要求的产品有很多企业标准和国家标准，但这些还不能够完全解决客户的要求，不能完全满足客户的需要。客户希望拿到的产品不但当时检验是合格的，而且在产品的全部生产和使用过程中，它也是可信的。

ISO9000 体系标准就是要求在产品设计、生产和使用过程中，不仅对人，而且对设备，对方法，对文件等一系列工作都提出了明确的要求，通过工作质量来保证产品实物质量，最大限度地降低它隐含的缺陷。现在许多国家把 ISO9000，QS9000，ISO14000 标准转化为自己国家的标准，鼓励、支持企业按照这个标准来组织生产，进行销售，规范企业行为。而作为买卖双方，特别是作为产品的需求方，也就是客户，希望产品的质量当时是好的，在整个使用过程中，它的故障率也降低到最低程度，即使有了缺陷，也能给用户提供及时服务。在这些方面 ISO9000 族体系标准都有要求。符合 ISO9000 标准已经成为在国际贸易上需求方的一种最低限度的要求，只有产品质量达到了国际公认的 ISO9000 质量保证体系的水平，才继续进行谈判。一个现代的企业，为了使自己的产品能够占领市场，能够把自己产品打向国际市场，无论如何都要把质量管理水平提高一步，同时，基于客户的要求，很多企业也都高瞻远瞩地考虑到市场的情况，主动把工作规范在 ISO9000 的这个尺度上。这样就能够逐步把实物质量提高上去。因为 ISO9000 体系是一个市场机制，很多国家为了保护自己的消费市场，鼓励消费者优先采购获得 ISO9000 认证的企业产品。可以说，通过 ISO9000 认证已经成为企业证明自己产品质量，工作质量的一种护照。

ISO9000 标准中有关质量体系保证的标准有三个：ISO9001，ISO9002，ISO9003。

ISO9001 质量体系标准是设计、开发、生产、安装和服务的质量保证模式；

ISO9002 质量体系标准是生产、安装和服务的质量保证模式；

ISO9003 质量体系标准是最终检验和试验的质量保证模式；

企业通过 ISO9000 体系认证，有如下意义。

（1）有助于企业提高质量管理水平及员工素质，提高质量，从而提高企业信誉和效益。

（2）产品质量和服务质量的提高，满足了用户的需求，保护了消费者的权益。

（3）ISO9000 标准，就相当于拥有了进入国际市场的护照，为产品进入国际市场铺平了道路。

（4）企业取得了权威机构的质量认证，就可避免用户的重复检验，可以节省大量的检验评审费用，用户也对产品树立了信心。

2. ISO14000

ISO14000 系列国际标准是国际标准化组织（ISO）汇集全球环境管理及标准化方面的专家，在总结全世界环境管理科学经验基础上制定并正式发布的一套环境管理的国际标准，涉及环境管理体系、环境审核、环境标志、生命周期评价等国际环境领域内的诸多焦点问题。旨在指导各类组织（企业、公司）取得和表现正确的环境行为。ISO 该 14000 系列标准共预留 100 个标准号。该系列标准共分七个系列，其标准号从 14001 至 14100，共 100 个标准号，统称为 ISO14000 系列标准。

ISO14000 系列标准是顺应国际环境保护的发展，依据国际经济贸易发展的需要而制定的。目前正式颁布的有 ISO14001，ISO14004，ISO14010，

ISO14011，ISO14012，ISO14040 等 5 个标准，其中 ISO14001 是系列标准的核心标准，也是唯一可用于第三方认证的标准。如表 1.1 该标准已经在全球获得了普遍的认同，ISO14000 系列标准突出了"全面管理、预防污染、持续改进"的思想，作为 ISO14000 系列标准中最重要也是最基础的一项标准，ISO14001《环境管理体系—规范及使用指南》站在政府、社会、采购方的角度对组织的环境管理体系（环境管理制度）提出了共同的要求，以有效地预防与控制污染并提高资源与能源的利用效率。ISO14001 是组织建立与实施环境管理体系和开展认证的依据。

表 1.1　ISO14000 系列标准标准号分配表

	名称	标 准 号
SC1	环境管理体系（EMS）	14001—14009
SC2	环境审核（EA）	14010—14019
SC3	环境标志（EL）	14020—14029
SC4	环境行为评价（EPE）	14030—14039
SC5	生命周期评估（LCA）	14040—14049
SC6	术语和定义（T&D）	14050—14059
WG1	产品标准中的环境指标	14060
	备用	14061—14100

ISO14001 标准由环境方针、策划、实施与运行、检查和纠正、管理评审等 5 个部分的 17 个要素构成。各要素之间有机结合，紧密联系，形成 PDCA 循环的管理体系，并确保组织的环境行为持续改进。ISO14000 系列标准在世界各国开始了如火如荼的认证推广过程。目前，全世界已经有 11 000 余家公司或企业获得了 ISO14001 标准认证证书，我国也有 100 余家企业获得了证书。

随着环境保护立法的日益严峻以及消费者环境意识的逐渐兴起，为了获得更好的经营环境，任何企业的管理者都会试图避免企业发生由于违反了环境保护法律法规和有关标准，而支付罚款和更多排污费的情况，企业也必须去适应市场的绿色潮流。在这种情况下，优秀的企业管理者不会仅仅满足于"事后管理"的旧有模式，而会选择积极主动的措施来改进企业的经营管理。

ISO14000 环境管理认证被称为国际市场认可的"绿色护照"，准通过认证，无疑就获得了"国际通行证"。许多国家，尤其是发达国家纷纷宣布，没有环境管理认证的商品，将在进口时受到数量和价格上的限制。如欧洲国家宣布，电脑产品必须具有"绿色护照"方可入境，美国能源部规定，政府采购只有取得认证厂家才有资格投标。

企业建立环境管理体系，以减少各项活动所造成的环境污染，节约资源，改善环境质量，促进企业和社会的可持续发展。

（1）实施 ISO14000 标准是贸易的"绿色通行证"。

目前国际贸易中对环保标准 ISO14000 的要求越来越多。我国由于不符合相关国家的环保要求，1995 年外贸损失高达 2 000 亿元人民币。

（2）提高企业形象，降低环境风险，在市场竞争中取得优势，创造商机。

（3）提高管理能力，形成系统的管理机制，完善企业的整体管理水平。

（4）掌握环境状况，减少污染，体现"清洁生产"的思想。

（5）节能降耗，降低成本，减少各项环境费用，获得显著的经济效益。

（6）符合"可持续发展"的国策，不受国内外环保方面的制约，享受国内外环保方面的优惠政策和待遇，促进企业环境与经济的协调和持续发展。

3. ISO9000 与 ISO14000 比较

ISO9000 族标准的颁布，打破了 ISO 以往孤立地制定个别技术标准的格局，它不仅把国际标准化活动同国际贸易紧密地结合起来，引起产业界对标准的重视，而且把系统理论引进了标准化，从而极大地提高了标准的科学性和社会地位，这是世界标准化发展史上的创举，一个重要的里程碑。

ISO14000 系列，沿用 ISO9000 的指导思想，把国际标准化的目标指向了人类社会最为关切的环境问题，引起了产业界、科学界、政府部门等各方面的兴趣，它产生的影响将会比 ISO9000 的影响还要大。

（1）ISO14000 和 ISO9000 的相近和相同之点

①都是自愿采用的管理型的国际标准。

②都遵循相同的管理系统原理，通过实施一套完整的标准体系，在组织内建立起一个完整、有效的文件化管理体系。

③通过管理体系的建立、运行和改进，对组织内的活动、过程及其要素进行控制和优化，实施方针并达到预期的目标。

④质量体系和环境管理体系在结构和要素等内容上有许多相同或相似之处。

⑤质量体系和环境管理体系都含有第三方认证机构审核的内容，因此，两个体系的实施均涉及诸如审核机构、审核员以及对认证审核机构和实审员的认可等内容。

⑥两套体系均可能成为贸易的条件，都服务于国际贸易，意在消除贸易壁垒。

（2）ISO14000 和 ISO9000 的不同之处

①对象和目的不同。ISO14000 是帮助建立环境管理体系，目的是规范组织的环境行为，达到改善环境善的目的；ISO9000 是指导组织建立质量体系，通过对影响质量的过程和要素的控制，达到提高企业质量保证能力的目的。

②要素的内容不完全相同。虽然两个体系中有不少要素的名称是相似或一致的，但其内容却不完全一样。例如，两个体系中都有不合格控制和纠正预防措施这个要素，但 ISO9000—1 的内容和 ISO14001 的内容却全然不同（见不合格控制与纠正和预防措施比较表），当然也有基本相同的要素，如"文件控制"（参阅 BS7750）。

③两个体系的结构和要素不一一对应，特别是要素内容上的差别较大，两个体系是功能不同互相独立的体系，不可能互相取代。

④两个体系在企业里分别隶属于两个不同的部门管理（中国、外国都有这种情况），从而增大了两个体系沟通的障碍和扩大两个体系之间差导的可能性。

第三节 标准的分类

标准化工作是一项复杂的系统工程，标准为适应不同的要求从而构成一个庞大而复杂的系统，为便于研究和应用，人们从不同的角度和属性将标准进行分类，这里我们从我国标准化法实施中提出以下分类方法。

1. 根据适用范围分类

根据《中华人民共和国标准化法》（以下简称《标准化法》）的规定，我国标准分为国家标准、行业标准、地方标准和企业标准等四类。

（1）国家标准

由国务院标准化行政主管部门制定的需要全国范围内统一的技术要求，称为国家标准。

（2）行业标准

没有国家标准而又需在全国某个行业范围内统一的技术标准，由国务院有关行政主管部门制定并报国务院标准化行政主管部门备案的标准，称为行业标准。

（3）地方标准

没有国家标准和行业标准而又需在省、自治区、直辖市范围内统一的工业产品的安全、卫生要求，由省、自治区、直辖市标准化行政主管部门制定并报国务院标准化行政主管部门和国务院有关行业行政主管部门备案的标准，称为地方标准。

（4）企业标准

企业生产的产品没有国家标准、行业标准和地方标准，由企业制定的作为组织生产斩依据的相应的企业标准，或在企业内制定适用的来国家标准、行业标准或地主标准的企业（内控）标准，由企业自行组织制定的并按省、自治区、直辖市人民政府的规定备案（不含内控标准）的标准，称为企业标准。

这四类标准主要是适用范围不同，不是标准技术水平高低的分级。

2. 根据法律约束性分类

（1）强制性标准

强制标准范围主要是保障人体健康，人身、财产安全的标准和法律、行政法规规定强制执行的标准。对不符合强制标准的产品禁止生产、销售生进口。根据《标准化法》之规定，企业和有关部门对涉及其经营、生产、服务、管理有关的强制性标准都必段严格执行，任何单位和个人不得擅自更改或降低标准。对违反强制性标准而造成不良后果以至重大事故者由法律、行政法规规定的行政主管部门依法根据情节轻重给予行政处罚，直至由司法机关追究刑事责任。

强制性标准是国家技术法规的重要组成，它符合世界贸易组织贸易技术壁垒协定关于"技术法规"定义，即"强制执行的规定产品特性或相应加工方法的包括可适用的行政管理规定在内的文件。技术法规也可包括或专门规定用于产品、加工或生产方法的术语、符号、包装标志或标签要求"。为使我国强制性标准与 WTO/TBT 规定衔接，其范围要严格限制在国家安全、防止欺诈行为、保护人身健康与安全、保护动物植物的生命和健康以及保护环境等五个方面。

（2）推荐性标准

推荐性标准是指导性标准，基本上与 WTO/TBT 对标准的定义接轨，即"由公认机构批准的，非强制性的，为了通用或反复使用的目的，为产品或相关生产方法提供规则、指南或特性的文件。标准也可以包括或专门规定用于产品、加工或生产方法的术语、符号、包装标准或标签要求"。推荐性标准是自愿性文件。

推荐性标准由于是协调一致文件，不受政府和社会团体的利益干预，能更科学地规定特性或指导生产，《标准化法》鼓励企业积极采用，为了防止企业利用标准欺诈消费者，要求采用低于推荐性标准的企业标准组织生产的企业向消费者明示其产品标准水平。

（3）标准化指导性技术文件

标准化指导性技术文件是为仍处于技术发展过程中（为变化快的技术领域）的标准化工作提供指南或信息，供科研、设计、生产、使用和管理等有关人员参考使用而制定的标准文件。

符合下列情况可判定指导性技术文件：技术尚在发展中，需要有相应的标准文件引导其发展或具有标准价值，尚不能制定为标准的；采用国际标准化组织、国际电工委员会及其他国际组织的技术报告。国务院标准化行政主管部门统一负责指导性技术文件的管理工作，并负责编制计划、组织草拟、统一审批、编号、发布。指导性技术文件编号由指导性技术文件代号、顺序号和年号构成。

3、根据标准的性质分类

（1）技术标准

对标准化领域中需要协调统一的技术事项而制定的标准。其主要是事物的技术性内容。

（2）管理标准

对标准化领域中需要协调统一的管理事项所制定的标准。主要是规定人们在生产活动和社会生活中的组织结构、职责权限、过程方法、程序文件以及资源分配等事宜，它是合理组织国民经济，正确处理各种生产关系，正确实现合理分配，提高生产效率和效益的依据。

（3）工作标准

对标准化领域中需要协调统一的工作事项所制定的标准。工作标准是针对具体岗位而规定人员和组织在生产经营管理活动中的职责、权限，对各种过程的定定性要求以及活动程序和考核评价要求。国务院国发（1986）71号《关于加强企业管理的若干规定》中要求企业要建立以技术标准为主，包括有管理标准和工作标准的内的完善科学的企业标准体系。

4. 根据标准化的对象和作用分类

（1）基础标准

在一定范围内作为其他标准的基础并普遍通用，具有广泛指导意义的标准。如：名词、术语、符号、代号、标志、方法等标准，计量单位制、公差与配合、形状与位置公差、表面粗糙度、螺纹及齿轮模数标准，优先数系、基本参数系列、系列型谱等标准，图形符号和工程制图，产品环境条件及可靠性要求等。

（2）产品标准

为保证产品的适用性，对产品必须达到的某些或全部特性要求所制定的标准，包括：品种、规格、技术要求、试验方法、检验规则、包装、标志、运输和贮存要求等。

（3）方法标准

方法标准为以试验、检查、分析、抽样、统计、计算、测定、作业等各种方法为对象而制定的标准。

（4）安全标准

安全标准为以保护人和物的安全为目的而制定的标准。

（5）卫生标准

卫生标准为保护人的健康，对食品、医药及其他方面的卫生要求而制定的标准。

（6）环境保护标准

环境保护标准为保护环境和有利于生态平衡对大气、水体、土壤、噪声、振动、电磁波等环境质量、污染管理、监测方法及其他事项而制定的标准。

第四节 实施标准的意义以及包装标准现状

1. 实施标准的目的和作用

（1）产品系列化

产品系列化是产品品种得到合理的发展。通过 产品标准，统一产品的型式、尺寸、化学成分、物理性能、功能等要求、保证产品质量的可靠性和互换性，使有关产品间得到充分的协调、配合、衔接，尽量减少不必要的重复劳动和物质损耗，为社会化专业大生产和大中型产品的组装配合创造了条件。

（2）通过生产技术

试验方法、检验规则、操作程序、工作方法、工艺规程等各类标准统一了生产和工作的程序和要求。保证了每项工作的质量，使有关生产、经营、管理工作走上正常轨道。

（3）通过安全、卫生、环境保护等标准，减少疾病的发生和传播，防止或减少各种事故的发生，有效地保障人体健康，人身安全和财产安全。

（4）通过术语、符号、代号、制图、文件格式等标准消除技术语言障碍，加速科学技术的合作与交流。

（5）通过标准

传播技术信息，介绍新科研成果，加速新技术、新成果的应用和推广。

（6）促使企业实施标准

依据标准建立全面的质量管理制度，推行产品质量认证制度，健全企业管理制度，提高和发展企业的科学管理水平。

2. 我国包装标准现状

随着我国加入 WTO，技术标准已成为世界各国发展贸易、保护民族产业、规范市场秩序、推动技术进步和实现高新技术产业化的重要手段，在经济和社会发展中发挥着越来越重要的作用。为此，世界主要发达国家以提高本国技术标准水平为目的，纷纷研究和制定了一系列对本国利益密切相关的重要技术标准和相关的技术性贸易措施，以保持在激烈的市场竞争中的优势地位。

为适应我国入世国际贸易新形势的需要，改变我国包装标准既不配套、不完善又繁杂无序，难以保护我国民族工业利益的现状。使得我国包装标准既能与国际接轨、符合国际惯例，又能与我国的具体情况相适应。利用包装标准化这个武器有效地保护我国经济利益、冲破贸易技术壁垒，是摆在我们面前非常紧迫的课题。

（1）我国包装标准体系

我国目前的包装标准体系分为三层：

第一层为包装基础标准，包括工作导则、包装标志、包装尺寸、包装术语、包装件环境条件、运输包装件试验方法、包装技术与方法、包装设计、包装质量保证、包装管理、包装回收利用等。由于运载工具如叉车尺寸等方面的标准与包装关系密切，作为包装标准体系的相关标准也列入第一层。第一层的标准适用于整个包装行业。

第二层为包装专业标准，包括包装材料、包装容器、集装容器、包装装潢印刷、包装机械、包装设备。这一层标准只适用于包装行业的某一专业。

第三层为产品包装标准，原则上按产品分类，结合我国当时的体制情况，分为机械、电子、轻工、邮电、纺织、化工、建材、医药、食品、水产、农业、冶金、交通、铁道、商业、能源、兵器、航空航天、物资、危险品等二十大类。

该体系在当时对于编制包装标准制修订规划和计划、分析研究包装标准项目和组织协调，以及包装标准化工作的科学管理起到了重要的指导作用。但是随着我国经济体制、市场和贸易的发展和变化，原有的标准体系已不能满足现阶段国民经济的需求，原有的包装标准体系主要目的是从生产和技术角度对有关包装技术、试验、工艺、管理等提出要求，比较适合计划经济体制。但对于目前我国的市场经济环境，尤其是加入WTO，参与国际贸易竞争，该体系就显得软弱无力，尤其是在贸易方面和市场方面，几乎无所作为。因此说我国现存的包装标准体系失去了对市场经济环境下的指导意义，尽快修改包装标准体系，使之更加合理和完善是一项亟待解决的问题。

（2）包装国家标准的现状及特点

我国现有各类包装国家标准约600项左右，其中包装标准化工作导则2项、包装术语标准约12项、包装尺寸标准约11项、包装标志标准约11项、包装技术与管理标准约19项、包装材料标准约74项、运输包装件基本试验标准约28项、包装材料试验方法标准约169项、包装容器标准约74项、包装机械标准约21项、包装装潢标准约6项、产品包装及其标志、运输与贮存标准约152项、其他相关标准约21项。

这些标准构成了包装标准体系的基本框架，从这些标准的覆盖面来看，基本满足了包装及相关行业对标准的需求，形成了比较完整的标准化体系。从标准的水平来看，一些标准达到了国际先进水平，但是大部分标准与发达国家标准还有相当的差距，标准老化，可操作性差，相关标准不配套，不能完全适应市场的需求。

从包装标准的采标率来看，采标率约为50%左右，与一些行业相比还有相当的差距。从采标类别来看，试验方法标准采标率最高，达到85%左右，基础标准采标率达到55%左右，产品标准采标率最低，仅为40%左右。可以看出，试验方法标准由于更为通用，试验手段更易与国际接轨，标准编写人员综合素质较高，所以采标率较高；而产品标准由于国际标准没有完全对应的产品标准，对发达国家标准缺乏查询检索手段，标准编写人员往往不知道国外标准的情况，所以采标率相对较低，除了一些涉及危险货物包装的产品和钢桶、木箱等产品采标率和采标程度较高外，其他包装产品采标率都较低。

（3）包装行业标准的现状及特点

包装是一个特殊的行业，几乎90%以上的产品都需要包装，只要有产品，基本上就需要包装。由于包装行业的特点，包装标准几乎渗透到了各个行业中，在各部门的行业标准中都有涉及包装的。从全国包装标准化技术委员会成立至今的 10 年中，先后制定的包装行业标准（代号为 BB）共 25 项，基本是一些行业急需的产品标准，从标准的文本水平来看，都是按照国家标准的编写要求制定，并不低于国家标准。由于主管部门经费投入有限，因此绝大多数包装行业标准的经费都是起草单位自筹的，在一定程度上也制约了一些标准的制定和标准的质量。

（4）其他主要行业包装标准的现状及特点

对于包装行业影响较大的主要是轻工和机械行业，这两个行业的行业标准中涉及包装的也最多，轻工行业标准（QB）中与包装有关的约 100 项，机械行业标准（JB）中涉及包装机械的约 30 项。在 2002 年以前，行业标准都是由各部门批准发布，由于部门间没有协调，往往出现同一标准在不同的部门都立项，名称大同小异，内容、要求不完全一致甚至矛盾的现象，给使用者带来很大的不便。

（5）我国包装标准存在的主要问题及原因

仅从包装标准数量上看，我国包装标准具有一定的数量，且涵盖了各个行业。但就包装标准质量而言，还存在一定的问题。

a. 标准内容不尽合理和完善

在我国包装标准中，有些标准存在内容重复、技术要求不尽合理的现象。尤其是在引用标准方面，甚至是不完全理解被引用标准的内容。如在一些包装容器标准中，常常对一些尺寸系列进行规定。引用尺寸系列标准是必要的，但应根据具体情况而引用，不应为引用而引用。对于一些数量、体积不确定或可调整的产品来讲，应尽可能按尺寸系列标准规定，以便于储运和节约空间。但对于产品尺寸固定、较大型包装件，因为产品尺寸已经确定，如果包装容器按尺寸标准制造，不可能缩小产品，只能加大容器，造成不必要的浪费和麻烦。

b. 标准之间协调不够、系统性缺乏

由于我国包装行业的特殊性，各个部门都起草包装标准，常常是互不通气，造成标准之间协调性差。或者只从本部门利益出发制定有关包装标准，使得包装国家标准整体缺乏系统性。如国家有木箱国家标准，原机械部也有相应的机械行业木箱标准，两种标准不仅在箱型结构上不尽相同，即使在基本包装要求上也有不一致和矛盾的地方，给标准使用者和企业带来很大麻烦和混乱。

c. 重形式、轻内涵，可操作性差

包装标准的制定，往往需要相应产品或技术的成熟。一些标准为了形式上或其他需要，只是为了编标准而编标准。在不具备一定的条件时盲目起草，最后只能是言之无物，如在我国包装标准中常出现"按有关标准规定"或"符合有关技术要求"等模棱两可的不确切用语，使得标准使用者摸不着头脑，无法准确使用，也就无法指导实践。

d. 缺乏深入研究，照搬照抄现象严重

标准的起草过程，是一个非常严谨的科研活动。不但需要较高的理论水平，大量的实践经验和试验，还需要深入的调查研究。标准的先进性一方面是其技术指标较高，但更应合理，适合国情和行情。我们在强调采标时，常常忘记如何使其更能符合我国生产实际。

3. 国内和国际的一些标准化组织和代号

ISO、IEC、ITU 国际标准代号及国际标准化组织认可作为国际标准的国际行业组织制定的标准代号。如表 1.2 至表 1.6。

表 1.2　国际标准代号

序号	代号	含义	负责机构
1	BISFA	国际人造纤维标准化局标准	国际人造纤维标准化局（BISFA）
2	CAC	食品法典委员会标准	食品法典委员会（CAC）
3	CCC	关税合作理事会标准	关税合作理事会（CCC）
4	CIE	国际照明委员会标准	国际照明委员会（CIE）
5	CISPR	国际无线电干扰特别委员会标准	国际无线电干扰特别委员会（CISPR）
6	IAEA	国际原子能机构标准	国际原子能机构（IAEA）
7	IATA	国际航空运输协会标准	国际航空运输协会（IATA）
8	ICAO	国际民航组织标准	国际民航组织（ICAO）
9	ICRP	国际辐射防护委员会标准	国际辐射防护委员会（ICRP）
10	ICRU	国际辐射单位和测量委员会标准	国际辐射单位和测量委员会（ICRU）
11	IDF	国际乳制品联合会标准	国际乳制品联合会（IDF）
12	IEC	国际电工委员会标准	国际电工委员会（IEC）
13	IFLA	国际签书馆协会和学会联合会标准	国际签书馆协会和学会联合会（IFLA）
14	IIR	国际制冷学会标准	国际制冷学会（IIR）
15	ILO	国际劳工组织标准	国际劳工组织（ILO）
16	IMO	国际海事组织标准	国际海事组织（IMO）
17	IOOC	国际橄榄油理事会标准	国际橄榄油理事会（IOOC）
18	ISO	国际标准化组织标准	国际标准化组织（ISO）
19	ITU	国际电信联盟标准	国际电信联盟（ITU）

续表 1.2

序号	代号	含义	负责机构
20	OIE	国际兽疫局标准	国际兽疫局（OIE）
21	OIML	国际法制计量组织标准	国际法制计量组织（OIML）
22	OIV	国际葡萄与葡萄酒局标准	国际葡萄与葡萄酒局（OIV）
23	UIC	国际铁路联盟标准	国际铁路联盟（UIC）
24	UNESCO	联合国教科文组织标准	联合国教科文组织（UNESCO）
25	WHO	世界卫生组织标准	世界卫生组织（WHO）
26	WIPO	世界知识产权组织标准	世界知识产权组织（WIPO）

表 1.3　国家标准代号

序号	代号	含义	管理部门
1	GB	中华人民共和国强制性国家标准	国家标准化管理委员会
2	GB/T	中华人民共和国推荐性国家标准	国家标准化管理委员会
3	GB/Z	中华人民共和国国家标准化指导性技术文件	国家标准化管理委员会

表 1.4　行业标准代号

序号	代号	含义	主管部门
1	BB	包装	中国包装工业总公司包改办
2	CB	船舶	国防科工委中国船舶工业集团公司、中国船舶重工集团公司（船舶）
3	CH	测绘	国家测绘局国土测绘司
4	CJ	城镇建设	建设部标准定额司（城镇建设）
5	CY	新闻出版	国家新闻出版总署印刷业管理司
6	DA	档案	国家档案局政法司
7	DB	地震	国家地震局震害防预司
8	DL	电力	中国电力企业联合会标准化中心
9	DZ	地质矿产	国土资源部国际合作与科技司（地质）
10	EJ	核工业	国防科工委中国核工业总公司（核工业）
11	FZ	纺织	中国纺织工业协会科技发展中心
12	GA	公共安全	公安部科技司
13	GY	广播电影电视	国家广播电影电视总局科技司
14	HB	航空	国防科工委中国航空工业总公司（航空）
15	HG	化工	中国石油和化学工业协会质量部（化工、石油化工、石油天然气）
16	HJ	环境保护	国家环境保护总局科技标准司

续表 1.4

序号	代号	含义	主管部门
17	HS	海关	海关总署政法司
18	HY	海洋	国家海洋局海洋环境保护司
19	JB	机械	中国机械工业联合会
20	JC	建材	中国建筑材料工业协会质量部
21	JG	建筑工业	建设部（建筑工业）
22	JR	金融	中国人民银行科技与支付司
23	JT	交通	交通部科教司
24	JY	教育	教育部基础教育司（教育）
25	LB	旅游	国家旅游局质量规范与管理司
26	LD	劳动和劳动安全	劳动和社会保障部劳动工资司（工资定额）
27	LY	林业	国家林业局科技司
28	MH	民用航空	中国民航管理局规划科技司
29	MT	煤炭	中国煤炭工业协会
30	MZ	民政	民政部人事教育司
31	NY	农业	农业部市场与经济信息司（农业）
32	QB	轻工	中国轻工业联合会
33	QC	汽车	中国汽车工业协会
34	QJ	航天	国防科工委中国航天工业总公司（航天）
35	QX	气象	中国气象局检测网络司
36	SB	商业	中国商业联合会行业发展部
37	SC	水产	农业部（水产）
38	SH	石油化工	中国石油和化学工业协会质量部（化工、石油化工、石油天然气）
39	SJ	电子	信息产业部科技司（电子）
40	SL	水利	水利部科教司
41	SN	商检	国家质量监督检验检疫总局
42	SY	石油天然气	中国石油和化学工业协会质量部（化工、石油化工、石油天然气）
43	SY（>10 000）	海洋石油天然气	中国海洋石油总公司
44	TB	铁路运输	铁道部科教司
45	TD	土地管理	国土资源部（土地）
46	TY	体育	国家体育总局体育经济司

续表 1.4

序号	代号	含义	主管部门
47	WB	物资管理	中国物资流通协会行业部
48	WH	文化	文化部科教司
49	WJ	兵工民品	国防科工委中国兵器工业总公司（兵器）
50	WM	外经贸	对外经济贸易合作部科技司
51	WS	卫生	卫生部卫生法制与监督司
52	XB	稀土	国家计委稀土办公室
53	YB	黑色冶金	中国钢铁工业协会科技环保部
54	YC	烟草	国家烟草专卖局科教司
55	YD	通信	信息产业部科技司（邮电）
56	YS	有色冶金	中国有色金属工业协会规划发展司
57	YY	医药	国家药品监督管理局医药司
58	YZ	邮政	国家邮政局计划财务部

注：行业标准分为强制性和推荐性标准。表中给出的是强制性行业标准代号，推荐性行业标准的代号是在强制性行业标准代号后面加"/T"，例如农业行业的推荐性行业标准代号是 NY/T。

表 1.5　地方标准代号

序号	代号	含义	管理部门
1	DB + *	中华人民共和国强制性地方标准代号	省级质量技术监督局
2	DB + */T	中华人民共和国推荐性地方标准代号	省级质量技术监督局

注：*表示省级行政区划代码前两位

表 1.6　企业标准代号

序号	代号	含义	管理部门
1	Q + *	中华人民共和国企业产品标准	企业

注：*表示企业代号

第二章　运输包装尺寸

运输包装件规格标准化是通过包装尺寸以及与货物流通有关的一切空间尺寸的规格化来提高物流效率的。包装规格标准化是科学管理的组成部分，是组织现代化流通的重要手段。它可以改进包装容器的生产，提高运输效率，改善商业经营的方式。

第一节　硬质直方运输包装尺寸系列

1. 范围

本标准规定了用纸、木、塑、金属等各种材质包装的硬质直方体运输包装最大的平面尺寸，适用于公路、铁路、和水路运输单元货物的运输包装件。非单元货物的运输包装件可参照执行。

2. 规范性应用文件

GB/T 15233 包装单元货物尺寸

3. 原理

运输包装件的平面尺寸，可通过用整数去乘去除包装模数尺寸求得。

4. 包装模数尺寸

运输包装件的包装模数尺寸为 600 mm×400 mm 和 550 mm×366 mm。

5. 单元货物尺寸

运输包装件所形成的单元货物尺寸应符合 GB/T15233。

6. 平面尺寸

（1）根据运输包装件平面尺寸原理，由 600 mm×400 mm 模数尺寸计算并形成 1 200 mm×1 000 mm 单元货物的平面尺寸见表2.1，其排列方式见图2.1。

（2）根据3的原理，由 550 mm×366 mm 模数尺寸计算并形成 1 100 mm

×1 100 mm 单元货物的平面尺寸见表2.2，其排列方式见图2.2。

单位为 mm

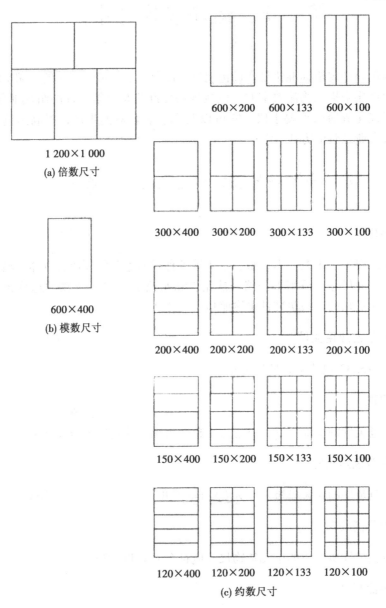

1 200×1 000

(a) 倍数尺寸

600×400

(b) 模数尺寸

600×200　600×133　600×100

300×400　300×200　300×133　300×100

200×400　200×200　200×133　200×100

150×400　150×200　150×133　150×100

120×400　120×200　120×133　120×100

(c) 约数尺寸

图 2.1　由 600 mm×400 mm 模数尺寸计算并形成
1 200 mm×1 000 mm 单元货物的平面尺寸排列

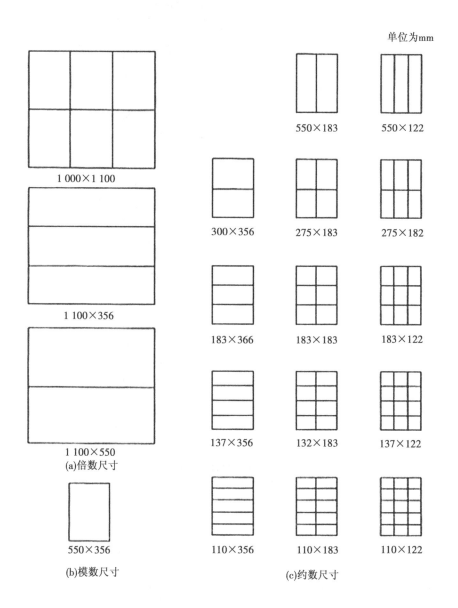

单位为mm

1 000×1 100

1 100×356

1 100×550

(a)倍数尺寸

550×356

(b)模数尺寸

550×183   550×122

300×356   275×183   275×182

183×366   183×183   183×122

137×356   132×183   137×122

110×356   110×183   110×122

(c)约数尺寸

图 2.2　由 550 mm×366 mm 模数尺寸计算并形成
1 100 mm×1 100 mm 单元货物的平面尺寸排列

表 2.1 运输包装件平面尺寸 　　　　　　　　　　　　　　　　 mm

序号		平面尺寸（长×宽）
1	倍数	1 200 × 1 000
2	模数	600 × 400
3		300 × 400
4		200 × 400
5		150 × 400
6		120 × 400
7		600 × 200
8		300 × 200
9		200 × 200
10		150 × 200
11		120 × 200
12	约数	600 × 133
13		300 × 133
14		200 × 133
15		150 × 133
16		120 × 133
17		600 × 100
18		300 × 100
19		200 × 100
20		150 × 100
21		120 × 100

表 2.2 运输包装件平面尺寸 　　　　　　　　　　　　　　　　 mm

序号		平面尺寸（长×宽）
1		1 100 × 1 100
2	倍数	1 100 × 550
3		1 100 × 366
4	模数	550 × 366
5		275 × 366
6	约数	183 × 366
7		137 × 366

续表 2.2

序号	平面尺寸（长×宽）	
8		110×366
9		550×183
10		275×183
11		183×183
12	约数	137×183
13		110×183
15		275×122
16		183×122
17		137×122
18		110×122

7. 高度尺寸

运输包装件的高度尺寸可自行选定。

第二节　圆柱体运输包装尺寸系列

1. 范围

本标准规定了圆柱体运输包装的最大外廓直径。

本标准适用于包装单元运输的包装。非包装单元运输的包装亦应参照使用。

2. 引用标准

GB 1834 通用集装箱最小内部尺寸
GB 2934 联运平托盘外部尺寸系列
GB 4122 包装通用术语
GB 4892 硬质直方体运输包装尺寸系列

3. 包装单元运输尺寸

包装单元运输尺寸见表 2.3。

表2.3　包装单元运输尺寸　　　　　　　　　　　　　mm

代号	包装单元运输尺寸，长×宽
A	1 200×1 000
B	1 200×800
C	1 140×1 140

4. 包装尺寸系列

包装尺寸系列是以包装单元运输尺寸系列为基础排列和计算得出的。

（1）包装尺小系列见表2.4。包装单元排列实例为包装件在包装运输单元上的典型排列方式。

表2.4　包装单元排列实例图谱

序号	最大外廓直径，mm	系列代号	单层件数	包装单元排列实例图谱
1	667	C	2	C01
2	650	A	2	A01
3	614	B	2	B01
4	570	C	4	C02
5	552	A	3	A02
6	514	A	4	A03
7	480	B	3	B02
8	472	C	5	C03
9	458	A	5	A04
10	440	B	4	B03
11	427	C	6	C04
12	400	B	6	B04
13	380	C	9	C05
14	374	A	8	A05
15	357	B	6	B05
16	352	A	9	A06
17	335	C	10	C06
18	323	B	8	B06
19	297	C	13	C07
20	285	C	16	C08
21	270	A	16	A07
22	263	C	18	C09
23	246	A、B	18、15	A08、B07

续表 2.4

序号	最大外廓直径，mm	系列代号	单层件数	包装单元排列实例图谱
24	235	A	20	A09
25	228	A	23	A10
26	219	A、B	25、20	A11、B08
27	200	A、B	30、24	A12、B09
28	190	C	36	C10

（2）包装尺寸极限偏差

圆柱体运输包装的最大外廓直径极限偏差为 −4％。

（3）包装的高度尺寸

包装的高度尺寸按产品特点和有关标准确定。

包装单元排列实例图谱

A　1 200 × 1 000

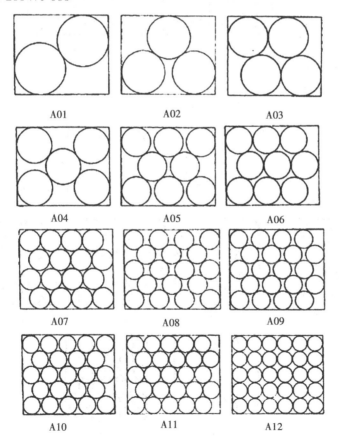

A01　　　　A02　　　　A03

A04　　　　A05　　　　A06

A07　　　　A08　　　　A09

A10　　　　A11　　　　A12

包装单元排列实例图谱

B　1 200 × 800

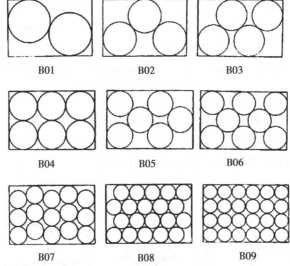

包装单元排列实例图谱

C　1 140 × 1 140

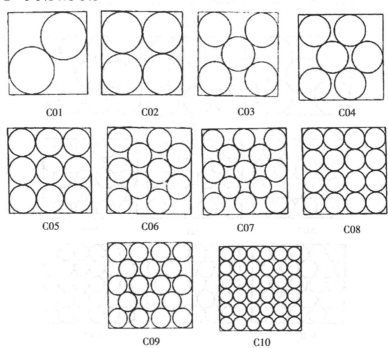

第三节　袋类运输包装尺寸系列

1. 范围

本标准规定了纸、麻、布和塑编等材质的袋类运输包装满装平卧时的底平面最大外廓尺寸。本标准适用于单元货物的袋类运输包装。

2. 引用标准

GB4892 硬质直方体运输包装尺寸系列

GB 13201 圆柱体运输包装尺寸系列

3. 袋类运输包装尺寸系列

（1）袋类运输包装满装尺寸

袋类运输包装满装尺寸见表2.5。

表2.5　袋类运输包装满袋尺寸

序号	长×宽，mm×mm	单展堆码件数	堆码方式[1]	典型堆码图谱号
1	1 200×500	2	S	A01
2	1 200×400	2	S	C01
3	1 140×570	2	J、S	C02
4	1 140×380	3	J、S	A02
5	1 000×600	2	S	A03
6	1 000×400	3	J、S	B02
7	800×600	2	S	B03
8	800×400	3	J、S	C03
9	790×350	4	J、S	C03
10	760×380	4	J、S	C03
11	720×420	4	J、S	C03
12	698×442	4	J、S	C03
13	690×450	4	J、S	C03
14	660×480	4	J、S	C03
15	614×526	4	J、S	C03
16	600×500	4	S	A04
17	600×400	5、4	J、S	A05、A04
18	570×570	4	S	C04
19	570×380	6	J、S	C05
20	500×400	6	S	A06

注：[1] 单元货物中相邻两层的堆码方式，S 为顺列堆码，J 为交错堆码。

（2）袋类运输包装满装尺寸的极限偏差

袋类运输包装满装尺寸的极限偏差为 ±5 。

（3）袋类运输包装扁平尺寸

袋类运输包装扁平尺寸可根据袋包装标准规定的尺寸和换算公式求得。

第四节　航空货运集装单元技术要求

1. 范围

本标准规定了装在审定合格的飞机内的合格审定的航空货运集装单元（包括集装板、网和集装箱）的最低要求和试验条件。

本标准适用于下列等级的飞机装载和限动系统的集装单元：

（a）Ⅰ级——集装单元限动符合所有的飞行和地面载荷条件，包括 9 g 的向前应急着陆状态；

（b）Ⅱ级——其他所有集装单元限动。

2. 术语和定义

以下内容为本章中新出现的术语和定义，适用于本章所有标准。

（1）集装单元

组合、传送和限动货物以便于运输的装置。由集装板和网组成，或者为集装箱。

（2）集装板

在装上飞机之前，组合并系留保护货物的装置。具有标准尺寸，由底表面平坦的平板和边框等组成。

（3）网

装在集装板上用于限动的网。通常为带编网或绳索网。

（4）限动系统

在飞机上支承集装单元并阻止其移动的设备。通常由滚子（滚珠、滚棒、滚轮等）、侧导轨和将集装单元固定在飞机结构上的锁等组成。但不包括集装单元、拦阻网和系留带。

3. 分类与代号

（1）类别

①I 类

用于 I 级限动系统的集装单元。代号为 1。

I 类网用于 I 级限动系统，也可用于 II 级限动系统中；

I 类集装板与 I 类网一起用于 I 级限动系统，也可与 I 类或 II 类网一起用于 II 级限动系统中；

I 类集装箱用于 I 级限动系统，也可用于 II 级限动系统中。

②II 类

仅用于 II 级限动系统的集装单元。代号为 2。

II 类网、集装板和集装箱仅用于 II 级限动系统中

（2）规格

集装单元的规格应符合表 2.6 的规定。

（3）构型

类别和规格相同的集装板、网和集装箱的不同构型见表 2，构型用顺序号 1，2，3……表示。

表 2.6　集装单元规格　　　　　　　　　　　　　　　mm（英寸）

规格代号	公称尺寸
A	2 235 × 3 175（88 × 125）
B	2 235 × 2 743（88 × 108）
C	2 235 × 2 997（88 × 118）
D	2 235 × 1 371（88 × 54）
E	2 235 × 1 346（88 × 53）
F	2 438 × 2 991（96 × 117 3/4）
G	2 438 × 6 058（96 × 238 1/2）
H	2 438 × 9 152（96 × 359 1/4）
J	2 438 × 1 2192（96 × 480）
K	1 534 × 1 562（60.4 × 61.5）
L	1 534 × 3 175（60. 4 × 125）

续表 2.6　　　　　　　　　　　　　　　　　　　　　mm（英寸）

规格代号	公称尺寸
M	2 438×31 759（96×125）
R	2 438×4 978（96×196）

a 本标准中数值及单位后面括号内的数值及单位均为英制。

b 公称尺寸是指集装板或集装箱底的外廓尺寸。

（4）型式

（a）集装箱，代号为 C。

（b）网，代号为 N。

（c）集装板，代号为 P。

（5）识别代号

本标准规定的集装板、网和集装箱用代号识别（类别、规格、构型和型式限于构型图所示），示例如下。

II 类、M 规格、构型顺序号为 3 的集装板，识别代号为：

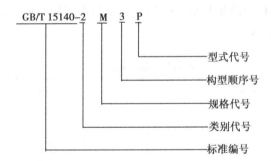

4. 要求

（1）材料

材料的适用性和耐久性必须根据经验或试验确定。材料必须符合经批准的、确保其设计性能的国家标准或行业标准的规定。

（2）制造工艺

制造方法必须保证能生产出一个始终完好的结构，当制造过程（如黏结、热处理等）需要严格控制时，必须按照经批准的工艺文件进行。制造工艺应符合飞机制造的有关标准或规定。

（3）保护措施

在使用过程中由于气候、腐蚀、划伤或其他原因可能引起材料品质降低或强度下降而需要保护的部位，所有零部件必须得到合适的防护。在必要处，集装单元必须具有通风或排水措施。

（4）结构

集装单元的结构应设计为能够充分包容货物并使货物能得到适当的支承和限动。所有零部件应能承受粗暴装卸。集装单元的结构设计应使不正确安装的可能性最小。

本标准图样所示网与集装板的连接尺寸仅确保其互换性。

（5）标记

一集装板、网和集装箱必须在装货后仍清晰可见的位置，清楚、永久地标出下列内容：

（a）制造人的名称和地址；

（b）集装单元的质量（重量），单位为千克（kg）；

（c）制造日期或编号，或两者一同标出；

（d）本标准3.5规定的集装单元识别代号；

（e）如果集装单元是有方向要求的，必须醒目、适当地标出"向前""向后""侧向"等字样；

（f）本标准确定的集装单元的燃烧率；

（g）适用的中国民用航空技术标准规定编号。

（6）检查措施

对每个要求检查、调整或润滑的部位都必须有行之有效的检测方法。

（7）防火

集装板、网和集装箱结构所选用的材料应符合中国民用航空条例第25部《运输类飞机适航标准》有关防火的规定。

（8）迅速减压

集装单元必须设计为能够在突然泄压时保护飞机结构和乘员。其设计的适用性应由分析和试验确定。

（9）尺寸和公差

本标准给定构型的每一集装板、网和集装箱必须符合其构型图所规定的要求。除另有规定外，所有构型图中尺寸的公差，对三位小数的，为 ±0.240 mm（±0.010 in）；两位小数的，为 ±0.70 mm（±0.03 in）；一位小数的，为 ±2.4 mm（±0.1 in）。

（10）强度

每一集装单元构型应符合表2.7对该构型规定的所有载荷条件和相应的限动条件。

表2.7 载荷和限动条件

集装单元 （Ⅰ类）	载荷条件 （见表2）	限动条件 （见表4）	集装单元 （Ⅱ类）	载荷条件 （见表2）	限动条件 （见表4）
1A1	28	1	2A1	17	2
	17	1		17	7
	8	10		14	11
	14	12		14	12
	14	14		14	13
1A2	28	1		14	14
	17	1		8	9
	17	2	2A2	17	17
	8	10	2A3	17	17
	14	12	2A4	8	8
	14	14		14	14
1A3	28	1		14	14
	17	1		14	14
	17	2		14	14
	17	7	2A5	17	1
	8	9		17	2
	8	10		14	11
	14	11		14	12
	14	12		14	13
	14	13		14	14
	14	14		8	9
1B1	27	3	2A6	17	2
	7	3		8	9
	7	10		14	11
	6	12		14	12
	6	14		14	13
1B2	27	3	2B1	7	5
	7	3		7	7
	7	5	2L1	5	26
	7	10	2L2	31	26
1C1	29	19	2L3	31	26
1C2	29	21	2L4	31	26

续表 2.7

集装单元 （Ⅰ类）	载荷条件 （见表 2）	限动条件 （见表 4）	集装单元 （Ⅱ类）	载荷条件 （见表 2）	限动条件 （见表 4）
1D1	23	23	2M1	18	7
	4	15		9	9
				14	11
				14	12
1E1	3	4	2M2	9	9
	3	6		14	11
	3	16		14	12
	3	17		32	7
	22	18			
1E2	24	4	2M3	18	7
	4	4		9	9
1E3	24	4		14	11
	4	4		14	12
	4	6			

a 集装单元栏内代号为类别、规格和构型代号

①极限载荷准则

每一载荷条件的极限载荷应符合表 2.8 的规定。除注中说明者外，这些载荷均应视为是单独作用的，并应施加在规定的重心极限。纵向偏心率用集装板和集装箱底的纵向尺寸百分比表示，并且从集装板。纵向尺寸对应于相应图中的视图所规定的向前和向后的方向。反之，横向偏心率用横向尺寸百分比表示。加号和减号分别表示集装板或集装箱底横向中线的向前和向后的方向或纵向中线的向右和向左的方向。重心的高度用高于集装板或集装箱底表面的尺寸表示。

表 2.8　极限载荷准则

载荷 条件	极限载荷/kN（lb）					重心			
	向前	向后	侧向	向上	向下	高度/mm（in）		偏心率/%	
						最大	最小[c]	纵向	横向
1	16.68 （3 750）	16.68 （3 750）	16.68 （3 750）	33.36 （7 500）	66.72 （15 000）	914.4 （36.0）	—	±10	±10
2	18.90[a] （4 250）	18.90[a] （4 250）	13.61[a] （3 060）	35.23 （7 920）	64.19 （14 430）	863.6 （34.0）			

续表 2.8

载荷条件	极限载荷/kN（lb）					重心			
	向前	向后	侧向	向上	向下	高度/mm（in）		偏心率/%	
						最大	最小[c]	纵向	横向
3	20.02 (4 500)	20.02 (4 500)	20.02 (4 500)	40.03 (9 000)	80.07 (18 000)	914.4 (36.0)			
4	26.69[b] (6 000)	26.69[b] (6 000)	26.69[b] (6 000)	56.05 (12 600)	109.43 (24 600)				
5	37.81[a] (8 500)	37.81[a] (8 500)	27.22[a] (6 120)	70.46 (15 840)	128.38 (28 860)	863.6 (34.0)			
6	53.38 (12 000)	53.38 (12 000)	53.35 (12 000)	106.76 (24 000)	213.51 (48 000)	914.4 (36.0)			
7	53.38[b] (12 000)	53.38[b] (12 000)	53.38[b] (12 000)	112.10 (25 200)	218.85 (49 200)		—	±10	±10
8	55.60[a] (12 500)	55.60[a] (12 500)	40.03[a] (9 000)	100.08 (22 500)	188.60 (42 400)	1 219.2 (48.0)			
9	60.05[a] (13 500)	60.05[a] (13 500)	43.24[a] (9 720)	112.10 (25 200)	204.17 (45 900)				
10	66.72 (15 000)	66.72 (15 000)	66.72 (15 000)	133.45 (30 000)	266.89 (60 000)	914.4 (36.0)			
11	66.72[b] (15 000)	66.72[b] (15 000)	66.72[b] (15 000)	140.12 (31 500)	273.57 (61 500)	1 219.2 (48.0)			
12	66.72[a] (15 000)	66.72[a] (15 000)	66.72[a] (15 000)	169.03 (38 000)	226.86 (5 000)			±14.4	±21.4
13	84.65[c] (19 030)	84.65[c] (19 030)	69.39[c] (15 600)	156.35 (35 150)	295.14 (66 350)	1 043.94 (41.1)		±10	±10
14	83.40 (18 750)	83.40 (18 750)	83.40 (18 750)	166.81 (37 500)	333.62 (75 000)	914.4 (36.0)		±10	±10
15	83.40[b] (18 750)	83.40[b] (18 750)	83.40[b] (18 750)	139.01 (31 250)	278.01 (62 500)	1 219.2 (48.0)	—	±5	
16	86.74[a] (19 500)	86.74[a] (19 500)	86.74[a] (19 500)	146.79 (33 000)	293.58 (66 000)			±14.4	±21.4

续表 2.8

载荷条件	极限载荷/kN (lb)					重心			
	向前	向后	侧向	向上	向下	高度/mm (in)		偏心率/%	
						最大	最小ᶜ	纵向	横向
17	88.96ᵇ (20 000)	88.96ᵇ (20 000)	88.96ᵇ (20 000)	158.36 (35 600)	336.29 (75 600)	914.4 (36.0)		±10	±10
18	100.08ᵃ (22 500)	100.08ᵃ (22 500)	100.08ᵃ (22 500)	169.03 (38 000)	340.29 (76 600)	1 219.2		±14.4	±21.4
19	166.81ᵇ (37 500)	166.81ᵇ (37 500)	166.81ᵇ (37 500)	278.01 (62 500)	556.03 (125 000)				
20	233.53ᵇ (52 500)	233.53ᵇ (52 500)	233.53ᵇ (52 500)	389.22 (87 500)	778.44 (175 000)	1 219.2 (48.0)		±5	±10
21	300.25ᵇ (67 500)	300.25ᵇ (67 500)	300.25ᵇ (67 500)	500.42 (112 500)	1000.85 (225 000)				
22	120.10 (27 000)	20.02 (4 500)	20.02 (4 500)	40.03 (9 000)	80.07 (18 000)	914.4 (36.0)		±10	
23	160.14ᵈ (36 000)	26.69ᵈ (6 000)	26.69ᵈ (6 000)	35.59 (8 000)	104.98 (23 600)	838.2 (33.0)	—	±0	±0
24	160.14ᵈ (36 000)	26.69ᵈ (6 000)	26.69ᵈ (6 000)	56_05 (12 600)	109.43 (24 600)	914.4 (36.0)		±0	±10
25	240.20ᵈ (54 000)	40.03ᵈ (9 000)	40.03ᵈ (9 000)	84.07 (18 900)	164.14 (36 900)			±10	
26	280.24ᵈ (63 000)	46.71ᵈ (10 500)	46.71ᵈ (10 500)	62.28 (14 000)	183.71 (41 300)	838.2 (33.0)		±0	±0
27	320.27ᵈ (72 000)	53.38ᵈ (12 000)	53.38ᵈ (1 000)	112.10 (25 200)	218.85 (49 200)	914.4 (36.0)			
28	400.34ᵈ (90 000)	66.72ᵈ (15 000)	66.72ᵈ (15 000)	140.12 (31 500)	273.57 (61 500)			±10	±10
29	416.35 (93 600)	69.39 (15 600)	69.39 (15 600)	156.35 (35 150)	295.14 (66 350)	1 043.94 (41.1)			
30	23.35ᵃ (5 250)	23.35ᵃ (5 250)	16.81ᵃ (3 780)	43.59 (9 800)	79.40 (17 850)	863.6 (34.0)			

续表 2.8

载荷条件	极限载荷/kN（lb）					重心			
	向前	向后	侧向	向上	向下	高度/mm（in）		偏心率/%	
						最大	最小[c]	纵向	横向
31	46.71[a]（10 500）	46.71[a]（10 500）	33.63[a]（7 560）	87.19（19 600）	158.80（35 700）	863.6（34.0）	—	±10	±10
32	100.08[a]（22 500）	100.08[a]（22 500）	100.08[a]（22 500）	169.03（38 000）	340.29（76 500）	1 219.2（48.0）			

a 与等于向前载荷的向下载荷组合。

b 与等于三分之二的向前载荷的向下载荷组合。

c 与等于侧向载荷的向下载荷组合。

d 与等于九分之一的向前载荷的向下载荷组合。

e 仅适用于集装箱。

②限动准则

对每一限动条件的限动系统详细要求应符合表 2.9 中相应图号的图样规定。限动系统图中的尺寸公差应符合本标准的规定。

③集装板和网

为单独验证一集装板（或网）时，相同构型代号的合格的网（或集装板）可用于分析或试验。强度要求等于或大于被验证的集装板（或网）的不同构型代号的合格并且相容的网（或集装板）也可使用。所有带有连接集装板的系留接头的网连接件应具有 8.90 kN（2 000 lps）（极限）的全方位（水平到垂直）的最小承载能力，载荷作用点应位于距系留接头顶端 21.08 mm（0.83 in）处或者更小。除另有规定外，在集装板结构中带有的所有系留导轨应具有 8.90 kN（2 000 lps）（极限）的全方位（水平到垂直）的最小承载能力，载荷作用点应位于距导槽底面 22.86 mm（0.90 in）处或者更大。除系留接头和导轨式连接件外，集装板或网的系留连接件应具有 8.90 kN（2 000 lbs）（极限）的全方位（水平到垂直）的最小承载能力。

（11）装载量

本标准未规定集装单元的最大总重量，对给定飞机的集装单元的实际总重量极限值应按照中国民用航空条例第 25 部《运输类飞机适航标准》确定，并且列入改飞机经批准的《重量和平衡手册》。

5. 试验

应进行试验和分析，表明符合本标准的规定。

表 2.9　限动准则

限动条件	限动系统详图		
	图号	向前、向后限动图号	侧向限动图号
1	41	45	46
2			47
3	48		46
4			46，49
5			47
6			47.50
7	51	53	54
8			55
9	52		54
10			55
11	56	59	58
12			60
13	57		58
14			60
15	61		
16	62		58，63
17			60，63
18	64		
19	65	68	
20	66	69	
21	67	68	
22	70	72	73
23	70	72	71、73
24	74	75	
25	76	78	
26	77		
27	80	53	75
28	81		

第五节　包装单元货物尺寸

1. 范围

本标准规定了在货物流通过程中单元货物的最小平面尺寸。本标准适用于公路、铁路和水路运输的单元货物。

2. 规范性引用文件

下列文件中的条款通过本标准的引用而成为本标准的条款。凡是注日期的引用文件，其随后所有的修改单（不包括勘误的内容）或修订版均不适用于本标准，然而，鼓励根据本标准达成协议的各方研究是否可使用这些文件的最新版本。凡是不注日期的引用文件，其最新版本适用于本标准。

GB/T4122（所有部分）包装术语。

3. 术语和定义

GB/T 4122 确立的以及下列术语和定义适用于本标准。

（1）货物流通

产品由始发地运至其目的地的过程，包括包装、单元货物、运输、装卸和贮存等基本要素。

（2）单元货物

通过一种或多种手段将一组货物或包装件拼装在一起，使其形成一个整体单元，以利于装卸、运输、堆码和贮存。

（3）平面尺寸

由一个水平面上的四个相互垂直相交的竖直平面在该水平面上所围成的矩形尺寸，这四个竖直平面能包容自由放置于该水平面上的单元货物，见图2.3。

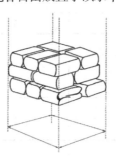

图2.3　平面尺寸

4. 单元货物的最小面积尺寸

单元货物的最小面积尺寸见表 2.10。

表 2.10　单元货物的最小平面尺寸　　　　　　　　　　　　　　　　　mm

长 × 宽	长、宽最大偏差
1 200 × 1 000	+40
1 100 × 1 100	

第六节　运输包装件尺寸界限

1. 范围

本标准规定了公路、铁路、水路、航空等运输方式的运输包装件外廓尺寸界限。

本标准适用于运输包装件的设计和装载运输等。

2. 引用标准

下列标准所包含的条文，通过在本标准中引用而构成为本标准的条文。本标准出版时，所示版本均为有效。

GB 1413—85　集装箱类型、尺寸和额定质量。

3. 定义

本标准采用下列定义。

（1）通用尺寸

适用于运输工具各种载货空间的运输包装件最大外廓尺寸。

（2）允许尺寸

适用于运输工具某种载货空间的运输包装件最大外廓尺寸。

4. 运输包装件尺寸界限

（1）一般要求

运输包装件长、宽、高最大分别不应超过 5 639 mm，2 134 mm，1 981 mm（航空运输除外）。

（2）具体要求

①公路运输

运输包装件通用尺寸长、宽、高应分别小于 3 540 mm，1 600 mm，1 650 mm。

运输包装件允许尺寸长、宽应分别小于 12 160 mm，2 500 mm，装车后运输包装件最高离地不得超过 4 000 mm。超出此界限时，应作为特殊运输。

根据不同的货车车型，其运输包装件的长、宽、高应分别小于该车型车厢的最小长、宽、高（厢式车高、宽取厢门高、厢门宽），最大应分别小于车型车厢的最大长、宽、高（厢式车高、宽取厢门高、厢门宽），见表2.11。具体尺寸按公路运输尺寸确定。

表 2.11　公路主要货车车厢尺寸范围　　　　mm

车型	长		宽		高		门宽		门高		承载面高度	
	最小	最大	最小	最大	最小	最大	最小	最大	最小	最大	最小	最大
中型货车	3 540	7 950	2 205	2 490	—	—	—	—	—	—	1 200	1 425
重型货车	4 900	8 100	2 250	2 500	—	—	—	—	—	—	1 320	1 419
厢式货车	3 750	7 300	1 920	2 490	1 803	2 160	1 600	2 220	1 700	1 900	—	—
挂车	3 800	12 160	2 100	2 500	—	—	—	—	—	—	1 100	1 400
厢式挂车	6 900	12 142	2 200	2 490	1 800	3 300	1 900	2 300	1 650	1 800	—	—

②铁路运输

运输包装件通用尺寸长、宽、高应分别小于 2 300 mm，700 mm，1 782 mm。

运输包装件允许尺寸长应小于 13 020 mm，装车后运输包装件宽、高不得超过机车车辆界限，见图2.4，超出此界限时，应作为特殊运输。

根据不同的货车车型，其运输包装件的长、宽、高应分别小于该车型车厢的最小长、宽、高（棚车、保温车应考虑门的高与宽），最大应分别小于车型车厢的最大长、宽、高（棚车、保温车应考虑门的高与宽；平车、敞车运输包装件高度按机车车辆界限减去承载面高度确定）（见表2.12和

图2.4）。具体尺寸按铁路运输尺寸确定。

表2.12　铁路主要货车车厢尺寸范围　　　　　　　　　　毫米

车型	长		宽		高		门宽		门高		承载面高度	
	最小	最大	最小	最大	最小	最大	最小	最大	最小	最大	最小	最大
棚车	—	—	2 400	2 870	2 000	2 819	1 540	2 964	1 900	2 647	—	—
平车	6 200	13 000	2 750	3 070	—	—	—	—	—	—	1 126	1 490
敞车	10 240	13 020	2 620	2 930	—	—	—	—	—	—	1 073	1 300
保温车	—	—	2 300	2 829	1 950	1 950	2 995	700	2 700	1 782	2 300	—

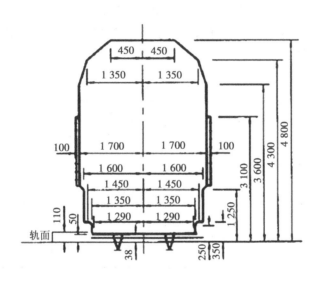

图2.4　机车车辆界线

③水路运输

运输包装件通用尺寸长、宽、高应分别小于5 000 mm，3 740 mm，1 100 mm。

运输包装件允许尺寸长、宽、高应分别小于32 200 mm，10 500 mm，5 390 mm。超出此界限时，应作为特殊运输。

根据不同的船型，其运输包装件的长、宽、高应分别小于该船型货舱的最小长、宽、高，最大应分别小于货舱的最大长、宽、高，见表2.13。具体尺寸按水路运输尺寸确定。

表 2.13 水路主要船舶货舱尺寸范围 mm

	舱口长		舱口宽		舱内高	
	最小	最大	最小	最大	最小	最大
海船	6 600	32 200	4 600	12 650	2 140	14 560
河船	5 000	60 000	3 740	10 500	1 100	5 390

④航空运输

集装运输包装件通用尺寸长、宽、高应分别小于 1 514 mm，1 000 mm，1 400 mm。

集装运输包装件允许尺寸长、宽、高应分别小于 3 175 mm，2 438 mm，1 626 mm，超出此界限时，应作为特殊运输。

根据不同的航空集装箱或集装板单元，其运输包装件长、宽、高应分别小于该航空集装箱或集装板单元尺寸，见表 2.14 和表 2.15。具体尺寸按航空运输尺寸确定。

表 2.14 航空集装箱尺寸 mm

型式	箱内长	箱门宽	箱门高
LD－3	1 514	1 460	1 400
LD－2	1 514	1 000	1 400

表 2.15 航空集装板单元尺寸 mm

型式	长	宽	高
P6P	3 175	2 438	1 626
P1P	3 175	2 235	1 626

⑤集装箱运输（航空运输除外）

运输包装件通用尺寸长、宽、高应分别小于 5 867 mm，2 286 mm，2 134 mm。

运输包装件允许尺寸长、宽、高应分别小于 11 998 mm，2 286 mm，2 566 mm。

根据不同的箱型，其运输包装件长、宽、高应分别小于该箱型最小内部长、最小箱门开口宽、高，具体尺寸按 GB 1413 确定。

第三章 包装标志

包装标志是为了便于货物交接、防止错发错运，便于识别，便于运输、仓储和海关等有关部门进行查验等工作，也便于收货人提取货物，在进出口货物的外包装上标明的记号。

第一节 包装储运图示标志

1. 范围

本标准规定了包装储运图示标志的名称、图形、尺寸、颜色及使用方法。

本标准适用于各种货物的运输包装。

2. 标志的名称和图形

图示标志共 17 种，其名称和图形如表 3.1 所示。

3. 标志的尺寸和颜色

（1）标志的尺寸

标志尺寸一般分为 4 种，见表 3.2。

如遇特大或特小的运输包装件，标志的尺寸可以比表 3.2 的规定适当扩大或缩小。

（2）标志的颜色

标志颜色应为黑色。

如果包装的颜色使得黑色标志显得不清晰，则应在印刷面上用适当的对比色，最好以白色作为图示标志的底色。

应避免采用易于同危险品标志相混淆的颜色。除非另有规定，一般应避免采用红色、橙色或黄色。

4. 标志的使用方法

（1）标志的打印

可采用印刷、粘贴、拴挂、钉附及喷涂等方法打印标志。印刷时，外框线及标志名称都要印上，喷涂时，外框线及标志名称可以省略。

（2）标志的数目和位置

①一个包装件上使用相同标志的数目，应根据包装件的尺寸和形状决定。

②标志在各种包装件上的粘贴位置：

（a）箱类包装：位于包装端面或侧面；

（b）袋类包装：位于包装明显处；

（c）桶类包装：位于桶身或桶盖；

（d）集装单元货物：应位于四个侧面。

③下列标志的使用应按如下规定：

（a）标志1"易碎物品"应标在包装件所有四个侧面的左上角处（见表3.1标志1的使用示例）。

（b）标志3"向上"应标在与标志1相同的位置上（见表3.1中标志3示例a所示）。当标志1和标志3同时使用时，标志3应更接近包装箱角（见表3.1标志3示例b所示）。

（c）标志7"重心"应尽可能标在包装件所有六个面的重心位置上，否则至少也应标在包装件四个侧、端面的重心位置上（见表3.1标志7的使用示例）。

（d）标志11"由此夹起"

只能用于可夹持的包装件。

标志应标在包装件的两个相对面上：以确保作业时标志在叉车司机的视线范围内。

（e）标志16"由此吊起"至少贴在包装件的两个相对面上（见表3.1标志16的使用示例）。

表3.1　标志名称和图形

序号	标志名称	标志图形	含义	备注/示例
1	易碎物品		运输包装件内装易碎品，因此搬运时应小心轻放	

续表 3.1

序号	标志名称	标志图形	含义	备注/示例
2	禁用手钩		搬运运输包装件时禁用手钩	
3	向上		表明运输包装件的正确位置是竖直向上	 （a）　　　　（b） （c）
4	怕晒		表明运输包装件不能直接照晒	
5	怕辐射		包装物品一旦受辐射便会完全变质或损坏	

续表 3.1

序号	标志名称	标志图形	含义	备注/示例
6	怕雨		包装件怕雨淋	
7	重心		表明一个单元货物的重心	 本标志应标在实际的重心位置上
8	禁止翻滚		不能翻滚运输包装	
9	此面禁用手推车		搬运货物时此面禁放手推车	
10	禁用叉车		不能用升降叉车搬运的包装件	

续表 3.1

序号	标志名称	标志图形	含义	备注/示例
11	由此夹起		表明装运货物时夹钳放置的位置	
12	此处不能卡夹		表明装卸货物时此处不能用夹钳夹持	
13	堆码重量极限		表明该运输包装件所能承受的最大重量极限	
14	堆码层数极限		相同包装的最大堆码层数，n 表示层数极限	
15	禁止堆码		该包装件不能堆码并且其上也不能放置其他负载	

续表 3.1

序号	标志名称	标志图形	含义	备注/示例
16	由此吊起		起吊货物时挂链条的位置	 本标志应标在实际的起吊位置上
17	温度极限		表明运输包装件应该保持的温度极限	

表 3.2　标志尺寸　　　　　　　　　　　　　　　　　　　　　　mm

尺寸 序号	长	宽
1	70	50
2	140	100
3	210	150
4	280	200

第二节　运输包装收发货标志

1. 范围

　　本标准规定了铁路、公路、水路和空运的货物外包装上的分类标志及其他标志和文字说明的事项及其排列的格式。

2. 含义

外包装件上的商品分类图示标志及其他标志和其他的文字说明排列格式的总称为收发货标志。

3. 内容

内容详见表 3.3。

表 3.3

序号	项目			含义
	代号	中文	英文	
1	FL	商品分类图示标志	CLASSIFICATION MARKS	表明商品类别的特定符号。见本标准第 3 章。
2	GH	供货号	CONTRACT NO	供应该批货物的供货清单号码（出口商品用合同号码）
3	HH	货号	ART NO	商品顺序编号。以便出入库，收发货登记和核定商品价格
4	PG	品名规格	SPECIFICA TIONS	商品名称或代号，标明单一商品的规格、型号、尺寸、花色等
5	SL	数量	QUANTITY	包装容器内含商品的数量
6	ZL	重量（毛重）（净重）	GBOSS WT NET WT	包装件的重量（k8）包括毛重和净重
7	CQ	生产日期	DATE OF PRODUCTION	产品生产的年、月、日
8	CC	生产工厂	MANUFACTURER	生产该产品的工厂名称
9	TJ	体积	VOLUME	包装件的外径尺寸长×宽×高（cm）=体积（m³）
10	XQ	有效期限	TERM OF VAIIDITY	商品有效期至×年×月
11	H	收货地点和单位	PLACE OF DESTINATION AND CONSIGNEE	货物到达站，港和某单位（人）收（可用贴签或涂写）
12	FH	发货单位	CONSIGNOR	发货单位（人）
13	YH	运输号码	SHIPPING No	运输单号码
14	JS	发运件数	SHIPPING PIECES	发运的件数
说明	①分类标志一定要有，其他各项合理选用。②外贸出口商品根据国外客户要求，以中、外文对照，印制相应的标志和附加标志。③国内销售的商品包装上不填英文项目。			

4. 商品分类图示标志

（1）图示标志尺寸见表3.4。

表 3. 4

mm

包装件高度（袋按长度）	分类图案尺寸	图形的具体参数		备注
		外框线宽	内框线宽	
500 及以下	50×50	1	2	平视距离 5 m，包装标志清晰可见
500～1 000	80×80	1	2	
1 000 以上	100×100	1	2	平视距离 10 m，包装标志清晰可见

（2）图示标志图形

12 类图形，见图 3.1 至图 3.12。

图 3.1　　　　　图 3.2　　　　　图 3.3

图 3.4　　　　　图 3.5　　　　　图 3.6

图 3.7　　　　　图 3.8　　　　　图 3.9

图 3.10　　　　　　　　图 3.11　　　　　　　　图 3.12

5. 收发货标志的字体

标志的全部内容，中文都用仿宋体字，代号用汉语拼音大写字母；数码用阿拉伯数码，英文用大写的拉丁文字母。标志必须清晰、醒目、不脱落、不褪色。

6. 收发货标志的颜色

纸箱，纸袋，塑料袋，钙塑箱，按商品类别以表3.5规定的颜色用单色印刷。

表 3.5　　商品类别及其标准颜色

商品类别	颜色	商品类别	颜色
百货类	红色	医药类	红色
文化用品类	红色	食品类	绿色
五金类	黑色	农副产品类	绿色
交电类	黑色	农药	黑色
化工类	黑色	化肥	黑色
针纺类	绿色	机械	黑色

麻袋，布袋用绿色或黑色印刷，木箱，木桶不分类别，一律用黑色印刷，铁桶用黑、红、绿、蓝底印白字，灰底印黑字，表内未包括的其他商品，包装标志的颜色按其属性归类。

7. 收发货标志的方式

（1）印刷

适用于纸箱、纸袋、钙塑箱、塑料袋。在包装容器制造过程中，将需要的项目按规定印刷在包装容器上。有些不固定的文字和数字在商品出厂和发运时填写。

（2）刷写

适用于木箱、桶、麻袋、布袋、塑料编织袋。利用印模、镂模，按规定涂写在包装容器上，要求醒目，牢固。

（3）粘贴

对于不固定的标志，如收货单位和到达站需要临时确定，所以先将需要的项目印刷在 60 g/m² 以上的白纸或牛皮纸上，然后粘贴在包装件有关栏目内。

（4）拴挂

对于不便印刷、刷写的运输包装件筐，篓，捆扎件，将需要的项目印刷在不低于 120 g/m² 的牛皮纸或布、塑料薄膜、金属片上、拴挂包装件上（不得用于出口商品包装）。

8. 标志位置

（1）六面体包装件的分类图示标志位置，按 GB 3538—83《运输包装件各部位的标志方法》标志部位，放在包装件 5，6 两面的左上角。收发贷标志的其他各项，见图 3.13 至图 3.16。

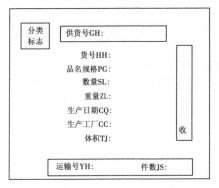

图 3.13　分类标志

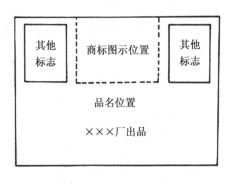

图 3.14　其他标志

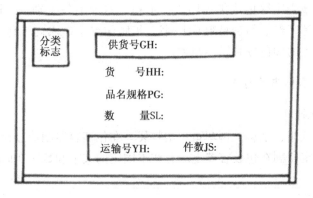

图 3.15　六面体标示货物信息

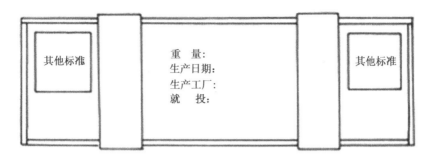

图 3.16　六面体包装标示位置

（2）袋类包装件的分类图示标志放在两大面的左上角，收发货标志的其他各项，见图 3.17。

图 3.17　袋包装收发货标志

（3）桶类包装的分类图示标志放在左上方，收发货标志的其他各项，见图 3.18。

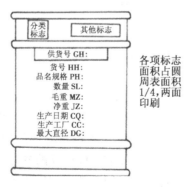

图 3.18　桶装标志

（4）筐、篓捆扎件等拴挂式收发货标志，应拴挂在包装件的两端，草包、麻袋拴挂在包装件的两上角，见图 3.19。

外径尺寸：105×74 mm 印刷面积占 2/3

图 3.19 悬挂标签

（5）粘贴标志应贴在包装件的 5，6 两个面的有关栏目内。

（6）其他的标志按 GB 190—85《危险货物包装标志》、GB 191—85《包装储运图示标志》等的规定执行。

第三节 通用商品条码

1. 范围

本标准规定了通用商品条码的编码、结构、尺寸、颜色、技术要求及质量判定规则。

本标准适用于商品消费单元的条码标识。

2. 规范引用文件

下列文件中的条款通过本标准的引用而成为本标准的条款。凡是注日期的引用文件，其随后所有的修改单（不包括勘误的内容）或修订版均不适用于本标准，然而，鼓励根据本标准达成协议的各方研究是否可使用这些文件的最新版本。凡是不注日期的引用文件，其最新版本适用于本标准。

GB/T 12508—1990 光学识别用字母数字字符集 第二部分

GB/T 12905 条码术语

GB/T 18348—2001 商品条码符印制质量的检验

ISO/IEC 646 信息技术 用于信息交换的 ISO7 – bit 编码字符集 ISO/IEC 15424 信息技术 自动识别与数据采集技术 数据载体标识符（包括码制标识符）

3. 术语和定义

GB/T 12905 中确立的以及下列术语和定义适用于本标准。

（1）商品标识代码

由国际物品编码协会（EAN）和统一代三委员会（UCC）规定的、用于标识商品的一组数字，包括 EAN/UCC – 13、EAN/UCC – 8 和 UCC – 12 代码。

（2）标准版商品条码

由国际物品编码协会（EAN）和统一代三委员会（UCC）规定的、用于表示商品标识代码的条码，包括 EAN 商品商品条码 ［E］AN – 13 商品条码和 EAN – 8 商品条码和 UPC 商品条码（UPC – A）商品条码和 UPC – E 商品条码。

①EAN – 13 商品条码

标准版 EAN 商品条码

用于表示 EAN/UCC – 13 代码的商品条码。

②EAN – 8 商品条码

缩短版 EAN 商品

用于表示 EAN/UCC – 8 代码的商品条码。

③UPC—A 商品条码

标准版 UPC 商品条码

用于表示 UCC – 12 代码的商品条码。

④UPC – E 商品条码

缩短版 UPC 商品条码

用于表示按一定规则压缩的 UCC – 12 代码的商品条码。

（3）商品项目

按商品的基本特征而划分的群类。

（4）前置码

EAN/UCC – 13 代码中最左侧的一位数字代码。

4. 商品标识代码

（1）EAN/UCC – 13 代码

EAN/UCC – 13 代码由 13 位数字组成，分三种结构，其结构如表3.6。

表 3.6 EAN/UCC – 13 代码结构

结构种类	厂商识别代码	商品项目代码	校验码
结构一	$X_{13}X_{12}X_{11}X_{10}X_9X_8X_7$	$X_6X_5X_4X_3X_2$	X_1
结构二	$X_{13}X_{12}X_{11}X_{10}X_9X_8X_7X_6$	$X_5X_4X_3X_2$	X_1
结构三	$X_{13}X_{12}X_{11}X_{10}X_9X_8X_7X_6X_5$	$X_4X_3X_2$	X_1

①前缀码

前缀码由 2 ~ 3 位数字（$X_{13}X_{12}$ 或 $X_{13}X_{12}X_{11}$）组成，是 EAN 分配给国家（或地区）编码组织 1）的代码。前缀码由 EAN 统一分配和管理。EAN 分配给中国物品编码中心的前缀码由 3 位数字（$X_{13}X_{12}X_{11}$）组成。

②厂商识别代码

厂商识别代码由中国物品编码中心负责分配和管理，由 7 ~ 9 位数字组成。

③商品项目代码

商品项目代码由厂商负责编制，由 5 ~ 3 位数字组成。

④校验码

校验码为 1 位数字。

（2） EAN/UCC – 8 代码

EAN/UCC – 8 代码由 8 位数字组成，其结构如表 3.7。

表 3.7 EAN/UCC – 8 代码结构

商品项目识别代码	校验码
$X_8X_7X_6X_5X_4X_3X_2$	X_1

①商品项目识别代码

商品项目识别代码由中国物品编码中心负责分配和管理，由 7 位数字组成。

②校验码

校验码为 1 位数字。

（3） 编码原则

在编制商品标识代码时，应遵守以下基本原则。

①唯一性原则

对同一商品项目的商品应分配相同的商品标识代码。基本特征相同的商品视为同一商品项目，基本特征不同的商品视为不同的商品项目。

注：商品的基本特征主要包括商品名称、商标、种类、规格、数量、包装类型等。

对不同商品项目的商品应分配不同的商品标识代码。

②无含义性原则

商品标识代码中的每一位数字不表示任何与商品有关的特定信息。

③稳定性原则

商品标识代码一旦分配，若商品的基本特征没有发生变化，就应保持不变。

5. 符号结构

（1）EAN-13商品条码的符号结构

EAN-13商品条码由左侧空白区、起始符、左侧数据符、中间分隔符、右侧数据符、校验符、终止符、右侧空白区及供人识别字符组成。见图3.20和图3.21。

图3.20 标准版商品条码符号结构

图3.21 标准版商品条码符号构成示意图

①左侧空白区

位于条码符号最左侧的与空的反射率相同的区域，其最小宽度为11个模块宽。

②起始符

位于条码符号左侧空白区的右侧，表示信息开始的特殊符号，由 3 个模块组成。

③左侧数据符

位于起始符号右侧，是平分字符的特殊符号，由 5 个模块组成。

④中间分隔符

位于左侧数据符的右侧，是平分条码字符的特殊符号，由 5 个模块组成。

⑤右侧数据符

位于中间分隔符右侧，表示 5 位数字信息的一组条码字符，由 35 个模块组成。

⑥校验符

位于右侧数据符的右侧，表示校验码的条码字符，由 7 个模块组成。

⑦终止符

位于条码符号校验符的右侧，表示信息结束的特殊符号，由 3 个模块组成。

⑧右侧空白区

位于条码符号最右侧的与空的反射率相同的区域，其最小宽度为 7 个模块宽。为保护右侧空白区的宽度，可在条码符号右下角加" > "符号，" < "符号的位置见图 3.22。

图 3.22　标准版条码符号右空白区中" > "的位置及尺寸

⑨供人识别字符

位于条码符号的下方，与条码相对应的 13 位数字。供人识别字符优先选用 GB/T 12508 中规定的 OCR – B 字符集；字符顶部和条码字符底部的最小距离为 0.5 个模块宽。EAN – 13 商品条码供人识别字符中的前置码印制在条码符号起始符的左侧。

（2）EAN-8 商品条码的符号结构

EAN-8 商品条码由左侧空白区、起始符、左侧数据符、中间分隔符、右侧数据符、校验符、终止符、右侧空白区及供人识别字符组成，见图 3.23 和图 3.24。

图 3.23　缩短版商品条码符号结构

81模块							
67模块							
左侧空白区	起始符	左侧数据符（4位数字）	中间分隔符	右侧数据符（3位数字）	校验符（1位数字）	终止符	右侧空白区

图 3.24　缩短版商品条码符号构成示意图

①EAN-8 商品条码的起始符、中间分隔符、校验符、终止符的结构同 EAN-13 商品条码。

②EAN-8 商品条码左侧空白区与右侧空白区的最小宽度均为 7 个模块宽。为保护左右侧空白区的宽度，可在条码符号左下角加"＜"符号，在条码符号右下角加"＞"符号，"＜"和"＞"符号的位置见图 3.25。

③左侧数据符表示 4 位信息，由 28 个模块组成。

④右侧数据符表示 3 位数字信息，由 21 个模块组成。

⑤供人识别字符是与条码相对应的 8 位数字，位于条码符号的下方。

图 3.25　缩短版条码符号空白区中 " < "" > " 的位置及尺寸

6. 符号表示

（1）商品条码字符集的二进制表示

商品条码字符集包括 A 子集、B 子集和 C 子集。每个条码字符由 2 个 "条" 和 2 个 "空" 构成。每个 "条" 或 "空" 由 1～4 个模块组成，每个条码字符的总模块数为 7。用二进制 "1" 表示 "条" 的模块，用二进制 "0" 表示 "空" 的模块，见图 3.26。条码字符集可表示 0～9 共 10 个数字字符。商品条码字符集的二进制表示见表 3.8 和图 3.27。

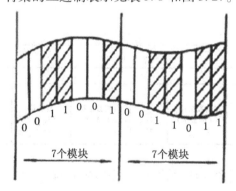

图 3.26

表 3.8　商品条码字符集二进制表示

数字字符	A 子集	B 子集	C 子集
0	0001101	0100111	1110010
1	0011001	0110011	1100110
3	0111101	0100001	1000010
4	0100011	0011101	1011100
5	0110001	0111001	1001110

续表**3.8**

数字字符	A 子集	B 子集	C 子集
5	0110001	0111001	1001110
6	0101111	0000101	1010000
7	0111011	0010001	1000100
8	0110111	0001001	1001000
9	0001011	0010111	1110100

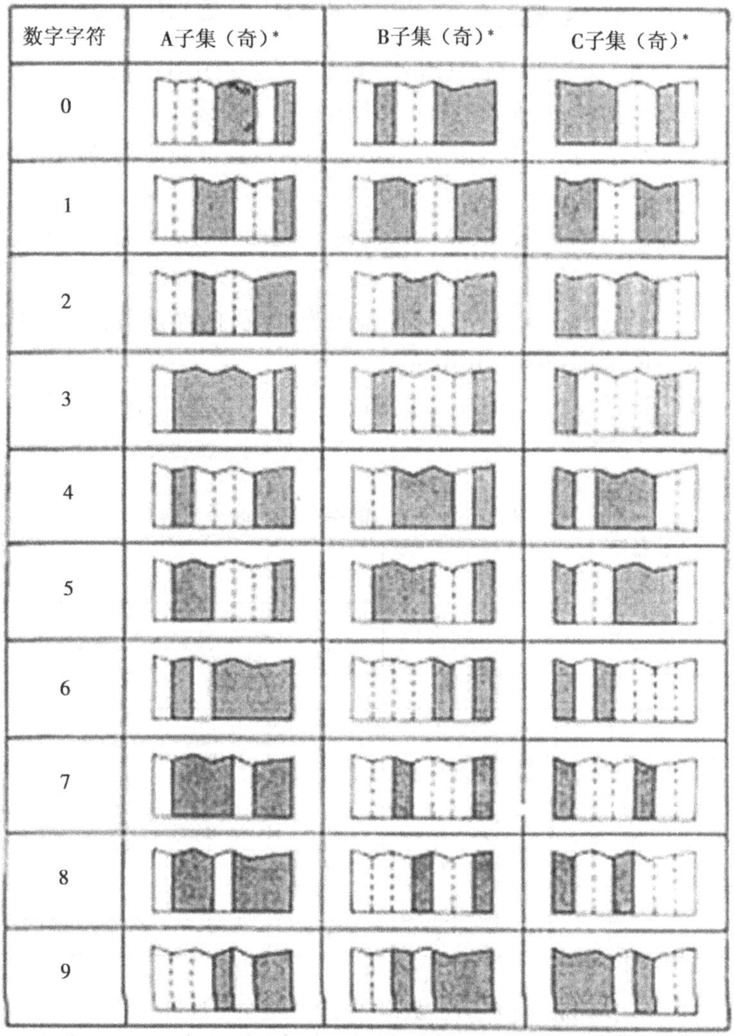

数字字符	A子集（奇）*	B子集（奇）*	C子集（奇）*
0			
1			
2			
3			
4			
5			
6			
7			
8			
9			

图3.27 商品条码字符集示意图

　　A　A子集中条码字符所包含的条的模块的个数为奇数，称为奇排列

　　B　B、C子集中条码字符所包含的条的模块的个效为码数，称为伙排列

（2）EAN 商品条码的符号表示

①起始符、终止符

起始符、终止符的二进制表示都为"101"，见图 3.28。

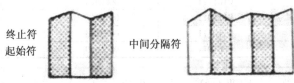

终止符
起始符
　　　　　　　　中间分隔符

图 3.28　商品条码起始符、终止符、中间分隔符示意图

前置码不包括在左侧数据符内，不用条码字符表示。

左侧数据符选用 A、B 子集进行二进制表示且取决于前置码的数值，见表 3.10。

示例：确定一个 EAN/UCC - 13 代码 6901234567892 的左侧数据符的二进制表示。

第一步：根据表 3.9 可查得：前置码为"6"的左侧数据符所选用的商品条码字符集依次排列为 ABBBAA。

第二步：根据表 1 可查得：左侧数据符"901234"的二进制表示，见表 3.10。

表 3.9　左侧数据符的字符集的选择规则

代码位置序号　前置码值	12	11	10	9	8	7
0	A	A	A	A	A	A
1	A	A	B	A	8	B
2	A	A	B	B	A	B
3	A	A	B	B	B	A
4	A	B	A	B	B	B
5	A	R	B	A	A	B
6	A	B	B	B	A	A
7	A	B	A	B	A	B
8	A	B	A	A	B	B
9	A	B	B	A	B	A

表 3.10　左侧数据符的"二进制"表示

左侧数据符	9	0	1	2	3	4
字符集	A	B	B	B	A	A
字符的二进制表示	0001011	0100111	0110011	0011011	0111101	0100011

右侧数据符及校验符均用 C 子集表示。

④EAN - 8 商品条码的数据符及校验符

左侧数据符用 A 子集表示：右侧数据符和校验符 C 子集表示。

（3）码制标识符

商品条的码制标识符为 Em。

第四节　通用商品条码符号位置

1. 范围

本标准规定了条码符号位置选择原则及通用商品条码符号的位置。

本标准适用于通用商品条码。

2. 引用标准

GB12904 通用商品条码

GB12904 条码系统通用术语　条码符号术语

3. 条码符号位置选择原则

条码符号位置的选择应以符号不变形且便于识读、便于操作为准则。

（1）首先应选在商品包装主显示面的右侧。

（2）其次可选在与商品包装主显示面相连的平面。

（3）最后也可选在商品包装主显示面的背面。

4. 条码符号位置

（1）条码符号的曲度

①在有曲面的商品上，条码符号的条应与曲面的母线垂直，如图 3.29。

②条与印刷方向平行，且平行于母线时，条码符号表面曲度不可超过 30°，见图 3.30。若包装直径太小，条码符号应转 90°，见图 3.29 安排。

（2）箱型包装

①箱型包装，条码符号最好印在箱底面，尽量避免印在正中央。

②长方型包装，条码符号最好印在箱底长边的中央见图 3.31。

（3）罐装、瓶装，条码符号最好印在标纸的一侧下方见图 3.32。

（4）桶型包装

①条码符号最好印在桶型包装的侧面。

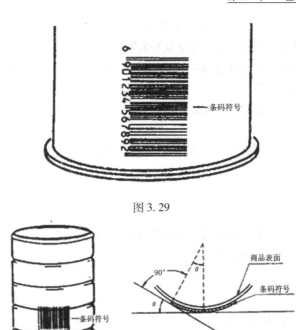

图 3.29

图 3.30

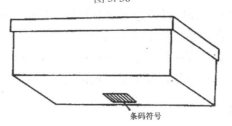

图 3.31

　　②侧面无法印时，条码符号可印在桶型包装的盖子上，但盖子深度不可超过 12 mm。如果内装易泄漏的液体，条码符号不可印在盖子上见图 3.33。

　　（5）袋型包装

　　①有底且底面足够大时，条码符号应印在底面上，否则可印在背面下方的中央。

　　②体积大的袋包装，条码符号印在背面右侧下方，但应避免印在过低的位置，以防条码符号扭曲。

　　③没有底的小塑料袋或纸袋，条码符号印在背面下方的中央。如背面中央有接缝，则应印在右下方，或印在填充后不起皱折、不变形处见图 3.34。

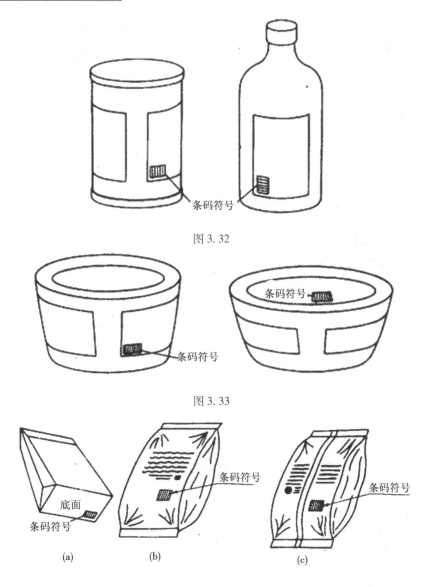

图 3.32

图 3.33

(a)　　　　　(b)　　　　　(c)

图 3.34

（6）吸塑包装

①条码符号最好印在纸板正面，且凸出包装距纸板的高度不得超过
12 mm。

②凸出包装距纸板的高度大于 12 mm 时，条码符号应放在离凸出包装
尽量远处见图 3.35。

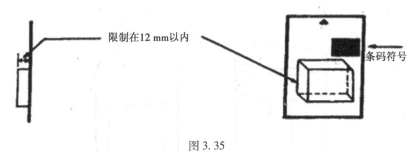

图 3.35

(7) 其他形式

有些商品条码符号可印在挂牌上见图 3.36。

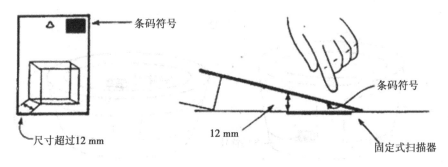

图 3.36

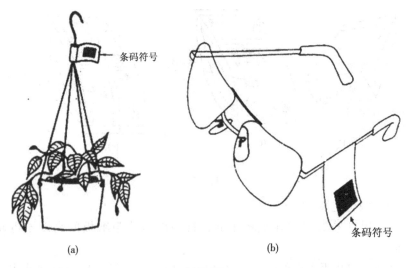

(a)　　　　　　　　　　(b)

图 3.37

第五节 条码符号印刷质量的检验

1. 范围

本标准规定了条码符号印刷质量的检验方法
本标准适用了各种条码符号印制质量的检验

2. 引用标准

GB2828 逐批检查计数抽样程序及抽样表（适用于连续批的检查）
GB7705 平版装潢印刷品 GB12053 光学识别用字母数字字符集第一部分：OCR – A 字符集 印刷图像的形状和尺寸
GB12508 光学识别用字母数字字符集 第一部分：OCR – B 字符集 印刷图像的形状和尺寸
GB12904 通用商品条码
GB12905 条码系统通用术语 条码符号术语
GB12906 中国标准书号（ISBN 部分）条码
GB12907 库德巴条码
GB12908 三九条码
GB/T14257 通用商品条码符号位置

3. 术语

（1）脱墨
条码符号中条的印刷缺陷，其反射率与空的反射率相近。
（2）污点
条码符号中空或空白区内的印刷缺陷，其反射率与反射率相近。
（3）印刷厚度
条码符号的条与空的涂层的厚度差。
（4）放大系数
条码符号的长度尺寸与标准尺寸的比值。

4. 检验项目

（1）外观
（2）条（空）反射率、印刷对比度（PCS 值）

（3）条（空）尺寸误差

（4）空白区尺寸

（5）条高

（6）数字、字母的尺寸

（7）检验码

（8）译码正确性

（9）放大系数

（10）印刷厚度

（11）印刷位置

5. 技术要求

（1）外观

①条码符号表面整洁，无明显污垢、皱褶、残损、穿孔。

②条码符号中的数字、字母、特殊符号印刷完整、清晰，无二意性。

③条码字符无明显脱墨、污点、断线；条的边缘整齐、无明显弯曲变形。

④条码字符的墨色均匀，无明显差异。

（2）技术要求应符合样品所采用的条码国家标准。

6. 检验方法

（1）环境要求：检验室温度（23±2）℃，相对湿度（50±5）％。

（2）样品处理

①样品应平整、无皱褶、不变形。

②检验标签、标纸及包装上的条码符号时，样品四周应保留足够的固定尺寸。

③检验实物包装上的条码符号时，样品无需处理。

（3）外观

①目检　样品放在色温为 5 500～6 500 K 的 D65 标准光源下，按 5.1 条款进行视觉检查

②仪器检验

测量仪器　采用显微镜和网形目镜测微尺。

测量步骤：

（a）用显微镜及网形目镜测微尺将污点、脱墨放大分割，根据污点、脱墨占的网格数，求其面积；

(b) 将 a 求得的面积值与该样品采用的条码国家标准中限定的面积值比较。

（4）条（空）反射率

①测量条件 测量条件应符合被检样品采用的条码国家标准。

②测量仪器 测量仪器采用满足①条款的仪器。

③测量步骤：

（a）仪器校准

（b）在样品下放置衬底，衬底应采用反射密度在 1.50 以上的无光谱选择性的漫反射材料。

（c）在条码字符条的纵向上均匀取五个测量位置，从起始符终止符逐一测量各条（空）的反射率，每一高度位置的测量重复上述步骤。

④数据处理

（a）取同一高度位置上各条的反射率中的最大值及各空的反射率中的最小值，作为这一高度位置上的条（空）的反射率。

（b）取五个不同高度位置上的各条反射率中的最大值和各空反射率中的最小值，作为该条码符号的条（空）的反射率。

（5）印刷对比度（PCS 值）

印刷对比度（PCS 值）按公式（1）计算。PCS = RL – RD RL 式中：RL – 条码中空的反射率；RD – 条码中条的反射率。

（6）条（空）尺寸误差

①测量条件同条款。

②测量仪器 最小分度值为 0.01 mm 的长度测量仪器。

③测量步骤 在条码字符条的纵向上均匀取五个测量位置，从起始符到终止符逐一测量各条（空）尺寸，每一高度位置的测量重复上述步骤。

④数据处理

（a）取同一高度上各条（空）尺寸误差的最大值作为这一高度条（空）尺寸误差的最大、最小值。

（b）取五个不同高度位置上的各条（空）尺寸误差的最大和最小值作为该条码符号的条（空）尺寸误差。

（7）空白区尺寸

在条款规定的光源下，用最小分度值为 0.5 mm 的钢板尺测量。

（8）条高

测量方法同（7）条款。

（9）数字、字母的尺寸

测量方法同（7）条款。

（10）检验码

按样品所采用的条码国家标准中规定的计算方法核对。

（11）译码正确性

用条码识读设备识读条码符号的结果与目测字符核对。

（12）放大系数

条码长度尺寸的测量方法同（7）条款，放大系数按（4）条款的定义计算。

（13）印刷厚度

在条款规定的光源下，用最小分度值为 0.01 mm 的测厚仪或同等精度的仪器测量。

（14）印刷位置

按 GB/T14257 的规定进行目检。

7. 检验报告

检验报告根据样品的检验内容而定。

8. 抽样

本标准依照 GB2828 国家标准抽样。

第六节　货物类型、包装类型和包装材料类型代码

1. 范围

本标准规定了在与国际贸易有关的贸易、运输和其他经济活动中使用的货物类型、包装类型和包装材料类型的数字代码表示。同时还规定了包装类型的字母代码表示。本标准适用于从事国际贸易的参与方之间采用自动交换方式进行的数据交换及其他应用的参与方之间进行的数据交换，也适用于人工系统。

2. 引用标准

下列标准所包含的条文，本标准出版时，所示版本均有效．所有标准都会被修订，使用本标准的各方应探讨使用下列标准最新版本的可能性。

GB/T 15191—94　贸易数据交换 贸易数据元目录

GB/T 15233—94　包装 单元货物尺寸

3. 定义

本标准采用下列定义

（1）货物

由船舶或其他运输工具运输的货载

注：货物可以是没有任何包装的液体，固体材料或物质（例如，散装货物），也可以是无包装的散件货物、有包装的货物、成组化的货物（装在托盘上或集装箱内的货物）或装在运输设备并由带有动力的运输工具载运的货物。

（2）货物类型

对运输工具上载运的或将载运的货物，按照其一定的外观进行的分类。

（3）包装货物

为准备运输而经过包装处理的完整货物，包括包装（容器，自有集装箱）和其内含的货物。

注：包装货物包括用于包装的全部物品，尤其是用于固定货物内外覆盖物的支架、卷、绕附着货物的支架和容器。该术语不包括运输工具设备，例如托板和货运集装箱。

（4）包装材料

在运输过程中为了打包、装箱和保护物品或物质，而用于包装操作的材料和部件。

（5）包装类型

包装货物在运输中呈现的形状和结构。

4. 编码结构和代码表示

（1）编码结构

①货物类型采用1位数字代码表示。

②包装类型采用2位数字代码（第二位为可选的）或2位字母代码表示。

③包装材料采用1位数字代码表示。

5. 使用规则

①货物类型代码、包装类型代码和包装材料代码既可以独立使用，也可以相互组合使用。尤其是包装材料代码适合与包装类型代码组合使用。

②货物类型代码仅被用来记录运输过程中呈现货物的最外部形式和指示最适当的操作方式。

③包装类型代码只是用来（例如由制造商）记录购买人通常在零售中要求的物品的直接包装或容器。本代码也用来（例如由出口商或发货人）记录进口商、批发商或零售商要求的物品最外部包装或容器。

④包装材料代码只用来记录制作包装的材料。

⑤货物类型和包装类型代码可与其他代码组合使用。例如，运输方式代码。

⑥包装类型（第1位）和包装名称（2位字母）代码可以和规定计量单位的数据元组合使用，表示包装的精确尺寸。例如，"5KGM"表示5千克货物的容器，"5LTR"表示5升装液体的容器（参见 UN/ECE 第20号推荐标准）。

⑦包装类型代码也可以使用两位数字代码分层结构，第一位代码表示包装货物的形状，第二位代码是可选的，表示包装货物的尺寸。

⑧数字码制无论1位或2位是通用的，并能适合于所有现存的和可能的货物类型、包装和包装材料的类型。

⑨在进一步变通的情况下，也可以使用包装名称的字母代码。2位的字母代码包括英语、法语和俄语中目前普遍使用的包装名称。另外，新增的包装名称和代码可以在维护程序下增加。

⑩扩展应用的规则

在较复杂的情况下，通过扩展，每一种代码均可用于复合应用，在这种应用中，每个代码（数字的或字母的）的几个特征可以嵌套数据元形式同时使用（相应于一个货物同时嵌套在另一个货物之中的载运货物单位有几级或装运的包装有几层）。

（a）货物类型代码可以从货物最外形连续记录二层、三层或多层货物。例如：集装箱货车载运，其中包括托盘装载的袋装咖啡的代码可以是：

6，2，4，9；

（b）包装类型代码可以从最外形包装记录连续二层、三层或多层包装。例如：大箱包含了盛小袋或袋装茶叶的纸箱的代码可以是：

2，2，6（1位数字码）或

24，22，61（2位数字码）或

BX，CT，SA（2位字母码）

（c）包装材料代码可在包装类型代码下记录连续的相同顺序的二层、三层或多层包装材料。

⑪数字代码与字母代码的选择

用户可以在结构化的数字和字母代码间选择，数字代码因其是结构化的，因此，更适合于自动数据处理系统（ADP），而字母代码提供了更多置换的可能。在贸易单证中，当货物是在运输中运送和操作及用于边境管理时，包装类型主要用于描述货物的标识。此时，为便于记忆，特别是当提供了一个带有包装类型名称的记忆链时，常优选较短的字母代码。

第四章 运输包装件基本试验

运输包装件基本试验系列保准包括温湿度调节处理、静载荷堆码试验、六角滚筒试验等二十种试验的方法及相关标准，从而使得在包装材料的选择、结构设计需要参考的环境因素、确定产品特性等方面有了统一标准。

第一节 试验时各部位的标示方法

1. 范围

本标准规定了运输包装件（以下简称包装件）在进行试验时标示部位的方法。本标准适用于标示包装件，标示包装容器亦可参照使用。

2. 标志方法

（1）平行六面体包装件

包装件应按照运输时的状态放置，使它一端的表面对着标注人员，如遇运输状态不明确，而包装件上又有接缝时，则应将其中任意一条接缝垂直立于标注人员右侧。标示方法如下（参见图4.1）。

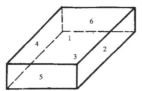

图4.1 六面体标示位置

（a）面

上表面标示为1，右侧面为2，底面为3，左侧面为4，近端面为5，远端面为6。

（b）棱

棱是由组成该棱的两个面的号码表示（如包装件上表面1和右侧面2相交形成的棱用1－2表示）。

（c）角

角是由组成该角的三个面的号码表示（如 1 - 2 - 5 是指包装件上表面 1、右侧面 2 和近端面 5 相交组成的角）。

（2）圆柱体包装件

包装件按直立状态放置，标示方法如下（参见图4.2）。

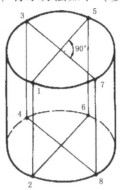

图 4.2　圆柱体标示位置

圆柱体的顶面两个相互垂直直径的四个端点用 1，3，5，7 表示，圆柱体底面相对应的四个端点，用 2，4，6，8 表示。这些端点分别联成与网柱体轴线相平行的四条直线，各以 1 - 2，3 - 4，5 - 6，7 - 8 表示。

如果圆柱体上有接缝时，要把其中的一个接缝放在 5 - 6 线位置上，其余按上述方法顺序进行标示。

（3）袋

袋应卧放，标注人员面对袋的底部。

如包装件上有边缝或纵向缝时，应将其中一条边缝置于标注人员的右侧，或将纵向缝朝下。标示方法如下（参见图4.3）。

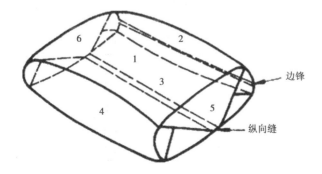

图 4.3　袋标示位置

袋的上表面标示为1，右侧面为2，下面为3，左侧面为4，袋底（即面对标注人员的端面）为5，袋口（装填端）为6。

（4）其他形状的包装件

其他形状包装件，可根据包装件的特性和形状，按本标准第2.1，2.2，2.3条所述的方法之一进行标示。

第二节 温湿度调节处理

1. 范围

GB /T 4857 的本部分规定了运输包装件和单元货物的温湿度调节处理的条件、设备、程序及试验报告的内容。

本部分适用于运输包装件和单元货物温湿度调节的处理。

2. 试验原理

使试验样品在预定的温湿度条件下，经历预定的时间。

3. 温湿度调节处理条件

根据运输包装件的特性及在流通过程中可能遇到的环境条件，选定3.1条的温湿度条件之一和3.2条调节处理时间之一进行温湿度调节处理。

（1）温湿度条件

①温湿度条件见表4.1。

表4.1 温湿度条件

条件	温度（公称值）		相对湿度（公称值）
	℃	K	
1	−55	218	无规定
2	−35	238	无规定
3	−8	255	无规定
4	+5	278	85
5	+20	293	65
6	+20	293	90
7	+23	296	50

续表 4.1

条件	温度（公称值）		相对湿度（公称值）
	℃	K	
8	+30	303	85
9	+30	303	90
10	+40	313	不受控制
11	+40	313	90
12	+55	328	30

②允许误差

（a）温度

极限误差

对于条件 1，2，3 和 10，至少 1 h 测量 10 次的测量值与公称值相比最大允许温度误差为 ±3 ℃。对于其他条件，最大允许温度的误差为 ±20 ℃。

半均误差

对于所有条件，相对于公称值，平均误差应为 ±20 ℃。

（b）相对湿度

极限误差

对于所有条件，至少 1 h 测量的最大允许相对湿度相对于公称值的误差应为 ±5%。平均误差对于所有条件，相对于公称值，相对湿度平均误差应为 ±2%。

注：相对湿度的平均值，应通过至少 1 h 的时间，取 10 次测量的平均值获得，或通过仪器的连续记录求出。

3.2 温湿度调节处理时间：4 h，8 h，16 h，48 h，72 h 或者 7 d，14 d，21 d，28 d。

4. 仪器设备

（1）温湿度箱（室）

温湿度箱（室），应规定工作空间的范围，工作空间内应能保持规定的调节处理条件，可以连续记录温度和湿度，且保持在规定的允许误差之内。

（2）干燥箱（室）

如果有必要，降低某些试验样品的含水率，使其达到环境条件的要求以下。

（3）测量与记录仪器

测量与记录仪器应有足够的灵敏度和稳定性，温度的测量精度为

0.1 ℃，相对湿度的测量精度为 1%，并能作连续记录，若每次测试记录的间隔不超过 5 min，则也认为该记录是连续的。测量温度和相对湿度的相对精度参见附录 H。在达到上述测量精度要求的同时，记录仪器应有足够的响应速度，以能准确记录每分钟 4 ℃温度的变化和每分钟 5% 的相对湿度变化。

5. 试验程序

①将试验样品放置在温湿度室的工作空间内，将其架空放置，使温湿度调节处理的空气可以自由通过其顶部、四周和至少 75% 的底部面积。

②尽可能地选择和试验样品运输及储存条件相似的温度和相对湿度，并且将其暴露在规定的条件下一段时间，时间的选择见规定。温湿度调节处理的时间从达到规定条件 1 h 后算起。

③当试验样品是具有滞后现象特性的材料构成的，如纤维板等，则需要在温湿度调节处理之前进行干燥处理。具体做法为：将试验样品放置在干燥室内至少 24 h，在该环境条件下，当被转移到试验条件下时，试验样品已经通过吸收潮气接近平衡。当规定的相对湿度不大于 40% 时，不作干燥处理。

6. 试验报告

试验报告应包括下列内容：

（a）说明试验系按本部分执行；

（b）温湿度调节处理时的温度、相对湿度及时间；

（c）试验时试验场地的温度和相对湿度；

（d）任何预干燥的详细说明；

（e）和本部分描述的试验方法之间的任何差异。

第三节　静载荷堆码试验方法

1. 范围

本标准规定了对运输包装件进行静载荷堆码试验时所用试验设备的主要性能要求、试验程序及试验报告的内容。

本标准适用于评定运输包装件在堆码时的耐压强度或对内装物的保护能力。它既可以作为单项试验，也可以作为系列试验的组成部分。

2. 引用标准

GB/T 4857.1 包装运输包装件 试验时各部位的标示方法
GB/T 4857.2 包装运输包装件 温湿度调节处理
GB/T 4857.17 包装运输包装件 编制性能试验大纲一般原理
GB/T 4857.18 包装运输包装件 编制性能试验大纲定量数据

3. 试验原理

将试验样品放在一个水平平面上并在其上面施加均匀载荷。

4. 试验设备

（1）水平台面
水平台面应平整坚硬。任意两点的高度差不超过 2 mm，如为混凝土地面，其厚度应不少于 150 mm。

（2）加载装置
加载装置按照所选定的方法（方法 1、方法 2 或方法 3）而定。

方法 1：包装件组
该组包装件的每一件都应与试验中的试验样品完全相同。包装件的数目则以其总质量达到合适的载荷量而定。

方法 2：自由加载平板
该平板应能连同适当的载荷一起，在试验样品上自由地调整达到平衡。载荷与加载平板也可以是一个整体。

加载平板置于包装件试样顶部的中心时，其尺寸至少应较包装件的顶面各边大出 100 mm。该板应足够坚硬以保证能完全承受载荷而不变形。

方法 3：导向加载平板
采用导向措施使该平板的下表面能连同适当的载荷一起始终保持水平，所采用的措施不应造成摩擦而影响试验结果。

加载平板置于试验样品顶部的中心时，其尺寸至少应较包装件的顶面各边大出 100 mm，该板应是够坚硬，以保证能完全承受载荷而不变形。

（3）偏斜测试的装置
所有偏斜测试装置的误差，应精确到 ± 1 mm。

（4）安全设施
在试验时应注意所加负载的稳定和安全，为此，必须提供一套稳妥的试验设施，并能在一旦发生危险的情况下，保证载荷受到控制，以便防止对附近人员造成伤害。

5. 试验程序

（1）试验样品的准备

按 GB/T4857.17 的要求准备试验样品。

（2）试验样品各部位的编号

按 GB/T4857.1 的要求对试验样品各部位进行编号。

（3）试验样品的温湿度预处理

按 GB/T4857.2 的要求选定一种条件对试验样品进行温湿度预处理。

（4）试验时的温湿度条件

试验应在与预处理相同的温湿度条件下进行。如果达不到相同条件，则必须在尽可能相近的大气条件下进行试验。

（5）试验强度值的选择

按 GB/T4857.18 规定选择试验强度值。

（6）试验步骤

①记录试验场所的温湿度。

②将试验样品按预定状态置于水平平面上，再将加地散包装件组成或自由加载平板或导向加载平板置于试验样品的顶面中心位置。

③如果使用方法 2 或方法 3，则在不造成冲击的情况下将作为载荷的重物放在加载平板上，并使它均匀地和加载平板接触，以保证载荷的重心恰好处于包装件顶面中心的上方。重物与加载平板的总质量与预定值的误差应在 ±2% 之内。载荷重心与加载平板上面的距离，不得超过试验样品高度的 50%。

如果试验特殊加载时，可将合适的仿模放在试验样品的上面或者下面，也可以根据需要上下都放。

④载荷应保持预定的持续时间或直至包装件压坏。

⑤试验期间按预定的测试方案记录试验样品的变形，必要时，也可以随时对试验样品的变形情况进行测定。

⑥去除载荷，并按有关标准规定检查运输包装件及内装物的损坏情况，并分析试验结果。

6. 试验报告

试验报告应包括下列内容：

（a）内装物的名称、规格、型号、数量等；

（b）试验样品的数量，放置的状态；

（c）详细说明：包装容器的名称、尺寸、结构和材料规格、衬垫、支撑物、固定方法、封口、捆扎状态以及其他防护措施；

（d）试验样品和内装物的质量，按千克（kg）计；

（e）预处理的温度、相对湿度和时间；

（f）试验场所的温度和相对湿度；

（g）总质量（以千克计，包括加载平板的质量），以及样品承受载荷的持续时间，所使用的加载方法即方法1，方法2或方法3；

（h）试验样品偏斜测量点的位置，及在什么试验阶段上进行这些偏斜的测量；

（i）所用仿模的形状和尺寸；

（j）试验设备的说明；

（k）试验结果的记录，及观察到的可以帮助正确解释试验结果的任何现象；

（l）试验结果分析；

（m）说明所用试验方法与本标准的差异；

（n）试验日期、试验人签字、试验单位盖章。

第四节　压力试验方法

1. 范围

本标准规定了对运输包装件进行压力试验时所用试验设备的主要性能要求、试验程序及试验报告的内容。

本标准适用于评定运输包装件在受到压力时的耐压强度及包装对内装物的保护能力。它既可以作为单项试验，也可以作为一系列试验的组成部分。

2. 引用标准

GB/T 4857.17　包装运输包装件　编制性能试验大纲的一般原理

GB 3538　包装运输包装件　各部位的标示方法

GB/T 4857.2　包装运输包装件　温湿度调节处理

GB/T 4857.18　包装运输包装件　编制性能试验大纲的定量数据

3. 试验原理

将试验样品置于试验机两平行压板之间，然后均匀施加压力，记录载荷和压板位移，直到试验样品发生破裂或载荷达到预定值为止。

4. 试验设备

（1）压力试验机

压力试验机用电动机驱动，机械传动或液压传动，压板型式要能使一个或两个压板以 10±3 mm/min 的相对速度进行匀速移动，对试验样品施加压力。

压板应平整，当压板水平放置时，板面的最低点与最高点的水平高度差不超过 1 mm；压板的尺寸应大于与其接触的试验样品的尺寸，两压板之间的最大行程应大于试验样品的高度。

压板应坚硬，当把试验机额定载荷的 75% 施加在压板中心的 100 mm × 100 mm × 100 mm 的硬木块上时，压板上任何一点的变形不得超过 1 mm。此木块应有足够的强度承受这一载荷而不发生破裂。

下压板须始终保持水平，在整个试验过程中，其水平倾斜度要保持在千分之二以内。上压板应牢固地安装并且在整个试验过程中，其水平倾斜度应保持在千分之二以内；或者上压板中心位置安装在一个方向接头上，使其能向任何方向自由倾斜。

（2）记录装置

记录装置所记录的载荷误差不得超过施加载荷的 ±2%。压板的位移误差为 ±1 mm。

5. 试验程序

（1）试验样品的准备

按 GB/T 4857.17 地规定准备试验样品。

试验样品的数量一般不少于 3 件。

（2）试验样品各部位的编号

按 GB 3538 的规定，对试验样品各部位进行编号。

（3）试验样品的预处理

按 GB/T 4857.2 的规定，选定一种条件对试验样品进行温湿度预处理。

（4）试验时的温湿度条件

试验应在与预处理时相同的温湿度条件下进行。如果达不到相同，也应尽可能在与之相接近的温湿度条件下进行试验。

（5）试验强度值的选择

按 GB/T4857.18 的规定选择试验强度值。

（6）试验步骤

①平面压力试验

（a）记录试验场所的温湿度

（b）将试验样品按预定状态置于下压板中心部位，使上压板和试验样品接触。先加 220 N 的初始载荷，以使试验样品与上下压板接触良好。调整记录装置，以此作为位移记录的起点。

（c）以 10±3 mm/min 的速度均匀移动压板距离。应加压到下列情况之一：

压缩载荷未达到预定值，试验样品出现破裂；

试验样品尺寸变形或压缩载荷达到预定值。

②对角和对棱的压力试验

如果需要对试验 2 样品的对角和对棱的耐压能力进行测定，须采用上下压板均不能自由倾斜的压力试验机。

试验步骤同平面压力试验。

③试验后按有关标准、规定检查包装及内装物的损坏情况，并分析试验结果。

6. 试验报告

试验报告包括下列内容：

（a）内装物的名称、规格、型号、数量等；如果使用的是模拟内装物，应予以详细说明；

（b）试验样品的数量；

（c）详细说明包装容器的名称、尺寸、结构和材料规格，附件、缓冲衬垫、支撑物、固定方法、封口、捆扎状态及其他防护措施；

（d）试验样品和内装物的质量，以千克计；

（e）预处理的温度、相对湿度和时间；

（f）试验场所的温度和相对湿度；

（g）试验时试验样品的放置状态；系列试验时的试验阶段；

（h）试验设备、仪器的说明；

（i）每个试验样品进行试验时承受压力和变形的曲线图或数据及承载持续时间；

（j）记录观察到的任何可以帮助正确解释试验结果的现象；

（k）记录试验后的检查结果；

（l）提出试验结果分析报告；

（m）说明所用试验方法与本标准的差异；

（n）试验日期，试验人签字，试验单位盖章。

第五节　跌落试验方法

1. 范围

本标准规定了对运输包装件垂直冲击试验时所用试验设备的主要性能要求、试验程序及试验报告的内容。

本标准适用于评定运输包装件在受到垂直冲击时的耐冲击强度及包装对内装物的保护能力。它既可以作为单项试验，也可以作为一系列试验的组成部分。

2. 引用标准

GB/T 4857.1 包装运输包装件　试验时各部位的标示方法

GB/T 4857.2 包装运输包装件　温湿度调节处理

GB/T4857.17 包装运输包装件　编制性能试验大纲一般原理

GB/T4857.18 包装运输包装件　编制性能试验大纲定量数据

3. 试验原理

提起试验样品至预定高度，然后使其按预定状态自由落下，与冲击台面相撞。

4. 试验设备

（1）冲击台

冲击台面为水平平面，试验时不移动，不变形，并满足下列要求：

（a）为整块物体，质量至少为试验样品质量的 50 倍；

（b）要有足够大的面积，以保证试验样品完全落在冲击台面上；

（c）在冲击台面上任意两点的水平高度差不得超过 2 mm；

（d）冲击面上任何 $100\ mm^2$ 的面积上承受 10 kg 的静负荷时，其变形时不得超过 0.1 mm。

（2）提升装置

在提升或下降过程中，不应损坏试验样品。

（3）支撑装置

支撑试验样品的装置在释放前应能使试验样品处于要求的预定状态。

（4）释放装置

在释放试验样品的跌落过程中，应使试验样品不碰到装置的任何部件，保证其自由跌落。

5. 试验程序

（1）试验样品的准备

按 GB/T4857.17 的要求准备试验样品。

（2）试验样品各部位的编号

按 GB/T4857.1 的要求对试验样品各部位进行编号。

（3）试验样品的预处理

按 GB/T4857.2 的要求，选定一种条件对试验样品进行温度预处理。

（4）试验时的温湿度条件

试验应在与预处理相同的温度条件下进行。如果达不到相同条件，则必须在尽可能相近的大气条件下进行试验。

（5）试验强度值的选择

按 GB/T4857.18 规定选择试验强度值。

（6）试验步骤

①提起试验样品至所需的跌落位置，并按预定状态将期支撑住。其提起高度与预定高度之差不得超过预定高度的 ±2%。跌落高度是指准备释放时试验样品的最低点与冲击台面之间的距离。

②按下列预定状态，释放试验样品：

（a）面跌落时，使试验样品的跌落面与水平面之间的夹角最大不超过 2°；

（b）棱跌落时，使跌落的棱与水面之间的夹角最大不超过 2°，试验样品上规定面与冲击台面夹角的误差不大于 ±5°或夹角的 10%（以较大的数值为准），使试验样品的重力线通过被跌落的棱；

（c）角跌落时，试验样品上规定面与冲击台面之间的夹角误差不大于 ±5°或此夹角的 10%（以较大数值为准），使试验样品的重力线通过被跌落的角；

（d）无论何种状态和形状和试验样品，都应使试验样品的重力线通过被跌落的面、线、点。

③实际冲击速度与自由跌落时的冲击速度之差不超过自由跌落时的 ±1%。

④试验后按有关标准或规定检查包装及内装物的损坏情况。并分析试验

结果。

6. 试验报告

试验报告应包括下列内容：

（a）内装物的名称、规格、型号、数量等；

（b）试验样品的数量；

（c）详细说明：包装容器的名称、尺寸、结构和材料规格；附件、缓冲衬垫、支撑物、固定方法、封口、捆扎状态以及其他防护措施；

（d）试验样品和内装物的质量，按千克计；

（e）预处理的温度、相对湿度和预处理时间；

（f）试验场所的温度和相对湿度；

（g）详细说明试验时试验样品的放置状态；

（h）试验样品的跌落顺序、跌落次数；

（i）试验样品的跌落高度，以毫米（mm）计；

（j）试验所用设备类型；

（k）试验结果的记录，以及在试验中观察到的任何有助于解释试验结果的现象；

（l）说明所用试验方法与本标准的差异；

（m）试验日期、试验人签字、试验单位盖章。

第六节 滚动试验方法

1. 范围

本标准规定了对运输包装件进行滚动试验时所用试验设备的主要性能要求、试验程序及试验报告的内容。

本标准适用于评定运输包装件在受到滚动击时的耐冲击强度及包装对内装物的保护能力。它既可以作为单项试验，也可以作为一系列试验的链成部分。

2. 引用标准

GB/T 4857.1 包装运输包装件各部位的标示方法

GB/T 4857.2 包装运输包装件温湿度调节处理

GB/T 4857.17 包装运输包装件编制性能试验大纲的一般原理

GB/T 4857.18 包装运输包装件编制性能试验大纲的定量数据

3. 试验原理

将试验样品放置于一平整而坚固的平台上，并加以滚动使其每一测试面依次受到冲击。

4. 试验设备

冲击台面应为水平平面，试验时不移动，不变形，并满足下列要求：

（a）冲击台为整块物体，质量至少为试验样品质量的 50 倍。

（b）台面要有足够大的面积，以保证试验样品完全落在冲击台面上。

（c）冲击台面任意两点的水平高度差一般不得超过 2 mm，但如果与冲击台面相接触的试验样品的尺寸中有一个尺寸超过 1 000 mm 时，则台面上任意两点水平高度差不得超过 5 mm。

（d）冲击台面上任何 100 mm^2 的面积上承受 10 kg 的静负荷，变形不得超过 0.1 mm。

5. 试验程序

（1）试验样品准备

按 GB/T 4857.7 的要求准备试验样品。

（2）试验样品各部位的编号

按 GB/T 4857.1 对试验样品进行编号。

（3）试验样品的预处理

按 GB/T 4857.2 选定一种条件对试验样品进行温湿度预处理。

（4）试验时的温湿度条件

试验应在与预处理相同的温湿度条件下进行，如果达不到预处理条件，则应在尽可能接近预处理的温湿度条件下进行试验。

（5）试验强度值的选择

按 GB/T 4857.18 的规定选择试验强度值。

（6）试验步骤

①平面六面体形状的试验样品

将试验样品置于冲击台面上，面 3 与冲击台面相接触，见图 4.4。使试验样品倾斜直至重力线通过棱 3-4，使试验样品自然失去平衡，使面 4 受到冲击，见图 4.5。

按上述方法与表 4.2 进行试验。

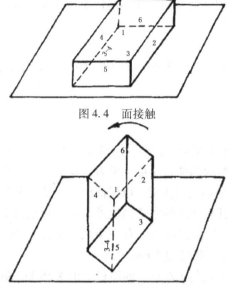

图 4.4　面接触

图 4.5　棱接触

表 4.2　样品冲去位置

棱边	被冲击面
3—4	4
4—1	1
1—2	2
2—3	3
3—6	6
6—1	1
1—5	5
5—3	3

　　注：如果一个表面尺寸较小，则有时会发生一次松手后连续出现两次冲击情况，此时可视为分别出现的两次冲击，试验仍可继续进行。

　　②其他形状的试验样品

　　其他形状的试验样品滚动方法和顺序，可参照①条规定。

　　③试验后按有关标准的规定对包装及内装物的损坏情况进行检查，并分析试验结果。

6. 试验报告

　　试验报告包括下列内容：

（a）内装物的名称、规格、型号、数量等；

（b）试验样品的数量；

（c）详细说明：包装容器的名称、尺寸、结构和材料规格；附件、缓冲衬垫、支撑物、固定方法、封口、捆扎状态及其他防护措施；

（d）试验样品的内装物的质量，以千克（kg）计；

（e）预处理的温度、相对湿度和时间；

（f）试验场所的温度和相对湿度；

（g）试验设备的说明；

（h）记录试验结果，并提出分析报告；

（i）说明所用试验方法与本标准的差异；

（j）试验日期，试验人员签字，试验单位盖章。

第七节　正弦定额振动试验方法

1. 范围

GB/T 4857 的本部分规定了对运输包装件和单元货物进行正弦定频振动试验时所用设备的主要性能要求、试验程序及试验报告的内容。

本部分适用于评定运输包装件和单元货物在正弦定频振动情况下的强度及包装对内装物的保护能力。它既可以作为单项试验，也可以作为一系列试验的组成部分。

2. 规范性引用文件

下列文件中的条款通过 08/14857 本部分的引用而成为本部分的条款。凡是注日期的引用文件，其随后所有的修改单（不包括勘误的内容）或修订版均不适用于本部分，然而，鼓励根据本部分达成协议的各方研究是否可使用这些文件的最新版本。凡是不注日期的引用文件，其最新版本适用于本部分。

GB/T 4857.1 包装运输包装件　各部位的标示方法

GB/T 4857.2 包装运输包装件　温湿度调节处理

GB/T 4857.3 包装运输包装件　静载荷堆码试验方法

GB/T 4857.17 包装运输包装件　编制性能试验大纲的一般原理

GB/T 4857.18 包装运输包装件　编制性能试验大纲的定量数据

3. 试验原理

将试验样品置于振动台上，使用近似的固定低频正弦振荡使其产生振动。试验时的温湿度条件、试验持续时间、最大加速度、试验样品放置状态及固定方法皆为预定的。

必要时可在试验样品上添加一定载荷，以模拟运输包装件处于堆码底部条件下经受正弦振动环境的情况。

4. 试验设备

（1）振动台

振动台应具有充分大的尺寸、足够的强度、刚度和承载能力。该结构应能保证振动台台面在振动时保持水平状态。其最低共振频率应高于最高试验频率。振动台应平放，与水平之间的夹角最大为3°。

振动台可配备：低围框：用以防止试验样品在试验中向两端和两侧移动；高围框或其他装置：用以防止加在试验样品上的载荷振动时移位；用以模拟运输中包装件的固定方法的装置。此外，振动台应符合5.6.3条中所规定的要求。

（2）仪器

试验仪器应包括加速度计、脉冲信号调节器和数据显示或存储装置，以测量和控制在试验样品表面上的加速度值。测试仪器系统的响应，应精确到试验规定的频率范围的 ±5% 。

注：也可以装备监控包装容器和内装物响应的仪器。可使用传感器，记录与振动台的受迫振动有关的内装物或可能在包装外表面的振动速率、振幅和频率。

5. 试验程序

（1）试验样品的准备

按 GB/T 4857.17 的规定准备试验样品。

（2）试验样品各部位的编号

按 GB/T 4857.1 的规定，对试验样品各部位进行编号。

（3）试验样品的预处理

按 GB/T 4857.2 的规定，选定一种条件对试验样品进行温湿度预处理。

（4）试验时的温湿度条件

试验应在与预处理相同的温湿度条件下进行，如果达不到预处理条件，则必须在试验样品离开预处理条 5 min 之内开始试验。

（5）试验强度值的选择

按 GB/T 4857.18 的规定选择试验强度值。

（6）试验步骤

①记录试验场所的温湿度。

②将试验样品按预定的状态放置在振动台上，试验样品重心点的垂直位置应尽可能地接近振动台台面的几何中心。如果试验样品不固定在台面上，可以使用围栏。必要时可在试验样品上添加载荷，其加载程序应符合 GB/T 4857.3的规定。

③方法 A

（a）操作振动台，产生可选范围在 0.5～1.0 g 的加速度，并且使试验样品不与台面分离。

（b）选择一定（正负）峰值之间的位移（参见附录1的图1.1），在相应的频率范围内确定试验频率，产生在 0.5～1.0 g 的加速度值，进行试验。

④方法 B

（a）操作振动台，产生可选范围的加速度，该加速度可以使试验样品从台面分离从而引起相对冲击。

（b）选择预定的振幅，开始使试验样品在 2 Hz 的频率下振动，并逐渐地提高频率，直到试验样品即将与振动台分离的状态为止。

注：在试验期间，沿试验样品的底部移动 −1.5～3.0 mm 厚，最小宽度为 50 mm 的标准量具，在至少三分之一试验样品底面积的部分，该标准量具可以被插入，即被认为试验样品与振动台分离的状态。

⑤试验后按有关标准规定检查包装及内装物的损坏情况，并分析试验。

6. 试验报告

试验报告应包括下列内容：

（a）说明试验系按本部分执行；

（b）内装物的名称、规格、型号、数量等；如果使用的是模拟内装物，应予以详细说明；

（c）试验样品的数量；

（d）详细说明包装容器的名称、尺寸、结构和材料的规格、附件、缓冲衬垫、支撑物、固定方法、封口、捆扎状态及其他防护措施；

（e）试验样品和内装物的质量，以千克（kg）计；

（f）试验设备的说明；

（g）固定措施，是否使用了低围框或高围框；

（h）是否添加载荷，如果加有载荷说明所加载荷的质量（以千克（kg）计），及试验样品承受载荷的持续时间；

（i）试验时试验样品放置的状态；

（j）预处理的温湿度条件及时间；

（k）试验场所的温度和相对湿度；

（l）振动台的振动方向、振幅、频率以及试验的持续时间；

（m）试验结果：应详细记录观察到的任何可以帮助正确解释试验结果的现象；

（n）使用的试验方法（例如：方法八或方法8），试验结果分析；

（o）说明所用试验方法与本部分的差异；

（p）试验日期、试验人员签字、试验单位盖章。

第八节　六角滚筒试验方法

1. 范围

本标准规定了运输包装件进行六角滚筒试验时所用试验设备的主要性能要求、试验程序及试验报告的内容。

本标准适用于评定运输包装件在流通过程中所受到的反复冲击碰撞的适应能力及包装对内装物的保护能力。它既可以作为单项试验，也可以作为一系列试验中的组成部分。

本标准主要适用于直方体或相似形状的运输包装件，其他形状的运输包装件可参考本标准进行试验。

本标准不适用于最大边与最小边尺寸之比大于5，或最大边尺寸超过1 200 mm，或质量超过279 kg的运输包装件。

2. 引用标准

GB/T 4857.17　运输包装件　编制性能试验大纲的一般原理

GB 3538　运输包装件　各部位的标示方法

GB/T 4857.2　运输包装件　温湿度调节处理

3. 试验原理

六角滚筒试验使试验样品经受在旋转六角滚筒内表面上的一系列的随机

转落，依靠设置的导板和挡板可使试验样品以不同的面、棱或角跌落，形成对试验样品不同的冲撞危害，其转落顺序和状态是不可预料的。

4. 试验设备

①六角滚筒试验机是沿水平轴匀速转动的正六角形筒体，内表面固定有导板和挡板等障碍物，根据需要还可设置圆锥体。

②六角滚筒试验机内表面及其障碍物，可由硬木和金属构成，保证其坚硬。试验中不得有明显损伤或变形，内表面平滑，允许打蜡，其平滑程度符合下列条件：一个底面积为 400 mm×400 mm、质量为 1 kg 经过精刨加工的光滑木块，以其底面放置在滚筒的内表面上，当此内表面与水平面的夹角为 15°±2°，该木块能够自行下滑。

③试验样品每次从滚筒的一面到另一面为一次转落。六角滚筒试验机可配有转落次数计数器。

④六角滚筒试验机按对角线尺寸，可分为 2130 型和 4260 型。

（a）2130 型六角滚筒试验机旋转速度为（2±1/6）r/min，适用于最大边尺寸小于 500 mm，且质量小于 100 kg。其结构和尺寸见图 4.3 和表 4.6。

表 4.3　2130 型六角滚筒试验机构件材料、尺寸

构件序号	尺寸 mm	材料	备注
4，5，7，11，13，17，21	高 65，厚 5~10	铕板	——
3，6，8，12，14，16，20	高 65，宽 180	硬木	——
9	宽 180，厚 45	硬木	——
2，15，18	宽 370，厚 30	硬木	与平面夹角为 105°
1，19	厚 45	9 木	——
10	高 75，顶部半径 40	金屑	画锥体

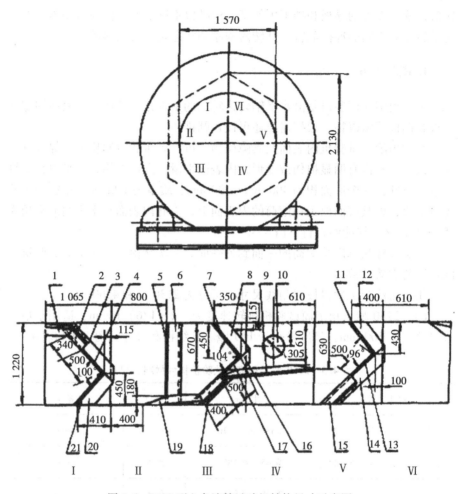

图4.6　2130型六角滚筒试验机结构尺寸示意图

（b）4260型六角滚筒试验机旋转速度为（1±1/2）r/min，适用于最大边尺寸小于1 200 mm，且质量小于270 kg的运输包装件，其结构和尺寸见图4.4和表4.7。

表4.4　4260型六角滚筒试验机构件材料、尺寸

构件序号	尺寸 mm	材料	备注
3、5、7、11、14、17、21	高65，厚5~10	钢板	——
4、6、8、12、13、16、20	高65，宽220	硬木	——
9	宽355，厚50	硬木	与平面夹角为80
2、15、18	宽590，厚5。	硬木	与平面夹角为105°
1、19	厚50	硬木	
10	高100，顶部半径13	金属	圆锥体

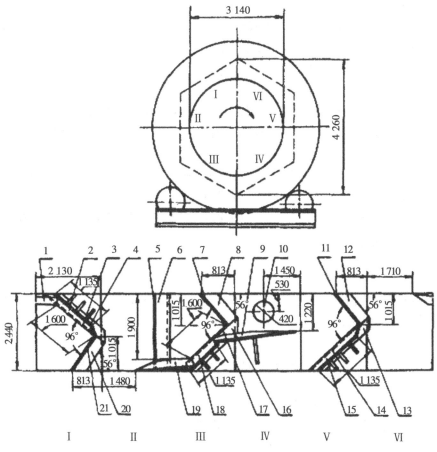

图 4.7　4260 型六角滚筒试验机结构尺寸示意图

5. 试验程序

（1）试验样品的准备

按 GB/T 4857.17 的规定准备试验样品

试验样品的数量一般不少于 3 件。

（2）试验样品各部位的编号

按 GB 3538 的规定，对试验样品各部位进行编号。

（3）试验样品的预处理

按 GB/T 4857.2 的规定，选定一种条件对试验样品进行温湿度预处理。

（4）试验时的温湿度条件

试验应在与预处理时相同的温湿度条件下进行。如果达不到相同条件，也应尽可能在与之相接近的温湿度条件下进行试验。

（5）试验步骤

①六角滚筒试验机的 I 面保持水平，将试验样品的 1 面向上，以其 2 面和 5 面沿导板放置在试验机的 I 面上，然后启动。

②试验进行到下列情况之一时停机：

（a）达到预定转落次数；

预定的转落次数可根据运输包装件在流通过程中可能遇到的反复冲击碰撞的情况确定。如果无法按上述情况确定时，可参考附录 I（参考件）确定转落次数。

（b）当试验样品出现预定的变形和破损状态。预定的变形和破损状态由产品标准规定，可参考附录 J（参考件）。

③试验后按有关标准、规定检查包装及内装物的损坏情况，并分析试验结果。

6. 试验报告

试验报告应包括下列内容：

（a）内装物的名称、规格、型号、数量等；如果使用的是模拟内装物，应予以详细说明；

（b）试验样品的数量；

（c）详细说明包装容器的名称、尺寸、结构和材料的规格，附件、缓冲衬垫、支撑物、面定方法、封口、捆扎状态及其他防护措施；

（d）试验样品和内装物的质量，以千克（kg）计；

（e）试验设备的种类以及是否安装圆锥体；

（f）预处理的温度、湿度和时间；

（g）试验场所的温度和相对湿度；

（h）预定试验样品的损伤状态或转落次数；

（i）记录到的试验样品的损伤状态或转落次数；

（j）说明所用试验方法与本标准的差异；

（k）其他的详细试验记录；

（l）试验日期、试验者签字、试验单位盖章。

第九节　喷淋试验方法

1. 范围

GB/T 4857 的本部分规定了对运输包装件和单元货物进行喷淋试验时所

用试验设备的主要性能要求、试验程序及试验报告的内容。也可用作对包装件进行其他试验之前的预处理方法，研究因水淋而造成包装件强度降低的情况。

本部分适用于评定运输包装件和单元货物对淋雨的抗卸性能及包装对内装物的保护能力。它既可作为单项试验，也可以作为系列试验的组成部分。

2. 规范性引用文件

下列文件中的条款通过 GB/T 4857 的本部分的引用而成为本部分的条款。凡是注日期的引用文件，其随后所有的修改单（不包括勘误的内容）或修订版均不适用于本部分，然而，鼓励根据本部分达成协议的各方研究是否可使用这些文件的最新版本。凡是不注日期的引用文件，其最新版本适用于本部分。

GB/T 4857.1 包装运输包装件　试验时各部位的标示方法

GB/T 4857.2 包装运输包装件　温湿度调节处理 3 术语和定义

下列术语和定义适用于 GB/T 4857 本部分。

3. 试验样品　test specimen

完整满装运输包装件和单元货物。

4. 试验原理

将试验样品放在试验场地上，在一定温度下用水按预定的时间及速率对试验样品表面进行喷淋。

喷淋方法分为连续式（方法 A）和间歇式（方法 B）。

5. 试验设备和条件

（1）试验场地

试验场地应满足如下要求：

（a）隔热和加热，如有必要对试验场地温度进行控制时，可对场地进行隔热或加热。场地地面应置有格条地板和足够容量的排水口，使喷洒的水能自动排泄出去，不致使试验样品泡在水里。格条地板要有一定的硬度，并且格条间距不能太宽，以防止引起试验样品变形；

（b）高度，试验场地的高度应适当，使喷水嘴与试验样品顶部之间的距离至少为 2m，可保证水能垂直喷淋。试验场地面积至少应比试验样品底部面积大 50%，使试验样品处喷淋面积之内。

（2）喷淋装置

喷淋装置应满足100 L/（m² · h）±20 L/（m² · h）速率的喷水量。喷出的水应充分均匀，喷头高度应能调节，使喷水嘴与试验样品顶部之间至少保持2m的距离，应符合7的要求。方法 A 和方法 B

安装要求如下：

（a）方法 A（连续式喷淋）：喷头排列整齐，固定在试验样品以上，高度可以调整；

（b）方法 B（间歇式喷淋）：用一排或几排喷头沿试验样品宽度方向排列，沿大于试验样品长度方向移动喷头，应符合7的要求，连续喷淋间隔时间不大于30 s。

（3）供水系统

按（2）所要求的速率和压力供应 5～30 ℃的水。

（4）喷淋装置

喷淋装置示意图见图4.8（单位为 mm）。

6. 试验样品的准备

将预装物装入试验样品中，并按发货时的正常封装程序对包装件进行封装。

注1：如果使用的是模拟内装物，其尺寸和物理性质应尽可能接近于预装物的尺寸和物理性质。同样，封装方法应和发货时使用的方法相同。

注2：按 GB/T 4857.2 的要求选定一种条件对试验样品进行温湿度预处理。

7. 试验程序

（1）校准

①将喷头安装在距格条地板面上方2 m处，喷嘴应垂直向下。

②将几只完全相同的顶部开口容器均匀地摆在地板上，要求至少应能覆盖地板面积的25%，每个容器的顶部开孔面积应在 0.25～0.50 m²。其高度应在 0.25～0.50 m。

③然后打开喷头，并测量出第一只容器和最后一只容器装满水的时间。

④第一只容器装满水所需时间，不少于按 120 L/（m² · h）速率喷水所需时间；最后一只容器装满水所需时间不多于按 80 L/（m² · h）速率喷水所需时间。

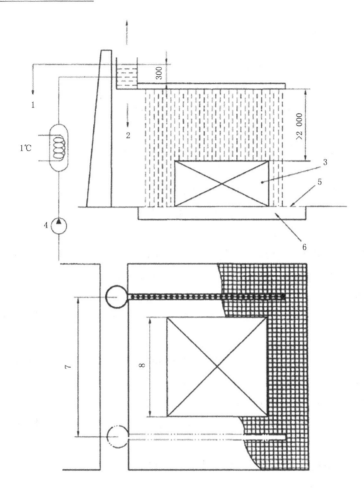

图4.8　喷淋装置示意图

1-溢水口；2-高度调节；3-试验样品；4-循环泵或网状系统；5-格板；
6-水口；7-喷头移动范围；8-试验样品尺寸

（2）试验步骤

①调整喷头的高度，使喷嘴与试验样品顶部最近点之间的距离至少为2 m。开启喷头直至整个系统达到均衡状态。除非另有规定，否则喷水的温度和试验场地温度均应在5～30 ℃。

②将试验样品放在试验场地，在预定的位置和预定的温度下，使水能够按照校准时的标准落到试验样品上，按预定的时间内持续地进行喷淋。

③检查试验样品及其内装物，是否出现防水性能下降或渗水现象。

8. 试验报告

试验报告应包括下列内容：

（a）说明试验系按本部分执行；

（b）实验室名称和地址，顾客名称和地址；

（c）报告的唯一性标志；

（d）接收试验物品日期和试验完成日期和天数；

（e）负责人姓名、职位和签字；

（f）说明试验结果仅对试验样品有效；

（g）没有实验室证明，复印部分报告无效；

（h）试验物品数量；

（i）详细说明：包装容器的名称、尺寸、结构和材料规格、衬垫、支撑物、固定方法、封口、捆扎状态以及其他防护措施，包装件的总重量及内装物的净重，单位为千克（kg）；

（j）内装物名称、规格、型号、数量等。如果使用的是模拟内装物，应予以详细说明；

（k）预处理的温度、相对湿度和时间。试验场所的试验期间的温度、相对湿度以及这些数值是否符合 GB/T 4857.2 的规定；

（l）使用方法 A 或方法 B；

（m）采用 GB/T 4807.1 中规定的标示方法描述试验时试验样品放置的状态；

（n）试验场所的湿度和试验时水的温度；

（o）试验持续时间；

（p）说明所用试验方法与本部分的差异；

（q）试验结果的记录，以及观察到的可以帮助正确解释试验结果的任何现象。

第十节　正弦变频振动试验方法

1. 范围

GB/T 4857 的本部分规定了对运输包装件和单元货物进行正弦变频振动试验时所采用试验设备的主要性能要求、试验程序及试验报告的内容。

本部分适用于评定运输包装件和单元货物在正弦变频振动或共振情况下

的强度及包装对内装物的保护能力。它既可以作为单项试验，也可以作为一系列试验的组成部分。

2. 规范性引用文件

下列文件中的条款通过 GB/T 4857 本部分的引用而成为本部分的条款。凡是注日期的引用文件，其随后所有的修改单（不包括勘误的内容）或修订版均不适用于本部分，然而鼓励根据本部分达成协议的各方研究是否可使用这些文件的最新版本。凡是不注日期的引用文件，其最新版本适用于本部分。

GB/T 4857.1　包装运输包装件　各部位的标示方法

GB/T 4857.2　包装运输包装件　温湿度调节处理

GB/T 4857.3　包装运输包装件　静载荷堆码试验方法

GB/T 4857.17　包装运输包装件　编制性能试验大纲的一般原理

GB/T 4857.18　包装运输包装件　编制性能试验大纲的定量数据

3. 试验原理

将试验样品置于振动台上，在预定的时间内按规定的加速度值及扫频速率在 3～100 Hz 来回扫描。随后可在 3～100 Hz 的主共振频率的 ±10% 范围内经受预定时间的振动。必要时可在试验样品上添加一定载荷，以模拟运输包装件处于堆码底部条件下经受正弦振动环境的情况。

4. 试验设备

（1）振动台

振动台应具有充分大的尺寸、足够的强度、刚度和承载能力。该结构应能保证振动台台面在振动时保持水平状态，其最低共振频率应高于最高试验频率。振动台应平放，与水平之间的最大角度变化为 0.3°。振动台可配备：

（a）低围框：用以防止试验样品在试验中向两端和两侧移动；

（b）高围框或其他装置：用以防止加在试验样品上的载荷振动时移位；

（c）用以模拟运输中包装件的固定方法的装置。

此外，振动台应符合规定的要求。

（2）仪器

试验仪器应包括加速度计、脉冲信号调节器和数据显示或存储装置，以测量和控制在试验样品表面上的加速度值。测试仪器系统的响应，应精确到试验规定的频率范围的 ±5%。

注：也可以装备监控包装容器和内装物响应的仪器。可使用传感器，记

录与振动台的受迫振动有关的内装物或可能在包装外表面的振动速率、振幅和频率试验程序试验样品的准备按 GB/T 4857.17 的规定准备试验样品。

5. 试验步骤

（1）记录试验场所的温湿度。

（2）试验样品各部位的编号

按 GB/ T 4857.1 的规定，对试验样品各部位进行编号。

（3）试验样品的预处理

按 GB /T 4857.2 的规定，选定一种条件对试验样品进行温湿度预处理。

（4）试验时的温湿度条件

试验应在与预处理相同的温湿度条件下进行，如果达不到预处理条件，则必须在试验样品离开预处理条件 5 min 之内开始试验。

（5）试验步骤

①记录试验场所的温湿度。

②将试验样品按预定的状态放置在振动台上，试验样品重心点的垂直位置应尽可能的接近实际振动台平台的几何中心。如果试验样品不固定在台面上，可以使用围栏。必要时可在试验样品上添加负载，其加载程序应符合 GB/T 4857.3 的规定。

③方法 A

（a）使振动台以选定的加速度作垂直正弦振动，频率以每分钟二分之一倍频程的扫频速率，频率在 3～100 Hz 进行扫频试验，重复扫描次数参见附录 K。

（b）使用加速度计测量时，要将加速度计尽可能紧贴到靠近包装件的振动台面上，但要有防护措施以防止加速度计与包装件相接触。

（c）当存在水平振动分量时，由此分量引起的加速度峰值不应大于垂直分量的20%。

④方法 B

（a）按方法 A 的程序进行试验，在一个或多个完整的扫描周期内，采用一个合适的低加速度值（典型的在 0.2～0.5 g），做共振扫频，并记录在试验样品及振动台上的加速度值。

（b）在主共振频率的 ±10% 范围内进行共振试验。也可在第二和第三共振频率的 ±10% 范围内进行试验，振动持续时间参见附录 K。

⑤试验后按有关标准规定检查包装及内装物的损坏情况，并分析试验结果。

6. 试验报告

试验报告应包括下列内容：

（a）说明试验系按本部分执行；

（b）内装物的名称、规格、型号、数量等；如果使用的是模拟内装物，应予以详细说明；

（c）试验样品的数量；

（d）详细说明包装容器的名称、尺寸、结构和材料的规格、附件、缓冲衬垫、支撑物、固定方法、封口、捆扎状态及其他防护措施；

（e）试验样品和内装物的质量，以千克（kg）计；

（f）试验设备的说明；

（g）是否添加载荷，如果加有载荷，说明所加载荷的质量［以千克（kg）计］及试验样品承受载荷的持续时间；

（h）试验时试验样品放置的状态和约束方法；

（i）预处理的温湿度条件及时间；

（j）试验场所的温度和相对湿度；

（k）振动持续时间，加速度和频率范围，如果使用方法 B 时，说明主共振频率及第二、第三共振频率；

（l）试验结果：应详细记录所观察到的任何可以帮助正确解释试验结果的现象；

（m）试验结果分析；

（n）说明所用试验方法与本部分的差异；

（o）试验日期、试验人员签字、试验单位盖章。

第十一节 水平冲击试验方法

1. 范围

GB/T 4857 的本部分规定了对运输包装件和单元货物进行水平冲击试验（水平、斜面和吊摆试验）时所用试验设备的主要性能要求、试验程序及试验报告的内容。

本部分适用于评定运输包装件和单元货物在受到水平冲击时的耐冲击强度和包装对内装物的保护能力。它既可以作为单项试验，也可以作为包装件一系列试验的组成部分。

2. 规范性引用文件

下列文件中的条款通过 GB/T 4857 本部分的引用而成为本部分的条款。凡是注日期的引用文件，其随后所有的修改单（不包括勘误的内容）或修订版均不适用于本部分，然而，鼓励根据本部分达成协议的各方研究是否可使用这些文件的最新版本。凡是不注日期的引用文件，其最新版本适用于本部分。

GB/T 4857.1 包装运输包装件　各部位的标示方法

GB/T 4857.2 包装运输包装件　温湿度调节处理

GB/T 4857.17 包装运输包装件　编制性能试验大纲的一般原理

GB/T 4857.18 包装运输包装件　编制性能试验大纲的定量数据

3. 试验原理

使试验样品按预定状态以预定的速度与一个同速度方向垂直的挡板相撞。也可以在挡板表面和试验样品的冲击面、棱之间放置合适的障碍物以模拟在特殊情况下的冲击。

4. 试验设备

（1）平冲击试验机

水平冲击试验机由钢轨道、台车和挡板组成。

①钢轨道

两根平直钢轨，平行固定在水平平面上。

②台车

（a）应有驱动装置，并能控制台车的冲击速度。

（b）台车台面与试验样品之间应有一定的摩擦力，使试验样品与台车在静止到冲击前的运动过程中无相对运动。但在冲击时，试验样品相对台车应能自由移动。

③挡板

（a）挡板应安装在轨道的一端，其表面与台车运动方向成 90°±1° 的夹角。

（b）挡板冲击表面应平整，其尺寸应大于试验样品受冲击部分的尺寸。

（c）挡板冲击表面应有足够的硬度与强度。在其表面承受 160 kg/cm^2 的负载时，变形不得大于 0.25 mm。

（d）需要时，可以在挡板上安装障碍物，以便对试验样品某一特殊部位做集中冲击试验。

（e）挡板结构架应使台车在试验样品冲击挡板后仍能在挡板下继续行走一定距离，以保证试验样品在台车停止前与挡板冲击。

（2）斜面冲击试验机

斜面冲击试验机由钢轨道、台车和挡板等组成，见图4.9所示。

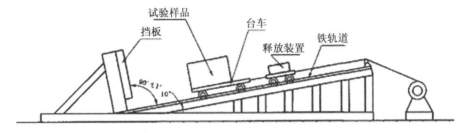

图4.9 斜面冲击试验机简图

①钢轨道

（a）两根平直且互相平行的钢轨，轨道平面与水平面的夹角为10°。

（b）轨道表面保持清洁、光滑，并沿斜面以50 mm的间距划分刻度。

（c）轨道上应装有限位装置，以便使台车能在轨道的任意位置上停留。

②台车

（a）台车的滚动装置，应保持清洁、滚动良好。

（b）台车应装有自动释放装置，并与牵引机构配合使用，使台车能在斜面的任意位置上自由释放。

（c）试验样品与台面之间应有一定的摩擦力，使试验样品与台车在静止到冲击前的运动过程中无相对运动。但在冲击时，试验样品相对台车应能自由移动。

③挡板

①挡板应安装在轨道的最低端，其冲击表面与轨道平面成90°±1°的夹角，并满足本部分4.1.3.2～4.1.3.5条的要求。

②在挡板的结构架上可以安装阻尼器，防止二次冲击。

（3）吊摆冲击试验机

吊摆冲击试验机由悬吊装置和挡板组成，见图4.10。

①悬吊装置

（a）悬吊装置一般由长方形台板组成，该长方形台板四角用钢条或钢丝绳等材料悬吊起来。

（b）台板应具有足够的尺寸和强度，以满足试验的要求。

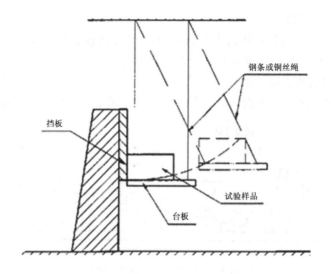

图 4.10 吊摆冲击试验机简图

（c）当自由悬吊的台板静止时，应保持水平状态。其前部边缘刚好触及挡板。

（d）悬吊装置应能在运动方向自由活动，并且将试验样品安置在平台上时，不会阻碍其运动。

②挡板

挡板的冲击面应垂直于水平面，并符合本部分 4.1.3.2~4.1.3.5 条的要求。

5. 冲击测试仪器

当需要时，测试仪器应安装在台车或台板上，测量并记录峰值加速度和冲击速率。

6. 试验程序

（1）试验样品的准备

按 GB/T 4857.17 的要求准备试验样品。

（2）试验样品的各部位的编号

按 GB/T 4857.1 的规定，对试验样品各部位进行编号。

（3）试验样品的预处理

按 GB/T 4857.2 的规定，选定一种条件对试验样品进行温、湿度预处理。

（4）试验时的温湿度条件

试验应在与预处理相同的温湿度条件下进行，如果达不到预处理条件，则必须在试验样品离开预处理条件 5 min 之内开始试验。

（5）试验强度值的选择

按 G B/T 4857.18 的规定，选择试验强度值。

（6）试验步骤

①将试验样品按预定状态放置在台车（水平冲击试验机和斜面冲击试验机）或台板（吊摆冲击试验机）上。

（a）利用斜面或水平冲击试验机进行试验时，试验样品的冲击面或棱应与台车前缘平齐；利用吊摆冲击试验机进行试验时，在自由悬吊的台板处于静止状态下，试验样品的冲击面或棱恰好触及挡板冲击面。

（b）对试验样品进行面冲击时，其冲击面与挡板冲击面之间的夹角不得大于2°。

（c）对试验样品进行棱冲击时，其冲击棱与挡板冲击面之间的夹角 α 不得大于2°，如试验样品为平行六面体，则应使组成该棱的两个面中的一个面与挡板冲击面的夹角 β 误差不大于 ±5° 或在预定角的 ±10° 以内（以较大的数值为准），见图 4.11。

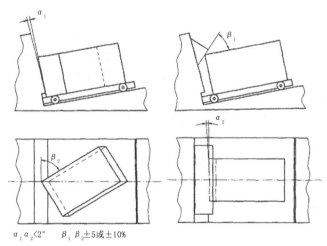

a_1 a_2 < 2° β_1 β_2 ±5或±10%

图 4.11　对一棱的冲击，试验样品的位置允许误差

注：根据鞋面平台试验，水平平台试验和吊摆试验应用同样的位置允许误差

（a）对一垂直棱的冲击　（b）对一水平棱的冲击

（d）对试验样品进行角冲击时，试验样品应撞击挡板，其中任何与试

验角邻接的面与挡板的夹角 β 误差不大于 ±5°或在预定角度的 ±10°以内，以较大的数值为准（见图 4.11）。

②利用水平冲击试验机进行试验时，使台车沿钢轨以预定速度运动，并在到达挡板冲击面时达到所需要的冲击速度。

③利用斜面冲击试验机进行试验时，将台车沿钢轨斜面提升到可获得要求冲击速度的相应高度上，然后释放。

④利用吊摆冲击试验机进行试验时，拉开台板，提高摆位，当拉开到台板与挡板冲击面之间距离能产生所需冲击速度时，将其释放。

⑤无论采用何种试验机进行试验，冲击速度误差应在预定冲击速度的 ±5°以内。

⑥试验后按有关标准规定检查包装及内装物的损坏情况，并分析试验结果。

7. 试验报告

试验报告应包括下列内容：

（a）说明试验系按本部分执行；

（b）内装物的名称、规格、型号、数量、性能等，如果使用模拟物应加以说明；

（c）试验样的数量；

（d）详细说明包装容器的名称、尺寸，结构和材料规格，附件、缓冲衬垫、支撑物、固定方法、封口、捆扎状态及其他防护措施；

（e）试验样品和内装物的质量，以千克（kg）计；

（f）预处理时的温度、相对湿度和时间；

（g）试验场所的温度和相对湿度；

（h）试验所用设备、仪器的类型；

（i）试验时，试验样品放置状态；

（j）试验样品、试验顺序和试验次数；

（k）冲击速度，必要时，测试冲击时最大减加速度；

（l）如果使用附加障碍物，说明其放置位置及其有关情况；

（m）记录试验结果，并提出分析报告；

（n）说明所用试验方法与本部分的差异；

（o）试验日期、试验人员签字、试验单位盖章。

第十二节 浸水试验方法

1. 范围

本标准规定了对运输包装件进行浸水试验时所用试验设备的主要性能要求、试验程序及试验报告的内容。

本标准适用于评定运输包装件承受水浸害的能力及包装对内装物的保护能力。

本标准可用于在进行其他各项试验之前的预处理试验。它既可以作为单项试验，也可以作为一系列试验的组成部分。

2. 引用标准

GB/T 4857.1 包装运输包装件　各部位的标示方法

GB/T 4857.2 包装运输包装件　温湿度调节处理

GB/T4857.17 包装运输包装件　编制性能试验大纲的一般原理

3. 试验原理

将试验样品完全浸于水中，保持一定的时间后取出。在预定的大气条件下和时间内进行浙水和干燥。

4. 试验设备

（1）水箱

①水箱应具有足够的容积，试验时使试验样品全部浸于水中，试验样品顶面沉入水面以下的距离不小于100 mm。

②水箱应具有给水、排水装置，不应有渗水、漏水现象，并能将水温保持在本标准规定的范围内。

（2）浸水装置

该装置应有足够的尺寸，可以宽松地盛装试验样品，并能提升或下降。

（3）刚性格栅

具有一定的强度和刚度、支撑湿的试验样品时格栅不变形，能使空气自由地流经试验样品底面。栅条与试验样品的接触面积不大于试验样品底面积的10%。

5. 试验程序

（1）试验样品的准备

（2）试验样品各部位的编号

按 GB/T 4857.1 的规定对试验样品各部位进行编号。

（3）试验样品的预处理

按 GB/T 4857.2 的规定，选定一种条件对试验样品进行温湿度预处理。

（4）试验时的温湿度条件

①浸水时，应在试验样品离开预处理条件 5 min 之内开始进行。如果达不到预处理条件，则应尽可能接近预处理的温湿度条件下进行试验。

② 浸水、干燥时，应在与预处理相同的温湿度条件下进行。

（5）试验步骤

①在水箱内充以一定深度的水，水温在 5~40 ℃选择，浸水过程中水温变化在 ±2°以内。

②将试验样品放入浸水装置内，一同浸入水中，浸水下放速度不大于 300 mm/min，直至试验样品的顶面沉入水面 100 mm 以下，并保持一定的时间。保持时间从 5，15，30 min 或 1，2，4 h 中选择。

③达到预定时间后，以不大于 300 mm/min 的速度将试验样品提出水面。

④将试验样品按预定状态放在格栅上，使其暴露在预定的大气条件下。暴露时间从 4，8，16，24，48，72 h 或 1，2，3，4 周中选择。

⑤记录试验样品浸水、沥水、干燥引起的任何明显的损坏或任何其他变化。按有关标准或规定检查包装及内装物的损坏情况，并分析试验结果。

6. 试验报告

试验报告应包括下列内容：

（a）内装物的名称、规格、型号、数量等；

（b）验样品的数量；

（c）详细说明——包装容器的尺寸、结构和材料规格，附件、缓冲衬垫、支撑物、面定方法、封口、捆扎状态及其他防护措施；

（d）试验样品的质量和内装物的质量，以千克计；

（e）预处理的温度、相对湿度和时间；

（f）试验场地的温度和相对湿度；

（g）试验时，试验样品的预定状态；

（h）浸水时水的温度及浸水时间；

（i）沥水和干燥时间；

（j）试验结果记录，以及在试验中观察到的任何有助于正确解释试验结果的现象；

（k）说明所用试验方法与本标准的差异；

（l）试验日期，试验人员签字，试验单位盖章。

第十三节　低气压试验方法

1. 范围

GB/T 4857 的本部分规定了对运输包装件和单元货物进行低气压试验时所用试验设备的主要性能要求、试验程序及试验报告的内容。

本部分适用于评定在空运时增压仓和飞行高度不超过 3 500 m 的非增压仓飞机内的运输包装件和单元货物耐低气压的影响的能力及包装对内装物的保护能力。对于海拔较高的地面运输包装件和单元货物可参照本部分进行低气压试验。

2. 规范性引用文件

下列文件中的条款通过 GB/T 4857，本部分的引用而成为本部分的条款。凡是注日期的引用文件，其随后所有的修改单（不包括勘误的内容）或修订版均不适用于本部分，然而，鼓励根据本部分达成协议的各方研究是否可使用这些文件的最新版本。凡是不注日期的引用文件，其最新版本适用于本部分。

GB/T 4857.1　包装运输包装件　各部位的标示方法

GB/T 4857.17 包装运输包装件　编制性能试验大纲的一般原理

3. 试验原理

将试验样品置于气压试验箱（室）内，然后将试验箱（室）内气压降低到相当于 3 500 m 加高度时的气压。将此气压保持预定的时间后，使其恢复到常压。

如有必要，在此期间也可将温度控制在相同高度时所具有的温度（参见附录 L）

4. 试验设备

气压试验箱（室）应具有足够的空间以容纳试验样品，并能进行气压和温度控制，且可以满足本部分5.4的要求。

5. 试验程序

（1）试验样品的准备

按 GB/T 4857.17 的要求准备试验样品。

（2）试验样品的各部位的编号

按 GB/T 4857.1 的规定对试验样品各部位进行编号。

（3）试验样品的预处理

按 GB/T 4857.2 的规定，选定一种条件对试验样品进行温湿度预处理。

（4）试验步骤

①将试验样品放置在气压试验箱（室）内，以不超过 150×10^5 MPa/min 的速率将气压降至 650×10^5 MPa/min（ ±5% ），在预定的时间内保持该气压，保持时间可在2 h，4 h，8 h，16 h 内选取。

②以不超过 150×10^5 MPa/min 的增压速率，充人符合实验室温度的干燥空气，使气压恢复到初始状态。

③试验后按有关标准规定检查包装及内装物的损坏情况，并分析试验结果。

6. 试验报告

试验报告应包括下列内容：

（a）说明试验系按本部分执行；

（b）内装物名称、规格、型号、数量等；

（c）试验样品的数量；

（d）详细说明：包装容器的名称、尺寸，结构和材料规格、附件、缓冲衬垫、支撑物、固定方式、封口、捆扎状态及其他防护措施；

（e）试验样品的质量和内装物的质量，以千克计；

（f）预处理的温度、相对湿度和时间；

（g）气压试验箱（室）内的温度、湿度、压力、增（减）压速率和气压保持时间；

（h）试验设备及仪器的说明；

（i）记录试验结果及任何有助于正确解释试验结果的现象；

（j）和本部分描述的试验方法之间的任何差异；

（k）试验日期、试验人员签字、试验单位盖章。

第十四节　采用压力试验机的堆码试验方法

1. 范围

本标准规定了对运箱包装件采用压力试验机进行堆码试验的方法，这种试验适用于评定运输包装件在堆码时的耐压强度及对内装物的保护能力。它既可以作为研究包装件受压影响（变形、蠕变、压坏或破裂）的单项试验，也可以作为一系列试验中的组成部分。

2. 引用标准

GB 3538 运输包装件　各部位的标示方法

GB 4857.2 运输包装件　基本试验温湿度调节处理

3. 试验原理

将包装件置于于压力试获机的下压板上，然后将上压板下降，对包装件施加压力。所加压力、大气条件、持续时间、承受压力的情况以及包装件的放置状态，按预定方案进行。

4. 试验设备

（1）压力试验机

压力试验机可采用电机驱动、机械传动或液压传动，能使压板均匀移动，施加预定的压力。

①压板刚度

压板应具有足够的刚度。检验压板刚度时，将 100 mm × 100 mm × 100 mm 硬质木块放在下压板中心位置。当压力试验机将最大额定负荷 75% 的负荷通过上压板施加到木块上时，上下压板表面任何一点变形不得超过 1 mm。

②压板尺寸

压板尺寸应超出包装件外形尺寸及与其相接触仿模块的面积。

③压板不平度

压板的工作面应当平整。工作面的最高点与最低点的高低差不超过 1 mm。

④压板倾斜度

压板在整个试验过程中应处在水平状态，其水平倾斜要保持在0.2%以内。或者用一个万向接头固定在上压板中心位里，使上压板可以向任何方向自由倾斜。

（2）负荷记录装置

该装置记录的负荷误差不得超过施加压力的±2%。

（3）施加额定负荷的装置

施加负荷的装置（如加负荷平板等）应在预定的时间内保持预定的负载量值。在预定时间内，实际负荷的波动不应超过±4%，同时压板的相对位移应保持此负载所需要的上压板的垂直位移包括当研究包装件在特定负荷条件下的性能（例如当码在货架底部的包装件在花格托盘上时；当压力负载未施加到被试验包装件的整个表面上时；在包装件与压力试验机压板之间插入适当的模具，用来模拟在实际中遇到的类似下压负荷时）。

（4）测量偏移的设施

该设施要求精确到±1 mm，既能指示尺寸的增加，又能指示尺寸的减少。

5. 试验程序

（1）试验样品的准备

试验用的包件通常应装满预装物．也可以用棋拟物或模型，但模拟物的尺寸和物理性能应尽可能地接近预装物。其包装方法及封口应保证符合正常运输要求。采用模拟物或模型时的包装方法及封口也应符合正常运输时的要求。

（2）试验样品各部位的编号

按 GB 3538 对试验样品各部位进行编号标示。

（3）试验样品的预处理

按 GB 4857. 2 选定一种条件对试验样品进行温湿度调节预处理。

（4）试验时的温湿度条件

试验应在与预处理相同的温湿度条件下进行。若达不到相同条件，则必须在试验样品离开预处理条件5 min 之内开始试验。

（5）试验步骤

①记录试验场所的温湿度。

②将试验样品按预定状态置于下压板中心位置。特定条件的试验项目，应安装必要的模具。

③使两块压板做相对移动或上压板移动。使上压板与样品相接触。负载量值一般由小到大逐级增加。每增载一级检验一次包装件受压状况并详细记录，负载量值最大不应超过预定值。如果未达到预定值，受压包装件已变形、压坏或出现危险时，应终止试验。也可以按预定值作一次性下压或直至破坏为上，负荷达到预定值时，持续到预定时间，观察其变化。

④移动压板。除去负荷，对包装件进行位查。

6. 试验报告

试验报告应包括下列内容：

（a）应用本标准的情况；

（b）试验样品的数量、放置状态；

（c）详细说明包装容器的尺寸、结构和材料规格、衬垫、支撑物、固定方法、封口、捆扎状态以及其他防护措施；

（d）内装物的名称、规格、型号、数量等；

（e）试验样品和内装物的质量，按千克（kg）计；

（f）预处理的湿度、相对湿度和时间；

（g）总负荷（以牛顿（N）计，包括加负荷平板重力）及持续时间；

（h）所用设备的类型和操作方式；

（i）所用仿模块类 m 和放置位里；

（j）包装件上偏离测量点的位置以及在什么试验程序中进行这些偏离测量；

（k）试验结果记录以及观察到的任何有助于正确解释试验结果的砚象；

（l）日期；

（m）试验单位人员签字盖章。

第十五节 碰撞试验方法

1. 范围

本标准规定了对运输包装件进行碰撞试验时所用试验设备的主要性能要求、试验程序及试验报告的内容。

本标准适用于评定运输包装件在运输过程中承受多次重复性机械碰撞的耐冲击强度及包装对内装物的保护能力。它既可作为单项试验，也可以作为一系列试验的组成部分。

2. 引用标准

GB/T 4857.1 包装 运输包装件 各部位的标示方法

GB/T 4857.2 包装 运输包装件 温湿度调节处理

GB/T 4857.3 包装 运输包装件 堆码试验方法

GB/T 4857.17 包装 运输包装件 编制性能试验大纲的一般原理

GB/T 4857.18 包装 运输包装件 编制性能试验大纲的定量数据

3. 试验原理

采用直接安装或过渡结构的安装方法,用缚带将试验样品紧固在碰撞台上,使其按规定的峰值加速度、脉冲持续时间、脉冲重复频率和碰撞次数进行碰撞。必要时可在试验样品上添加一定负载,以模拟包装件处于货垛底部条件下经受多次重复性机械碰撞环境的情况。

4. 试验设备

(1)碰撞台所产生的碰撞基本脉冲的波形及允差(见图 4.12)应具有与图中用虚线表示的标称加速度时间曲线相类似的半正弦碰撞脉冲。实际碰撞脉冲的波形应限制在图中用实线表示的容差范围内。

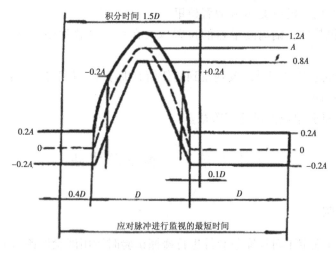

图 4.12 碰撞试验脉冲的波形及允差(半正弦波)

D - 标称脉冲的持续时间(ms);A - 标称脉冲的峰值加速度,m²/s

(2)试验时实际碰撞脉冲相应速度变化量的容差应在标称值的±20%内。

试验时实际碰撞脉冲速度的计算，应从脉冲前 0.4D 积分到脉冲后 0.1D（见图 4.12）。

（3）碰撞台的冲击重复频率示值误差不得超过 ±10% 。

（4）碰撞台在规定的工作范围内，台面检测点（一般以台面中心点为准）上，垂直于碰撞方向的正负加速度，在任何时刻都不得超过标称脉冲加速度值的 30% 。

5. 试验程序

（1）试验样品的准备

按 GB/T 4457.17 的要求准备试验样品。

（2）试验样品的各部位的编号

按 GB/T 4857.1 对试验样品各部位进行编号。

（3）试验样品的预处理

按 GB/T 4857.2 选定一种条件对试验样品进行温湿度预处理。

（4）试验时的温湿度条件

试验应在与预处理相同的温湿度条件下进行，如果达不到相同条件，也应尽可能在与之接近的温湿度条件下进行试验。

（5）试验步骤

①记录试验场所的温湿度。

②将试验样品按正常运输状态置于碰撞台台面上，采用直接安装或过渡结构的安装方法，用缚带将试验样品紧固在碰撞台上，过渡结构应具有足够的刚性，以避免引起附加的共振。

③按预定的峰值加速度、脉冲持续时间、脉冲重复频率和碰撞次数进行碰撞试验．必要时可在试验样品上添加负载．加载方法应符合 GB/T 4857.3 的要求。

④试验后按有关标准规定检查包装及内装物的损坏情况，并分析试验结果。

6. 试验报告

试验报告包括下列内容：

（a）试验样品的数量；

（b）详细说明：包装容器的名称、尺寸、结构和材料规格、附件、缓冲衬垫、支撑物、固定方法、封口、捆扎状态及其他防护措施；

（c）内装物的名称、规格、型号和数量等；

（d）试验样品和内装物的质盆。以千克（kg）计；

（e）试验设备的说明；

（f）试验样品的安装方法；

（g）试验时，试验样品的预定状态；

（h）预处理时的温度、相对湿度和时间；

（i）试验场所的温度和相对湿度；

（j）峰值加速度、脉冲持续时间、脉冲波形、脉冲重复频率和碰撞次数；

（k）记录试验结果并提出分析报告；

（l）说明所用试验方法与本标准的差异；

（m）试验日期、试验人签字、试验单位盖章。

第十六节　冲击试验机测产品脆值试验方法

1. 范围

本标准规定了使用冲击试验机测定产品机械冲击脆值的试验方法。

本标准适用于确定产品的机械冲击脆值。该脆值可用于产品的缓冲包装设计及产品的改进设计。也适用于将外包装容器内的包装单元或销售包装作为一个产品进行脆值测定。

2. 引用标准

GB/T 4857.2 包装 运输包装件　温湿度调节处理

3. 术语

（1）脆值

产品不发生物理损伤或功能失效所能承受的最大加速度值。通常用临界加速度与重力加速度的比值来表示。

（2）临界加速度（A_c）

产品受到冲击时，即将发生损坏时的最大加速度。对于不同的冲^方向，同一产品通常有不同的临界加速度。

（3）临界速度（V_c）

产品受到冲击时，即将发生损坏时的速度变化，对于不同的冲击方向，同一产品通常有不同的临界速度。

（4）损坏

产品受到冲击时发生的破损、失效或失灵而不能满足产品的外观和性能要求。

（5）冲击试验机跌落高度

在撞击冲击脉冲程序器之前冲击试验机台面自由落下所通过的距离。

4. 试验原理

按预定的状态将试验样品用夹具固定在试验台上，用预定的冲击脉冲波形对试验样品进行试验强度逐渐增强的冲击试验，直至产品损坏。

5. 试验设备

（1）冲击试验机

①冲击试验机应有一个具有足够强度和刚度的试验台，在试验过程中，试验台表面应保持水平，试验台应有导向装垂直下落时无偏转，并且在其他方向上没有位移。

②试验机台架应具有足够的跌落高度，以产生要求的冲击脉冲，并能保证控制跌落高度误差在 ±6 mm 之间。

③试验机应具有使试验台产生要求的脉冲。

④试验机应有制动装置，以防止试验台的二次冲击。

（2）测试系统

①加速度测试系统

加速度测试系统由加速度传感器、信号放大器和显示记录装置 3 组成，要求能显示并记录加速度时间历程，并满足下列要求。

（a）试验时，测试系统的低截止频率不大于 5 Hz，高截止频率不小于 1 000 Hz；

（b）试验时，测试系统的低截止频率不大于 3 Hz，高截正频率不小于 330 Hz；

（c）测试系统的误差应在实际值的 ±5% 之内；

（d）测试系统的横向灵敏度应低于 5%。

②速度测试系统

应有测试速度变化的装置。可以用电子仪器对冲击睐冲波形下面的区域进行积分，也可以光光电装置测量冲击台面的冲击速度和回弹速度。

6. 试验程序

（1）试验样品的准备

应根据试验目的及有关标准或规定准备试验样品。

（2）试验样品的预处理

按 GB/T 4857.2 的规定对试验样品进行预处理。

（3）试验时的温湿度条件

试验应在与预处理相同的温湿度条件下进行，如达不到相同的条件，则应在尽量接近预处理的温湿度条件下进行。

（4）试验步骤

应用夹具将试验样品按预定状态固定在试验台上，保证在试验过程中夹具及试验样品不脱离试验台面。夹具应坚固，夹具与试验样品接触部分的形状及位置应与试验样品所代表的产品在实际运输中所受到的支承相一致。并避免作用在试验样品上的冲击脉冲失真。加速度传感器应牢固地安装在样品的基础部分或夹具上，或靠近夹具的试验台面上。

①临界速度冲击试验

（a）调节试验设备，使冲击脉冲产生低于产品预期临界速度的速度变化。冲击速度变化的确定方法见附录 M（补充件），其脉冲波形可以是半正弦波，也可以是其他波形，但脉冲持续时间应不大于 3 ms 其最大加速度应超过预计的临界加速度。如果试验样品为刚性较大的小型产品时，其脉冲持续时间应适当减小。

（b）进行一次冲击试验，检查或测试样品的功能，确定样品是否损坏，如果损坏，是否是由于冲击造成的。

（c）如果没有发生损坏，调整冲击试验机使其产生较大的速度变化，重复进行冲击试验。速度变化所增加的幅度，应根据产品的特点决定。对于一般的产品，每次可增加 0.15 m/s，但对于比较贵重的产品，速度变化增加的幅度应适当减少。

（d）重复（b）和（c）的试验步骤，逐渐增加速度变化直至产品发生损坏。取样品未损坏的最后一次试验值和发生损坏的试验值的平均值作为临界速度值。但也可以根据不同的试验目的将样品未损坏的最后一次试验值作为临界速度值。

②临界加速度冲击试验

（a）调整试验设备使其产生梯形波冲击脉冲。曲线上升及下降时间小于 1.8 ms. 使其冲击速度变化大于 $1.57V_c$ 最好为 $2V_c$ 以上。冲击加速度值应低于预计的产品损坏加速度值。

（b）进行一次冲击试验。检查或测试样品的功能，确定样品是否损坏。如果损坏，是否由于冲击造成的。

（c）如果没有损坏，调整冲击试验机以获得更大的加速度值，并核实冲击速度变化是否符合（a）的要求。加速度增加的幅度，应根据产品本身的特点决定。

（d）重复（b）和（c）的试验步骤，逐渐增加冲击加速度直至样品发生损坏。取样品未损坏的最后一次试验值和发生损坏的试验值的平均值作为该试验样品的临界加速度值。也可以根据不同的试验目的将样品未损坏的最后一次试验值作为临界加速度值。

③如果需要考虑重复冲击对试验结果的影响，其试验步骤与方法可参见GB/T4857.11。

7. 试验报告

试验报告包括以下内容：

（a）试验样品的数量；

（b）试验样品的详细说明，包括类型、制造厂名、外形和试验前的状态；

（c）样品固定在试验机上的方法及状态；

（d）预处理时的温度、相对湿度和时间；

（e）试验场所的温度和相对湿度；

（f）试验所用设备、仪器的说明；

（g）引起样品损坏的冲击脉冲记录；

（h）样品损坏时冲击试验机跌落高度；

（i）试验时，速度变化和加速度所增加的幅度；

（j）样品损坏程度的详细说明；

（k）记录试验结果，包括冲击脉冲的波形、最大加速度值、脉冲持续时间和冲击速度并提出分析报告；

（l）说明所用试验方法系按本标准执行；

（m）试验日期、试验人员签字、试验单位盖章。

第五章　包装技术

包装技术包括防潮包装、防霉包装、缓冲包装技术等，是为避免商品在流通中受的各种外界因素发生损坏而采取的相应的技术手段，随着包装业的不断发展，包装技术的标准化在包装的选材、结构设计等环节有着重要意义。

第一节　防霉包装

1. 范围

本标准规定了防霉包装的等级、技术要求、试验方法、检验规则。本标准适用于产品在流通过程中防止霉菌侵袭的包装。本标准不适用于食品、医药等产品在流通过程中防止霉菌侵袭的包装。

2. 规范性引用文件

下列文件中的条款通过本标准的引用而成为本标准的条款。凡是注日期的引用文件，其随后所有的修改单（不包括勘误的内容）或修订版均不适用于本标准，然而，鼓励根据本标准达成协议的各方研究是否可使用这些文件的最新版本。凡是不注日期的引用文件，其最新版本适用于本标准。

GB/T191 包装储运图示标志

GB/T4797.3—1986 电工电子产品自然环境条件

GB/T4798.2—1996 电工电子产品应用环境条件

GB/T5048 防潮包装

3. 术语和定义

下列术语和定义使用于本标准。

（1）防霉剂

对霉菌的生长发育具有抑制或杀灭作用的化学物质，在工业中常用的有残效性防霉剂与挥发性防霉剂两大类。

（2）霉菌

属真菌类，体呈丝状，可产生多种形式的孢子，多腐生，种类很多，常见的有青霉、曲霉与不完全菌类。工业中可以利用其生产工业原料，部分菌类可危害人类、动物、植物及工业产品与原料。

（3）孢子

是真菌的繁殖体，一般很小，由于它的性状、发生过程和结构差异而有种种名称，如无性孢子，有性孢子。直接由营养细胞通过细胞壁加厚和积贮养料而形成的能抵抗不良环境条件的包子叫"厚垣孢子""休眠孢子"等。

（4）培养基

能提供霉菌生长的营养物质，一般都含氮、碳水化合物、矿质盐类（包括微量元素）和水等。按所用原料不同分天然培养基与合成培养基两类。

（5）模拟件

由于霉菌试验是破坏性试验，贵重而复杂的包装件在试验后无法再用，或者由于试验样品过大，不能提供大型试验设备时。则采用能代表产品或包装件的材料组成及制造工艺的试验样品进行试验，这种样品称为模拟件。

4. 等级

（1）凡产品要求防霉包装时，应在产品技术文件中规定产品的防霉包装等级要求。

（2）防霉包装的等级应根据产品抗霉菌侵蚀能力，运输、贮存所涉及的环境条件、包装结构、选用的包装材料的抗霉性能以及样品霉菌试验的结果等因素来确定。

（3）防霉包装等级分为 4 个等级，见表 5.1。

表 5.1　防霉包装等级

包装等级	适用条件	要求
I 级	在两年内经常处于 GB/T 4797.3—1986 所规定 B4 区中或相应的环境条件下（如：海边、坑道等）。在运输过程中常处于/T 4798.2—1996 所规定的 2B1 区或有霉菌生长条件的 2B2、2B3 区域内。	经 28 d 霉菌试验，均未发现霉菌生长。

续表 5.1

包装等级	适用条件	要求
Ⅱ级	经常处于 GB/T 4797.3—1986 所规定的、B3 区或相应于 B2、B3 区的环境条件下。	经 28 d 霉菌试验后，内包装密封完好，产品表面及内包装薄膜表面均未发现霉菌生长。外包装（以天然材料组成）局部区域有霉菌生长，生长面积不应超过内外表面的 10%，且不应因长霉影响包装的使用性能。
Ⅲ级	适用于 GB/T 4797.3—1986 规定的 B1 区与 GB/T4798.2—1996 中规定的 2B1 区或相应环境条件下。	经 28 d 霉菌试验后，产品及内外包装允许出现局部少量长霉现象。试验样品长霉面积不应超过其内外表面的 25%。
Ⅳ级	不适于湿热季节在 GB/T 4797.3—1986 所规定的 B2、B3 及 B4 区之间或相应环境条件下进行长时间的运输和储存。	进行 28 d 霉菌试验后，试验样品局部或整件出现严重长霉现象，长霉面积占其内外表面积 25% 以上。若试验延长至 84 d，试验期内包装材料机械性能下降，产生霉斑影响外观。

5. 技术要求

（1）根据被包装产品的性质、结构、贮运和装卸条件，以及被包装产品生产的工艺等条件进行防霉包装设计（参见附录 O），使产品包装在有效期内符合包装件要求的相应防霉包装等级的要求。采用密封包装时，在有效期内包装容器或内包装袋内的相对湿度应控制在 60% 以内，相对湿度的检查按照 GB/T 5048 规定进行。

（2）被包装的产品，在包装前应按有关规定经过严格检查，确认产品是干燥、清洁的，产品外观无霉菌生长痕迹，无直接引起长霉的有机物质的污染。

（3）产品包装按其他专业包装标准的规定采取相应防护措施时，应注意所采用的措施不应对防霉产生不良影响。

（4）用于防霉包装的材料，应选择耐霉性能强的材料。经防潮、防霉处理的材料对被包装产品不应产生腐蚀等不良影响。包装材料在使用前，应按规定进行干燥处理，不应有长霉现象、长霉斑痕。

（5）应按照 GB/T 5048 的规定对产品进行包装，包装环境条件中相对湿度不能超过规定范围，保持环境清洁，避免有利于霉菌生长的介质带人包装内。包装过程中避免手汗和油脂等有机污染物污染被包装产品与包装。

（6）防霉包装的印刷标志采用 GB/T 191 中规定的标志，并注明包装日期与有效时间。

6. 试验方法

（1）试验原理

本试验方法是在模拟自然界霉菌生长环境条件，按霉菌生长的生理特点进行设计的试验箱（室）内进行试验，以考核包装件或包装材料抗霉侵袭的能力。

（2）试验设备

①试验箱（室）的有效空间各点温度应在 28 ~ 30 ℃，每小时温度波动不应超过 1 ℃，相对湿度应大于 96%；指示点的温度应控制在（29 ±1）℃，相对湿度应控制在（97 ±1）%。

②试验箱（室）内每 7 d 换气 1 次，换气期间箱（室）内温度不低于 25 ℃，相对湿度不低于 80 %，指示点温度允许波动于 25 ~ 32 ℃。在换气结束后 2 h 内达到规定。

③试验箱内的风速为 0.5 ~ 2 m/s。使用风速的大小应不影响霉菌正常生长，并满足规定。

（3）试验样品的准备

①试验样品可根据产品标准与流通过程中环境条件的要求，选用包装件或有代表性的包装部件、模拟件、内包装件和包装材料进行抗霉性能试验。

②试验样品应与产品最终使用的形式一致，并能代表包装件的包装工艺。在试验样品准备的全过程中应保证试验样品不受人为污染。

③试验样品为包装材料时，每种材料的试验样品数量不少于 3 件。试验样品为包装件或包装部件等大件样品时，试验样品数量由委托单位与试验单位双方协商确定。

（4）试验菌种的准备

①进行防霉包装试验时，应全部使用黑曲霉、土曲霉、出芽短梗霉、宛氏拟青霉、绳状青霉、赫绿青霉、短帚霉、绿色木霉八种霉菌。若对包装材料或特殊包装件进行试验时，可增加相应的具有腐蚀能力的菌种，但必须在

报告中注明。

②试验中使用的菌种应是重新培养14~21 d的新鲜菌株。

（5）孢子悬浮液的制备

制备孢子悬浮液应按微生物操作规程进行，采用6.4.1规定的菌种，将重新培养好的菌种孢子接入200 mL无菌水中，加入湿润剂（吐温−60或吐温−80）1滴。每种菌种的孢子数不应低于0.5×10个/mL，使用孢子悬浮液喷射样品时不应产生水滴。

（6）试验对照样品的制备

①试验的对照样品分为检测孢子活力与测定试验箱内试验条件的对照试验样品。

②检验孢子活力的对照试验样品为试验所用的各种菌种分别制成单一的孢子悬浮液，混入固体培养基内，在25 ℃恒温培养箱内培养，若7 d内各种菌种生长良好，该试验有效。

③测定试验箱内试验条件的对照样品为含液体培养基的纯棉布条或纸片。试样随机放置于试验箱内，若7 d内对照样品霉菌生长良好，该试验有效，否则应重新进行试验。

（7）试验条件

①试验期间霉菌试验箱各点温度应在28~30 ℃，相对湿度应大于96%。

②试验期间每7 d换气一次。

（8）试验周期

试验周期一般为28 d。如果需要，可以将试验周期延长至84 d。

（9）试验步骤

①按要求调节试验箱至箱内温、湿度稳定，符合要求为止。

②将试验样品与试验对照样品悬挂于箱内。

③将孢子悬浮液均匀喷在箱内样品上。

④若采用模拟件或者非密封包装见进行试验时，内包装内应感染霉菌孢子。若采用正常包装件或者密封包装，则不必在包装密封件内感染霉菌孢子。

⑤关闭试验箱门，开始计算试验时间，至28 d或38 d周期结束时进行全面检查。

（10）结果评定

①试验样品试验后应按防霉包装等级要求，详细记录试样长霉或不长霉以及长霉面积。

②对长霉样品应分析长霉原因，提供对试验分析的依据。

（11）试验报告

①为完备试验报告和便于对试验结果进行分析，试验前应具备下列文件：

（a）样品来源、检验目的、数量和生产批号等；

（b）包装件的设计、结构和包装工艺；

（c）防霉包装等级要求；

（d）若样品经过防霉处理，应提供防霉处理工艺。

②试验报告应包括下列项目：

（a）样品名称、来源和数量；

（b）霉菌试验箱的型号；

（c）试验温度和相对湿度；

（d）试验周期；

（e）试验菌种的名称与菌种的增减情况；

（f）霉菌生长状态的描述和长菌程度的记录；

（g）分析、结论与建议；

（h）试验操作人员及审批人签字。

7. 检验规则

（1）包装件应按相应标准和有关产品技术文件规定的防霉等级要求进行检验。

（2）凡属下列情况的包装件应作防霉包装试验：

（a）根据产品要求采用新设计的防霉包装件；

（b）在包装方法、包装材料和防霉工艺有变动时；

（c）正常生产的包装件，根据各专业标准的规定抽检包装件进行霉菌试验。

（3）经试验后，防霉包装试验结果达不到技术文件规定的等级要求时，应加倍抽样重复试验一次。如重复试验后仍达不到技术文件规定的要求时，则判为不合格。

第二节　托盘包装

1. 范围

本标准规定了托盘包装的要求、抽样、试验方法等技术条件。

本标准适用于可选用托盘包装的各类货物的运输包装。

2. 引用标准

下列标准所包含的条文，通过在本标准中引用而构成为本标准的条文。本标准出版时，所示版本均为有效。所有标准都会被修订，使用本标准的各方应探讨使用下列标准最新版本的可能性。

GB 190—90 危险货物包装标志

GB 191—90 包装储运图示标志

GB 3716—83 托盘名词术语

GB/T 4122.1—1996 包装术语基础

GB 4173—84 包装用钢带

GB/T 4892—1996 硬质直方体运愉包装尺寸系列

GB 6388—86 运输包装收发货标志

GB 10486—89 铁路货运钢质平托盘

GB 12023—89 塑料打包带

GB 13201—91 圆柱体运输包装尺寸系列

GB/T 13757—92 袋类运输包装尺寸系列

3. 定义

本标准采用 GB/T 4122.1 和 GB 3716 的定义。

4. 要求

（1）飞基本要求

托盘包装主要用于包装件组合码放在托盘上，加上适当的捆扎和裹包，以便利用机械装卸和运输。托盘包装应做到科学合理、安全可靠，满足装卸、运输和储存的要求。

（2）尺寸及质量

托盘包装的尺寸及质量应与托盘尺寸及载物质量相适应。托盘包装的尺寸及质量的计算应包括托盘、捆扎材料、加固附件及被码放的货物的尺寸及质量。

①尺寸

运输包装件尺寸应符合 GB/T 4892，GB 13201，GB/T 13757 的规定口。

单元货物尺寸应符合 GB 15233 的规定。

托盘尺寸应符合联运通用平托盘关于尺寸的规定。

托盘包装的高度尺寸及公差应小于或等于（2 200 −50）mm。

托盘包装的平面尺寸及公差应符合表5.2的要求。

表5.2 托盘包装的平面尺寸及公差

mm

长 × 宽	公差
1 200 × 1 000	0 −48
1 140 × 1 140	0 −40
1 200 × 800	0 −32

②质量

根据托盘的载物质量，托盘包装的质量应小于或等于2 000 kg。为了运输途中的安全，托盘包装的重心高度不应超过托盘宽度的2/3。为适应质量限制，一般应尽量减小托盘包装的高度尺寸。

（3）设计制造

托盘包装的设计制造，应按以下顺序进行：根据货物设计托盘包装的码放方式、固定方式、防护加固附件及选择托盘。并应保证托盘包装能承受装卸、运输过程中的合理冲击，确保预定码放状态和粘合、支撑、裹包，捆扎等牢固程度。特殊要求的托盘包装按供需双方协商进行。

（4）码放方式和要求

①码放方式

根据货物类型、托盘载物质量和托盘尺寸，合理确定货物在托盘上的码放方式。并应符合GB/T 4892，GB 13201，GB/T 13757的规定。

托盘承载表面积的利用率一般应不低于80%。

②码放要求

托盘包装有如下基本码放要求：

（a）木质、纸质和金属容器等硬质直方体货物单层或多层交错码放，拉伸或收缩包装；

（b）纸质或纤维质类货物单层或多层交错码放，用捆扎带十字封合；

（c）密封的金属容器等圆柱体货物单层或多层码放，木质货盖加固；

（d）需进行防潮、防水等防护的纸制品、纺织品货物单层或多层交错码放，拉伸或收缩包装或增加角支撑、货盖隔板等加固结构；

（e）易碎类货物单层或多层码放，增加木质支撑隔板结构；

（f）金属瓶类圆柱体容器或货物单层垂直码放，增加货框及板条加固结构；

（g）袋类货物多层交错压实码放。

（5）托盘

托盘的技术要求应符合联运通用平托盘的规定。钢质托盘应符合GB 10486的规定。塑料托盘应符合 GB 15234 的规定。

（6）固定方法

托盘包装的主要固定方法为捆扎、胶合束缚、拉伸包装、收缩包装，并可相互配合使用（见表5.3）。

表5.3 托盘包装固定方法分类

类型	方式
捆扎	横向捆扎
	纵向捆扎
胶合	胶粘剂束缚
	胶带束缚
裹包	拉伸包装
	收缩包装

①捆扎

捆扎包括金属带捆扎和非金属捆扎带捆扎。应根据货物特点选择捆扎带及捆扎结构（见图5.1）。

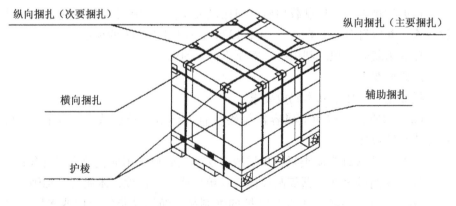

图5.1 捆扎示意图

捆扎带包括金属捆扎带和非金属捆扎带。

金属捆扎带主要为钢带，应符合 GB 4173 的规定。钢带宽度应大于或等于 16 mm，厚度应大于或等于 0.5 mm。

非金属捆扎带主要为塑料捆扎带。应符合 GB 12023 的规定。塑料捆扎带宽度应大于或等于 15 mm，厚度应大于或等于 0.8 mm。

捆扎带规格尺寸：

（a）纵向捆扎带尺寸

以托盘包装总质量除以所用纵向捆扎带的总数量，得出每条捆扎带应承受的质量。根据此质量确定捆扎带的规格尺寸，并按 GB 4173 或 GB 12023 的要求选用相同或较大规格尺寸的捆扎带。

（b）横向捆扎带尺寸

以托盘包装的每层货物的总质量确定并按 GB 4173 或 GB 12023 选择所需横向捆扎带的规格尺寸。

（c）当托盘包装同时使用纵向和横向捆扎时，二种捆扎带可采用同一规格尺寸。一般采用规格尺寸较大的一种捆扎带。

捆扎方法包括横向捆扎和纵向捆扎。

横向捆扎可用于除拉伸包装或收缩包装以外的托盘包装。应合理选用捆扎带种类、确定捆扎位置和数量。横向捆扎可与加固附件配合使用。

纵向捆扎分主要捆扎、次要捆扎和辅助捆扎，除拉伸包装或收缩包装的托盘包装外，所有的托盘包装都应进行主要捆扎。不通过托盘的纵向捆扎的捆扎方式为辅助捆扎。托盘包装的辅助捆扎可根据具体情况而定。

捆扎时捆扎带应平直，并具有合适的张力。捆扎应牢固，捆扎力不应过大，以免运输过程中断裂。捆扎带结合部位应封合。封合可用十字套封合或焊封。封合时，捆扎带不允许有位移。

捆扎顺序应为，先进行横向捆扎，并应先从底层货物开始捆扎.然后进行纵向捆扎。

②胶合

胶合用于非捆扎的纸制容器等货物在托盘上的固定码放。

胶合包括胶粘剂束缚和胶带束缚。

胶粘剂束缚应在每一货物底面按长度方向上涂刷三道宽度大于 10 mm 的胶粘剂，使其在码放货物时，上下货物及底部货物与托盘铺板表面之间通过胶粘剂加以固定（见图 5.2）。涂胶可采用机器施胶或手工涂胶。胶粘剂应符合有关规定，并应与被胶合的产品相容。

胶带束缚应用两面施胶的胶带粘贴在上下货物的接触面上或底部货物与

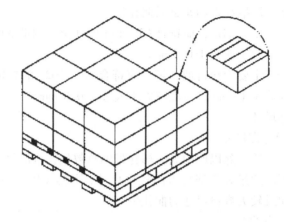

图 5.2 黏合剂束缚示意图

托盘的上表面接触面上（见图 5.3）。双面胶带厚度应大于或等于 0.7 mm，宽度应为 100 mm。长度应为 400～600 mm。每层货物边缘上至少应施加六条双面胶带．六条胶带中间施加四条成"X"形的双面胶带，使各层货物上下表面牢固接触。胶带应符合有关规定。

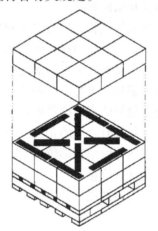

图 5.3 双面胶带束缚示意图

③裹包

托盘包装可用帆布、纸、聚乙烯，聚氯乙烯等塑料薄膜（包括可拉伸和可收缩的）对单元货物进行全裹或半裹。

全裹包括拉伸包装和收缩包装。

拉伸包装可用于所有托盘包装的固定（见图 5.4）。

拉伸包装采用的聚乙烯或聚氯乙烯及其他拉伸薄膜应符合有关规定。质

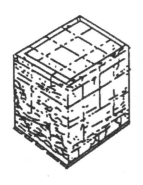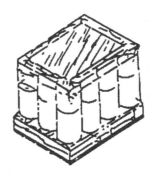

图5.4　拉伸包装示意图

量小于或等于1 000 kg的拉伸包装，应使用厚度大于或等于0.05 mm的聚乙烯拉伸薄膜或厚度大于或等于0.03 m。的聚氯乙烯拉伸薄膜或聚乙烯聚合树脂拉伸薄膜。质量小于或等于2 000 kg的拉伸包装，应使用厚度大于或等于0.06 mm的聚乙烯拉伸薄膜或厚度大于或等于0.04 mm的聚氯乙烯拉伸薄膜及聚乙烯聚合树脂拉伸薄膜。当使用挤压聚乙烯拉伸薄膜时，其厚度应大于或等于0.09 mm。为适应附加保护，托盘包装在拉伸包装前，可在单元货物顶部放置一块防水瓦楞纸或塑料薄膜，并应盖住货物大于或等于30 mm。拉伸包装应是使单元货物各部位受力均等，并受到保护的外包装。

收缩包装可用于所有托盘包装的固定（见图5.5）。

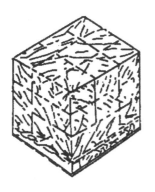

图5.5　收缩包装示意图

收缩包装采用的聚乙烯或聚氯乙烯热塑薄膜应符合有关规定。质量小于1 000 kg的收缩包装，应使用厚度大于或等于0.06 mm的聚乙烯热塑薄膜或厚度大于或等于0.03 mm的聚氯乙烯热塑薄膜。质量小于1 000 或等于2 000 kg的收缩包装，应使用厚度大于或等于0.08 mm的聚乙烯热塑薄膜或厚度大于或等于0.04 mm的聚氯乙烯热塑薄膜。

（7）防护加固附件

进行固定后仍不能满足运输要求的托盘包装，应根据需要选择防护加固附件。防护加固附件由纸质、木质、塑料、金属或其他材料制成。并应符合有关规定（见表5.4）

表 5.4　防护加固附件分类

分类	主要形式
护镇	金属护棱 非金属护棱
货盖《单》	防水护罩 帆布盖（罩） 纸质货盖 木质货盖
框架	边帳架 上、下框架 端框架
支撑	支撑架 支撑板
隔板	纸质隔板 木质隔板 空格式隔板 槽形隔板
板条	托盘附板 十字板条 货顶（底）板条 货底侧板条
专用货框、箱	木质货框 可分托盘箱 分格箱
其他	成型填充构件

①护棱

护棱包括金属护棱和非金属护棱。

金属护棱用于托盘包装木加固件的棱边保护。金属护棱应放置在金属捆扎带下面。金属护棱应有防锈涂层，金属护棱的厚度应大于或等于 1 mm。为捆扎牢固，护棱外表面应有防滑结构。

非金属护棱主要指纸板护棱和塑料护棱等。用于托盘包装纸质加固件的棱边保护。非金属护棱应放置在非金属捆扎带下面。非金属护棱应耐腐蚀变质。纸板护棱应由双瓦楞纸板制作。尺寸根据要求确定。塑料护棱外表面应有防滑结构。

②货盖（罩）

货盖（罩）包括防水护罩，帆布盖（罩）、纸质货盖、木质货盖等。

防水护罩由二块防水材料（例如防水油纸或塑料薄膜）构成。其中一块防水材料铺放在托盘上的木质盖内，另一块防水材料罩于顶层货物上，拆下长度能与下部木质货盖内的防水材料搭接，搭接部分的宽度应大于或等于 50 mm。两块防水材料结合处应采用压敏胶带或涂胶封合。

帆布盖（罩）应由防火、防水、防潮和防霉的材料制成，厚度应符合有关规定。帆布盖至少应覆盖托盘包装顶层货物高度的 1/3。帆布罩至少应覆盖托盘包装货物高度的 1/2。并应用捆扎带捆扎。

纸质货盖应由双瓦楞纸板或硬纸板制作。并应具有防潮性能，用于非黏合束缚的托盘包装。

木质货盖分为封闭铺板木盖、非封闭铺板木盖、隔板式单向货盖、隔板式双向货盖。

封闭式木盖的铺板应为整块胶合板，并应符合有关规定。

非封闭式木盖的铺板由多块木板组成，间隔应小于或等于 100 mm，每块木板截面尺寸应大于或等于 100 mm × 12 mm. 端部用钢钉应不少于 2 个，钉距应小于或等于 50 mm。

隔板式单向货盖为盖内附加单向隔板的木质货盖。

隔板式双向货盖为盖内附加双向隔板的木质货盖。

货盖长度和宽度的尺寸及公差应与托盘的尺寸及公差相同。

③框架

托盘包装用框架有边框架、端框架、上框架和下框架等。

框架的材料由具有足够强度的木质或胶合板组成。宽度应大于或等于 50 mm。

④支撑

支撑包括支撑板和支撑架。支撑板由厚度大于或等于 20 mm 的木材制成。长度与托盘包装长度相同。支撑架与框架大致相同。

⑤隔板

隔板包括纸质隔板、木质隔板、空格式隔板、槽形隔板等。

纸质隔板放置于托盘包装的各层货物之间。材料应用防潮和防水的双瓦楞板或硬纸板制成。并应符合有关规定。

木质隔板分为水平木质隔板和垂直木质隔板。水平木质隔板分散托盘包装的承载压力，垂直木质 A 板应高于码放货物 10 mm。

空格式隔板由瓦楞纸板制成。根据具体情况也可用金属材料或木材制成。与木质货框、箱配合使用。

槽形隔板由切口木板制成。切口可为上下对称切口或单向切口。切口距离名义尺寸应相等。

⑥板条

板条包括托盘附板，十字板条，货顶（底）板条、货底侧板条等。

托盘附板主要用于加固托盘，与垂直木质隔板配合使用。厚度应大于或等于 5 mm，长度与货物尺寸相同．宽度大于或等于 150 mm。附板端部与托盘钉合用钢钉每块不少于 3 个。

十字板条为截面为十字的板条。十字板条垂直于托盘包装表面放置，长度与货物高度一致。并应使用 U 形钉与捆扎带固定。

货顶（底）板条平放于顶层货物之上和底层货物之下，厚度应大于或等于 20 mm，宽度应大于或等于 150 mm，长度与货物尺寸一致。

货底侧板条厚度应大于或等于 20 mm，宽度应大于或等于 100 mm。

⑦专用货框、箱

专用货框、箱包括木质货框、可分托盘箱和分格箱等。

木质货框由厚度大干或等于 20 mm 的木板制成。高度根据货物需固定部位的尺寸确定。

可分托盘箱为与托盘尺寸相同的可分中空容器，用厚度大于或等于 20 mm的木板与厚度大于或等于 15 mm 的胶合板制成。

分格箱与托盘尺寸相同，由瓦楞纸板或木板制成。

⑧其他防护加固附件

其他防护加固附件主要为成型填充构件。

成型填充构件用于填充托盘包装由于各直方体货物尺寸和形状的不同而造成的码放间隙。成型填充构件应使用硬纸板或瓦楞纸板，并根据所需的尺寸和形状折叠构成。填充构件应有大于或等于 5 N/cm 的强度。

5. 抽样

托盘包装抽样检验应符合 GB/T 15172 的规定。

6. 试验方法

托盘包装应进行稳定性试验。试验方法及参数应符合有关规定。

试验样品必须是完整、满装的实际运输的托盘包装。托盘包装上的货物可以采用模拟物。

7. 标志、运输和贮存

（1）标志

托盘包装的包装标志应符合 GB 190，GB 191 和 GB 6388 的规定。

托盘包装的包装标志应根据具体情况刷制或拴挂标签。

（2）运输

托盘包装应根据可能遇到的流通环境条件进行防护并规定有关运输条件。

（3）贮存

托盘包装应仓库或遮篷贮存。

托盘包装应根据装载货物的要求规定贮存的温度、相对湿度和通风要求。

托盘包装应根据装载货物的要求规定堆码的形式和高度。

托盘包装应根据装载货物的要求规定贮存期限。

第三节 防水包装

1. 范围

本标准规定了包装的防水等级、要求、包装方法、试验方法和标志。

本标准适用于机械、电子等工业产品，其他产品也可参照使用。

2. 引用标准

下列标准所包含的条文。通过在本标准中引用而构成为本标准的条文。本标准出版时，所示版本均为有效。所有标准都会被修订．使用本标准的各方应探讨使用下列标准最新版本的可能性。

GB 191—1990 包装储运图示标志

GB/T 4857.9—1992 包装运输包装件喷淋试验方法

GB/T 4857.12—1992 包装运输包装件浸水试验方法

3. 防水包装等级

（1）产品需要防水包装时，必须在产品技术文件中规定产品包装的防水包装等级要求。

（2）包装的防水等级应根据产品的性质、流通环境和可能遇到的水寝等因素来确定。

（3）防水包装等级分为 A 类 1 级包装、2 级包装、3 级包装和 B 类 1 级包装、2 级包装、3 级包装，详见表 5.6

表 5.6　防水包装等级

类别	级别	要求
A 类	1 级包装	按 GB/T 4857.12 做浸水试验，试验时间 60 min
	2 级包装	按 GB/T 4857.12 做浸水试验，试验时间 30 min
	3 级包装	按 GB/T 4857.12 做浸水试验，试验时间 5 min
B 类	1 级包装	按 GB/T 4857.9 做浸水试验，试验时间 120 min
	2 级包装	按 GB/T 4857.9 做浸水试验，试验时间 60 min
	3 级包装	按 GB/T 4857.9 做浸水试验，试验时间 5 min

（4）防水包装等级选择原则

①包装件在储运过程中环境条件恶劣，可能遭到水害，并沉人水面以下一定时间，可选用 A 类 1 级包装。

②包装件在储运过程中环境条件恶劣，可能遭到水害，并短时间沉人水面以下，可选用 A 类 2 级包装。

③包装件在储运过程中包装件的底部或局部可能短时间浸泡在水中，可选用 A 类 3 级包装。

④包装件在储运过程中基本露天存放，可选用 B 类 1 级包装。

⑤包装件在储运过程中部分时间露天存放，可选用 B 类 2 级包装。

⑥包装件在储运过程中可能短时遇雨，可选用 B 类 3 级包装。

4. 要求

（1）一般要求

①防水包装应保证产品自出厂之日起一年内不因防水包装不善使包装件渗水而影响产品质量。

②防水包装一般用在外包装上，必要时，内包装上也可采用防水措施。

③防水包装容器在装填产品后应封缄严密。

④外包装箱开设的通风孔，应采取防雨措施，以防雨水侵入。

（2）材料要求

①防水包装材料应具有良好的耐水性能。常用的防水包装材料有：聚乙烯低发泡防水阻隔薄膜、复合薄膜、塑料薄膜、油纸等。辅助材料有：防水胶枯带、防水黏结剂等。

②选用的防水包装材料，其质量应符合有关产品标准的规定和国家的有关法规。

③防水包装材料，应具有一定的强度以承受流通过程中的各种机械因素的危害。

④用于最外部的防水包装材料除要求有一定的强度和耐水性外，还应具有防老化、防污染、防虫咬、防疫病等性能。

⑤大中型木箱顶盖使用的防水包装材料应有足够的长度和宽度，褡链不少于 100 mm。

⑥防水材料需拼接时，搭接方式应便于雨水外流，搭接宽度不少于 60 mm。

（3）环境要求

包装环境应清沽、干燥，无有害物质。

5. 防水包装方法

常用防水包装方法（容器结构）可按附录 P（提示的附录）选用。

6. 试验方法

（1）A 类 1 级包装、2 级包装、3 级包装按 GB/T 4857.12 的有关规定进行。

（2）B 类 1 级包装、2 级包装、3 级包装按 GB/T 4857.9 的有关规定进行。

（3）包装件经试验后，外包装容器应无明显变形。箱面标志应牢固、清晰。

（4）包装件经试验后，包装件的防水密封程度，根据产品的性质，应达到下列要求之一：

（a）包装件无渗水，漏水现象；

（b）包装件无明显渗水现象；

（c）外包装无明显漏水现象，内包装上不应出现水渍。

7. 标志

应在包装件外部按 GB 191 的规定标识包装件怕湿标志。

第四节 防锈包装

1. 范围

本标准规定了包装的防锈等级、要求、包装方法、试验方法和标志。

本标准适用于产品的金属表面在流通过程中为防止锈蚀而进行的包装。

2. 引用标准

下列标准所包含的条文，通过在本标准中引用而构成为本标准的条文。本标准出版时，所示版本均为有效。所有标准都会被修订，使用本标准的各方应探讨使用下列标准最新版本的可能性。

GB 191—1990 包装储运图示标志

GB/T 5048—11.199 防潮包装

GB/T 12339—1990 防护用内包装材料

GB/T 14188—1993 气相防锈包装材料选用通则

GB/T 16265—1996 包装材料试验方法相容性

GB/T 16266—1996 包装材料试验方法接触腐蚀

GB/T 16267—1997 包装材料试验方法气相缓蚀能力

GJB145A—1993 防护包装规范

GJB 2494—1995 湿度指示卡规范

3. 术语

（1）间接防锈 indirect antirust

不直接对产品的金属表面进行防锈处理的防锈方法。

（2）直接防锈 direct antirust

将防锈物质直接涂在产品金属表面的防锈方法。

4. 防锈包装等级

（1）产品需要防锈包装时，必须在产品技术文件中规定产晶包装的防锈包装等级要求。

（2）包装的防锈等级应根据产品的抗锈蚀能力、流通环适、包装容器的结构、包装材解的一般性能等因素来确定。

（3）防锈包装等级分为：1级包装、2级包装、3级包装。详见表5.6。

表5.6　防锈包装等级

级别	防锈期限	要求
1级包装	3~5年	水蒸气很难透入，透入的微量水蒸气被干燥剂吸收。产品经防锈包装的清洗，干燥后，产品表面完全无油污、水痕，用附录Q中的Q3、Q4的方法单浊使用或组合使用
2级包装	2~3年	仅少量水蒸气透入。产品经防锈包装的清洗、干燥。产品表面完全无油污、汗迹及水痕。用附录Q中的Q3、Q4的方法单独使用或组合使用
3级包装	2年	仅有部分水蒸气可透入。产品经防锈包装的清洗、干操后。产品表面无污物及油迹，用附录Q中的Q3、Q4的方法单独使用或组合使用

5. 要求

（1）一般要求

①确定防锈包装等级，并按等级要求包装，在防锈期限内保障产品不产生锈蚀。

②防锈包装操作过程应连续，如果中断应采取暂时性的防锈处理。

③防锈包装操作过程中应避免手汗等有机污染物污染产品。

④需进行防锈处理的产品，如处于热状态时，为了避免防锈剂受热流失或分解，应冷却到接近室温后再进行处理。

⑤涂覆防锈剂的产品，如果需要包敷内包装材料时，应使用中性、干燥、清洁的包装材料。

⑥采用防锈剂防锈的产品，在启封使用时，一般应除去防锈剂。产品在涂覆或除去防锈剂会影响产品的性能时，应不使用防锈剂。

（2）材料要求

①间接防锈可选用下列材料：干燥剂（硅胶、蒙脱石等）、气相缓蚀剂（亚硝酸二环己胺、笨骈三氮唑等）。

②直接防锈可选用下列材料：防锈油、防锈脂、防锈纸、防锈剂、防锈液、气相防锈油、气相防锈纸等。

③产品使用的防锈材料，其质量应符合有关产品标准的规定。

④干燥剂应符合 GB/T 5048 的有关规定。

⑤气相防锈包装材料应符合 GB/T 14188 的有关规定。

⑥内防护包装材料应符合 GB/T 12339 的有关规定。

⑦防锈包装材料除应进行必要的有关试验外，包装材料的相容性应符合 GB/T 16265 的有关规定，包装材料的接触腐蚀应符合 GB/T 16266 的有关规定，包装材料的气相缓蚀能力应符合 GB/T 16267 的有关规定。

⑧必要时应采用湿度指示卡、湿度指示剂或湿度指示装置，并应尽量远离干燥剂。湿度指示卡应符合 GJB 2494 的有关规定。

（3）环境要求

防锈包装操作应在清洁、干燥、温差变化小的环境中进行。

6. 防锈包装方法

（1）防锈包装分为清洁、干燥、防锈和包装四个步骤。

（2）产品应根据下列条件确定防锈包装方法：

（a）产品的特征与表面加工的程度；

（b）运输与贮存的期限；

（c）运输与贮存的环境条件；

（d）产品在流通过程中包装件所承受的载荷程度；

（e）防锈包装等级。

（3）确定防锈包装方法后，可选用附录 Q 中 Q1 的方法进行清洗，除去表面的尘埃、油脂残留物、汗迹及其他异物。

（4）产品的金属表面在清洗后，可选用附录 Q 中 Q2 的方法立即进行干燥。

（5）产品的金属表面在进行清洗、干燥后，可选用附录 Q 中表 Q3 的方法进行防锈。

（6）产品的金属表面在进行清洗、干燥和防锈后，可选用附录 Q 中表 Q4 的方法进行包装。

7 试验方法

（1）防锈包装试验按 GJB 145A 中的周期暴露试验 A 的规定进行。1 级包装可选择 3 个周期暴露试验。2 级包装可选择 2 个周期暴露试验。3 级包装可选择 1 个周期暴露试验。

（2）经周期暴露试验后，启封检查内装产品和所选材料有无锈蚀、老化、破裂或其他异常变化。

8. 标志

应在包装件外部按 GB 191 的规定标识包装件怕湿、怕热标志。

第五节 防潮包装

1. 范围

本标准规定了包装的防潮等级、要求、包装方法、试验方法和标志。
本标准适用于机械、电子等工业产品，其他产品也可以参照使用。

2. 引用标准

下列标准所包含的条文，通过本标准引用而构成为本标准的条文。本标准出版时，所示版本均为有效。所有标准都会被修订，使用本标准的各方应探讨使用下列标准的最新版本的可能性。

GB 191—1990　包装储运图标标志
GB/T 1037—1988　塑料薄膜和片材透水蒸气试验方法　杯式法
GB/T 6891—1986　硬包装容器透湿度的试验方法
GB/T 6892—1986　软包装容器透湿度的试验方法
GB/T 10455—1989　包装用硅胶干燥剂
GB/T 12339—1990　防护用内包装材料
GB/T 15171—1994　软包装密封性能试验方法
GJB145A—1993　防护包装规范
GJB 2494—1995　湿度指示卡规范
GJB 2714—1996　包装用静态吸湿袋装活性干燥剂通用规范

3. 防潮包装等级

（1）产品需要防潮包装时，必须在产品技术文件中规定产品包装的防潮包装等级要求。

（2）包装的防潮等级应根据产品的性质、流通环境、储运时间/包装容器的一般性能等因素来确定。

（3）防潮包装等级分为 1 级包装、2 级包装、3 级包装，详见表 5.7。

表 5.7 防潮包装等级

级别	要求		
	防潮期限	温湿度条件	产品性质
1 级包装	1 ~ 2 年	温度大于 30 ℃，相对湿度大于 90%	对湿度敏感，易生锈易长霉和变质的产品，以及贵重、精密的产品
2 级包装	0.5 ~ 1 年	温度在 20 ~ 30 ℃之间，相对温度在 70% ~ 90% 之间	对湿度轻度敏感的产品、较贵重、较精密的产品
3 级包装	0.5 年内	温度小于 20 ℃相对湿度小于 70%	对湿度不敏感的产品

4. 要求

（1）一般要求

①确定防潮包装等级，并按照等级要求包装。

②产品在包装前必须是干燥和清洁的。

③产品有尖突部，并可能损伤防潮阻隔层时，应采取防护措施。

④当产品在进行防潮包装的同时，需要其他防护要求时，应按其他专业包装标准的规定采取相应的措施。

⑤防止产品在运输中发生移动所采取的支撑和固定，应尽量将其放在防潮阻隔层的外部。

⑥应减小防潮包装的体积。

⑦应采用湿度指示卡、湿度指示剂或湿度指示装置，并应远离干燥剂。湿度指示卡应符合 GJB 2494 的有关规定。

⑧防潮包装应做到连续操作，一次完成包装，若中途停顿作业，应采取临时的防潮保护措施。

（2）防潮包装内的湿度要求

在防潮包装的有效期限内，包装容器的空气相对湿度不得超过 60% （25°C）。

（3）材料要求

①防潮包装所选用的材料的质量必须符合有关产品标准的规定。

②防潮用的内防护包装材料的选用应符合 GB/T 12339 的有关规定。

③应根据防潮包装的等级按照表 5.8 选择防潮包装材料或者包装容器的

透湿度。材料的透水蒸气性应符合 GB/T 1037 的有关规定，硬包装容器的透湿度应符合 GB/T6981 的有关规定。软包装容器的透湿度应符合 GB/T 的有关规定。

表 5.6　防潮包装用材料的水蒸气透过量和容器的透湿度

防潮包装等级	薄膜，g/（$m^2 \cdot 24\ h$）	容器，g/（$m^2 \cdot 30\ d$）
1 级包装	<2	<5
2 级包装	<5	<120
3 级包装	<15	<450

（1）在温度为（40±1）℃，相对湿度为 80%～92% 的条件下测量。

③包装用的各种材料应该是干燥的，缓冲和衬垫材料应采用不吸湿的或吸湿性小的材料。

（4）干燥剂的要求

①干燥剂

如无特殊规定时，干燥剂一般选用硅胶或蒙脱石，硅胶干燥剂应符合 GB/T 10455 的有关规定。蒙脱石应符合 GJB 2714 的规定。

②干燥剂的放置

干燥剂分别装入布袋或强度足够的纸袋中，并放在包装容器最合适的一个或多个位置上。干燥剂袋袋口应用线绳系牢，吊挂或用其他方法固定。防止袋子移动或破损以损坏产品。干燥剂袋放置时不得与产品精度表面接触；在于涂有防锈剂的零件接触时，须用无腐蚀耐油包装材料将袋子和产品隔开；处理好的干燥剂从取出到安放在包装件中密封起来的时间应尽量短。

（5）封口要求

①防潮包装见得封口热合强度按 6.1 的规定进行试验，应大于 30 N/5 cm。

②软包装的防潮包装件大的密封性能按 6.2 的规定进行试验，不得有针孔、裂口及封口开封等缺陷。

（6）环境要求

包装环境应清洁、干燥。温度应不高于 35°C，相对湿度不大于 75%；不允许有凝露现象。

5. 防潮包装的方法

（1）采用透湿度为零或者接近零的金属或非金属容器将产品包装后加

以密封：

（a）不加干燥剂的包装：真空包装、充气包装等；

（b）加干燥剂的包装：干燥剂一般选用硅胶和蒙脱石。

（2）采用较低透水蒸气性的柔性材料，将产品加干燥剂包装，并封口密封：

（a）单一柔性薄膜加干燥剂包装；

（b）复合薄膜加干燥剂包装；

（c）多层包装，采用不同的较低透水蒸气性材料进行包装。

6. 试验方法

（1）封口热合强度的试验按 GJB 145A 直接平民化的热焊封试验进行。

（2）软包装的防潮包装的密封性能试验按 GB/T 15171 的规定。

（3）防潮包装性能试验按 GJB 145A 中的周期暴露试验的规定进行。1级包装可选择试验 B。2 级和 3 级包装可选择试验 A。试验后包装件内的空气相对湿度符合 4.2 的要求。

7. 标志

应在包装件外部按 GB 191 的规定标识包装件怕湿标志。

第六节　缓冲包装设计方法

1. 范围

本标准规定了缓冲包装设计的要求、设计程序、设计方法、应用技术、试验等内容。

本标准适用于非线性弹性材料的缓冲包装设计。

2. 规范性引用文件

下列文件对于本文件的应用是必不可少的。凡是注日期的引用文件，仅注日期的版本适用于本文件。凡是不注日期的引用文件，其最新版本（包括所有的修改单）适用于本文件。

GB/T 4768 防霉包装

GB/T 4857.5 包装运输包装件跌落试验方法

GB/T 4857.7 包装运输包装件基本试验第 7 部分：正弦定频振动试验

方法

GB/T 4857.1 包装运输包装件基本试验第 10 部分：正弦变频振动试验方法

GB/T 4857.11 包装运输包装件基本试验第 11 部分：水平冲击试验方法

GB/T 4857.15 包装运输包装件可控水平冲击试验方法

GB/T 4857.23 包装运输包装件随机振动试验方法

GB/T 8167 包装用缓冲材料动态压缩试验方法

GB/T 8168 包装用缓冲材料静态压缩试验方法

GB/T 8169 包装用缓冲材料振动传递特性试验方法

GB/T 8171 使用缓冲包装材料进行的产品机械冲击脆值试验方法

GB/T 16266 包装材料试验方法接触腐蚀

GJB/Z 85 缓冲包装设计手册

3. 术语和定义

下列术语和定义适用于本文件。

（1）脆值 fragility

产品不发生物理损伤或功能失效所能承受的最大加速度值，通常用临界加速度与重力加速度的比值 $[G_m]$ 表示。

（2）许用脆值 permissible fragility

根据产品的脆值，并考虑到产品的价值、强度偏差、重要程度等而规定的产品允许的最大加速度值，以 $[G]$ 表示。

（3）等效跌落高度 equivalent drop height

为了比较流通过程中产生的冲击强度，将冲击速度视为自由落体的碰撞速度，由此而计算出的自由跌落高度，以 $[H]$ 表示。

（4）最大应力 maximum stress

单位面积缓冲材料所受到的外力的最大值，以 $[\sigma_m]$ 表示。

（5）缓冲系救 cushioning coefficient

作用于缓冲材料上的应力与该应力下单位体积缓冲材料所吸收的冲击能量之比，以 $[C]$ 表示。

4. 要求

（1）基本要求

①缓冲包装应能保护产品的性能和形态。

②缓冲包装应能减小传递到产品上的冲击、振动等外力或能分散作用在

产品上的应力。

③缓冲包装应能防止产品之间的相互摩擦或撞击。

④缓冲包装应能防止产品在包装容器内过度移动。

⑤缓冲包装应能保护其他防护包装。

（2）缓冲包装设计因素

影响缓冲包装设计的因素如下：

（a）产品的许用脆值、形状、尺寸、质量、体积、重心、数量以及产品的其他特性；

（b）流通环境条件，如运输区间、运输方式、装卸方式、装卸次数、等效跌落高度、冲击方向、气候条件、贮存条件、堆码层数等；

（c）包装材料的特性及其对环境的影响；

（d）外包装容器的结构、形状、材质及强度；

（e）封缄材料的特性；

（f）包装的工艺性；

（g）其他防护包装方法，如防潮、防水、防锈、防尘等；

（h）缓冲包装的经济效益。

（3）缓冲材料的选择

①选择的缓冲材料，其性能应符合有关标准的规定。

②考虑下列有关因素，并根据使用目的选择缓冲材料：

（a）材料的冲击、振动隔离性能好，能够有效地减小传递到产品上的冲击与振动；

（b）压缩蠕变小；

（c）永久变形小；

（d）在冲击和振动作用下，不易发生破碎；

（e）可耐受一定程度的弯折；

（f）在冲击和振动作用下，与产品直接接触的材料不应擦伤产品的表面；

（g）材料的使用温湿度范围宽；

（h）材料在较湿的环境中与产品直接接触时不发生腐蚀；

（i）长期在高湿环境中存放，材料不发生霉变；

（j）材料不因吸湿、吸水而使缓冲性能发生较大变化；

（k）材料与产品的涂覆层、表面处理层等不发生化学反应；

（l）材料与油脂类接触时，不应发生变质；

（m）材料易于制造、加工、运输及进行包装作业；

（n）材料对环境的影响尽可能小；

（o）其他有关性能。

5. 设计程序

（1）确定所有有关的要素，包括产品的特性、质量、脆值、尺寸及其他特点（如凸起部分或非支撑表面等）、产品的数量、预计的运输环境条件（尤其是跌落高度、包装容器冲击部位、大气条件以及运输方式等）。

（2）确定防护产品最经济的缓冲包装材料及方法，包括：

（a）确定哪种缓冲材料及应用方法能提供足够的保护；

（b）确认所考虑的材料是否满足最起码的性能要求，如压缩强度、拉伸强度、恢复能力、破碎粉化性、温湿度稳定性等；

（c）计算最经济的缓冲材料及应用方法。

（3）计算或估算需要用来补偿蠕变的缓冲衬垫的厚度余量。

（4）如果在步骤（2）的（c）中没有计算，则利用应力—应变曲线计算缓冲材料的变形量进而计算包装容器的内尺寸。

（5）用试验设备对装有实际产品或模拟产品的完整包装件进行冲击和（或）振动试验。如果使用了实际的产品，则要在试验前后分别进行产品的外观检查和功能试验，用以确认包装的合理性。

6. 设计方法

（1）缓冲包装设计方法，一般包括冲击防护设计方法和振动防护设计方法。首先应进行冲击防护设计，再进行振动防护设计，并根据实际情况考虑其他因素进行适当修正。

（2）冲击防护设计方法

①缓冲系数—最大应力曲线的应用

（a）计算缓冲材料所受到的最大应力，见式（5.1）

$$\sigma_m = [G] \frac{W}{A} \times 10^6 \qquad (5.1)$$

式中：σ_m——最大应力，单位为帕（Pa）；

[G]——产品的许用脆值，单位为重力加速度的倍数；

W——产品的重力，单位为牛（N）；

A——缓冲材料的受力面积，单位为平方毫米（mm^2）。

（b）在缓冲系数—最大应力曲线上找出对应的最大应力值的点。如果在该值附近选择缓冲系数最小的材料，则所需要的材料厚度为最小。

（c）若 E 选定某种缓冲材料，而要求该缓冲材料的厚度为最小，则在该材料的缓冲系数—最大应力曲线上找出缓冲系数为最小值时的最大应力，由此确定缓冲材料的受力面积。

（d）计算级冲材料的厚度，见式（5.2）：

$$T = C \frac{H}{[G]} \tag{5.2}$$

式中：T——厚度，单位为毫米（mm）；

C——缓冲系数；

H——等效跌落高度，单位为毫米（mm）；

$[G]$——产品的许用脆值，单位为重力加速度的倍数。

（e）缓冲系数的什算，参见附录 S. 应用缓冲系数—最大应力曲线进行缓冲包装设计计算，参见附录 T。

②最大加速度—静应力曲线的应用

（a）计算缓冲材料所受到的静应力，见式（5.3）：

$$\sigma_{st} = \frac{W}{A} \times 10^6 \tag{5.3}$$

式中：σ_{st}——静应力，单位为帕（Pa）；

W——产品的重力，单位为牛（N）；

A——缓冲材料的受力面积，单位为平方毫米（mm²）。

（b）找出所需缓冲材料相应跌落高度的最大加速度—静应力曲线。

（c）采用全面缓冲包装方法时，在最大加速度—静应力曲线上找出许用脆值与静应力的交点，由此确定缓冲材料的厚度。当许用脆值与静应力的交点位于不同厚度两条曲线中间时，可用内插法确定缓冲材料的厚度，但有时这不能提供足够保护的最小厚度，可采用（d）的局部缓冲包装方法，确定使用更小厚度衬垫的可能性。

（d）采用局部缓冲包装方法时，通过许用脆值与静应力的交点作一条与横轴平行的直线，当它同一条曲线有两个交点时，若选择静应力较大的点，则所需的缓冲材料较少。选择静应力较大的点还是静应力较小的点应根据防振效果而定，再将确定的静应力代入式（5.3）即可计算出部分缓冲包装时缓冲材料的承载面积。

（e）缓冲材料的承载面积与厚度的关系不满足式（5.4）时，会使缓冲材料发生弯曲（见图 5.6）应进行评估并予以修正，但采用面衬垫以外的应用方法时，可以不予考虑。

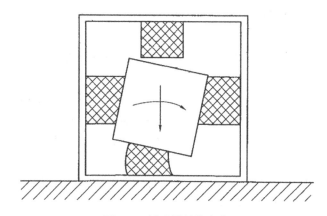

图5.6 缓冲材料的弯曲

$$A_{\min} > (1.33T)^2 \qquad (5.4)$$

式中：$A_{\min}$——最小承载面积，单位为平方毫米（mm^2）；

　　T——缓冲材料的初始厚度，单位为毫米（mm）。

（f）当产品可能受到角冲击时，可通过试验验证对缓冲材料的尺寸进行修正。

（g）如果已知缓冲材料的蠕变特性，则应按式（5.5）对缓冲材料厚度进行修正。

$$T_e = T(1 + C_r) \qquad (5.5)$$

式中：T_e——修正后缓冲材料的厚度，单位为毫米（mm）；

　　T——缓冲材料的初始厚度，单位为毫米（mm）；

　　C_r——蠕变系数，%。

（h）由于不同的温湿度条件下缓冲材料的缓冲性能存在着差异，应根据流通过程中可能出现的环境条件对缓冲材料的尺寸进行修正。

（i）应用最大加速度—静应力曲线进行缓冲包装设计计算，参见附录T。

（3）振动防护设计方法

①按式（5.3）计算缓冲材料的静应力值。

②找出静应力值所对应的缓冲材料振动传递率—频率特性曲线，并求出该曲线的峰值所对应的传递率 T_r 及频率（即共振频率）f_0。

③确定在流通过程中包装件在频率 f_r 时受到的最大振动加速度 G_0。

④计算产品在共振时的最大响应加速度 $G_{\max}$，见式（5.6）

$$G_{\max} = T_r \cdot G_0 \qquad (5.6)$$

式中：T_e——修正后缓冲材料的厚度，单位为毫米（mm）；

T——缓冲材料的初始厚度，单位为毫米（mm）；

C_r——蠕变系数，%。

⑤产品上的最大响应加速度应小于产品的许用脆值。如果不满足这一条件，应按 6.2，6.3 的方法重新进行设计。

⑥即使产品上的最大响应加速度已经满足⑤，但当该加速度接近产品的许用脆值，或由于振动加速度的反复作用可能导致产品疲劳损伤或缓冲材料的性能降低时，应按（2）、（3）再进行设计，以进一步减小产品的振动响应。

⑦对于产品本身的固有频率，其固有频率下的响应加速度也应小于产品的许用脆值，并按①~⑥的步骤进行考虑。

⑧应用振动防护设计方法进行缓冲包装设计计算。

7. 应用技术

（1）一般缓冲技术

①全面缓冲

全面缓冲是利用缓冲材料对产品的所有面进行防护（见图 5.7）。

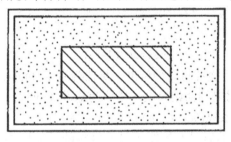

图 5.7　全面缓冲

②局部缓冲

设计得当的局部衬垫能有效地保护产品，如角衬垫（见图 5.8）能有效地保护有方角的产品（或封闭在一个容器中的不规则形状的产品）。

（2）支撑面积调节技术

①要求

最佳承载范围的缓冲材料常常要求缓冲衬垫尺寸不同于产品的支撑面的尺寸。例如通过调节缓冲支撑面积以防止轻的产品脱离缓冲衬垫、重的产品触底，从而减少冲击时的最大加速度，调节的一般方法见②、③。

②增加支撑面积

通常用较硬的瓦楞纸板、胶合板或多层板作支撑平板以增加缓冲衬垫对

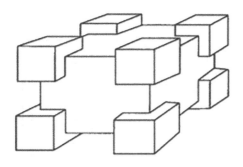

图 5.8　局部缓冲

产品的支撑面积［见图 5.9（a）］。平板应具有足够的刚性，以便均匀地分担载荷。

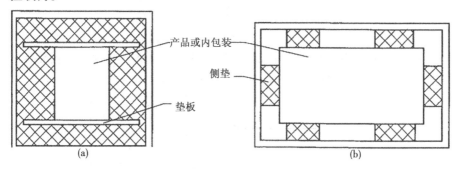

图 5.9　受力面积的调整

③减小支撑面积

减小缓冲衬垫对产品支撑面积的简便方法是减小衬垫的尺寸。但是，既要减小衬垫尺寸又要保持衬垫的理想位置以使产品在冲击过程中不致于翻滚。可使用以下三种方法：

（a）角衬垫（图 5.10）；

（b）将面衬垫粘接于外包装容器的内面的合适部位［图 5.9（b）］；

（c）用波纹缓冲衬垫全面缓冲（图 5.10）。衬垫一般采用发泡聚氨醋，也可采用其他发泡材料，因为产品只接触波纹衬垫的顶部，所以它可以减少支撑面积。

（3）不规则形状产品的缓冲

不规则形状产品的缓冲常有一些特殊问题，特别是产品带有凸出部分的易碎件，可以使用以下两种解决方法：

——悬浮或用缓冲材料直接缓冲；

——将产品固定或支撑在内包装容器内，再用缓冲材料加以保护。

无论使用何种方法，基本要求是用有足够厚度的缓冲材料来保护凸出部

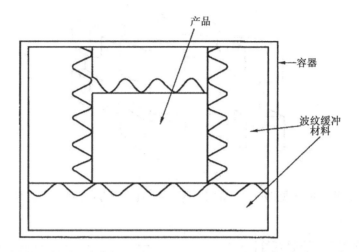

图 5.10　减小支撑面积用的波纹缓冲衬垫

分，使其不致于破坏或触底。因此，缓冲材料的有效厚度应是从外包装容器到产品最外边的凸出部分而不是产品主体（图 5.11）。

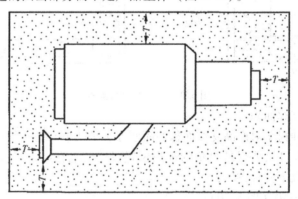

图 5.11　具有突出部分产品的缓冲

①直接缓冲

（a）预制衬垫的使用

小的、轻的、不规则形状的产品常常用缓冲材料悬浮或全面缓冲。许多常用缓冲材料的预制衬垫可以满足这种要求（图 5.12）。

（b）模制衬垫的使用

胶粘纤维、聚乙烯、聚丙烯和其他材料制成的模制衬垫可以用来固定和保护产品（图 5.13）。

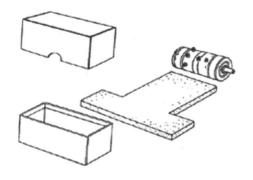

图 5.12   使用预制衬垫固定不规则形状的产品

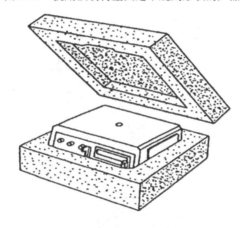

图 5.13   模制缓冲衬垫的应用

②间接缓冲

某些产品带有凸起易碎的零部件，如按钮、开关、机架等。由于产品的这一特性，需将这类产品先安装于胶合板、木板、纸板制成的板架或纸盒中，这样不仅可以防止外露的易碎件破损，也可以使载荷更均匀地分布，还可以简化缓冲设计计算。

用于固定产品的几种常用材料：

（a）纤维板和模切纸板（见图 5.14）；

（b）模制或切割的硬质材料，如某些发泡聚氨酯等（见图 5.15）；

（c）瓦楞纸板（见图 5.16）；

（d）瓦楞纸板衬垫和可以紧固产品的底板（见图 5.17）；

（e）纸浆模塑；

（f）各种材料的组合。

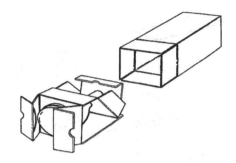

图 5.14　使用可折叠的模切瓦楞纸板固定产品

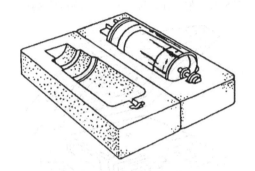

图 5.15　使用模制或切割的硬质材料固定产品

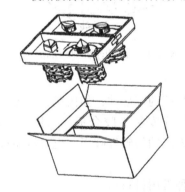

图 5.16　使用瓦楞纸板固定产品

（4）衬垫的应用技术

①空隙填充

用各种松散填充材料，如各种形状颗粒或条状的缓冲材料塞满包装箱的空隙可起到缓冲作用，但应保证封顶时在材料上施加一定的压力。有些裹包材料，如纤维素垫、发泡聚氨酯、发泡聚丙烯网和薄片、气泡塑料薄膜等也可以用于包装箱中填塞空。

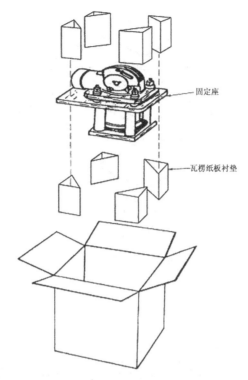

固定座

瓦楞纸板衬垫

图 5.17　使用瓦楞纸板衬垫和木质固定座固定产品

②产品凸出部位的衬垫保护

产品的凸出部位可用衬垫材料包裹或衬垫进行保护。

（5）其他的应用技术

①小型产品的缓冲

体积小、形状类似的一系列产品可采用分层缓冲（见图 5.18）。

②大型产品中脆性零件的缓冲

较大产品中的脆性零部件可与产品本身分离并单独包装。这种技术可对实际需要保护的零部件提供专门的保护，但拆下产品的零部件需要获得授权，而且所有的元件应清楚地贴上标签。

③使用缓冲材料防止产品磨损

有些产品有抛光或涂漆的表面，要求在运输过程中使用缓冲材料避免磨损。图 5.19 中，缓冲材料放在捆扎带下，以防止电子控制台的表面磨损。

④缓冲底座或垫木

由于许多大型产品常常在运输过程中保持正置，只要求底部缓冲，因此可将产品固定在缓冲底座或垫木上（见图 5.19）。除了起到冲击和振动隔离

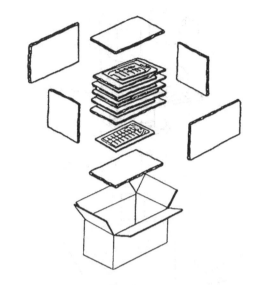

图 5.18　分层缓冲

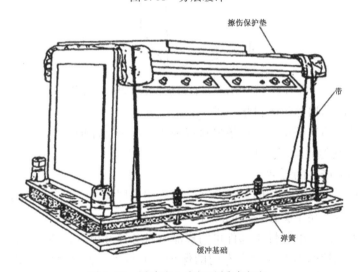

图 5.19　缓冲防止磨损及缓冲底座

作用外，缓冲底座还作为整个包装容器的一部分。

⑤现场发泡

用发泡设备或其他方式，将不同组分发泡材料的混合物注人模具或产品与容器之间，使其发泡并固化，形成缓冲衬垫的一种包装方法。

8. 试验

（1）缓冲材料试验

根据缓冲材料的性能、产品要求、用户要求等内容选择进行下列试验。

①缓冲材料的常规测定

缓冲材料的常规测定包括尺寸、密度和含水率的测定，按 GJB/Z 85 的有关规定进行。

②缓冲材料的特性试验

（a）动态压缩试验

缓冲材料的动态压缩试验按 GB/T 8167 的有关规定进行。

（b）静态压缩试验

缓冲材料的静态压缩试验按 GB/T 8168 的有关规定进行。

（c）振动传递特性试验

缓冲材料的振动传递特性试验按 GB/T 8169 的有关规定进行。

（d）摩擦试验

缓冲材料的摩擦试验按 GJB/Z 85 的有关规定进行。

（e）蠕变试验

（f）拉伸试验

缓冲材料的拉伸试验按 GJB/Z 85 的有关规定进行。

（g）破碎粉化试验

缓冲材料的破碎粉化试验按 GJB/Z 85 的有关规定进行。

（h）防霉试验

缓冲材料的防霉试验按 GB/T 4768 的有关规定进行。

（i）湿热试验

缓冲材料的湿热试验按 GJB/Z 85 的有关规定进行。

（j）挠性试验

缓冲材料的挠性试验按 GJB/Z 85 的有关规定进行。

（k）接触腐蚀试验

缓冲材料的接触腐蚀试验按 GB/T 16266 的有关规定进行。

（2）缓冲包装件试验

①原则

评定缓冲包装件在受到外力冲击作用下包装对内装物的保护能力时，可选择进行下列试验。

②跌落试验

缓冲包装件跌落试验按 GB/T 4857.5 的有关规定进行。

③振动试验

缓冲包装件振动试验按 GB/T 4857.7、GB/T 4857.10 或 GB/T 4857.23 的有关规定进行。

④水平冲击试验

缓冲包装件水平冲击试验按 GB/T 4857.11 或 GB/T 4857.15 的有关规定进行。

⑤脆值试验

缓冲包装件脆值试验按 GB/T 8171 的有关规定进行。

第六章 包装管理

包装管理，是指对包装经济活动进行的一种决策，计划、组织、指挥、协调、激励、控制和创新活动，它是综合运用社会科学和自然科学的原理和方法，对包装生产、流通、分配、消费等活动进行管理的过程。目的是科学的组织包装生产力，高效率的利用包装经济资源，达到以最小劳动耗费和最少的资源消耗，取得最大的社会效益、环境效益和经济效益的目的，满足包装工业和国民经济发展的需要。本章收编了与包装管理相关的国家标准。

第一节 销售包装设计程序

1. 范围

本标准规定了销售包装设计的基本要求、方法和一般程序，本标准适用于各类产品的销售包装设计。

2. 引用标准

GB 1.7 标准化工作导则 产品包装标准的编写规定
GB 4122 包装通用术语
GB 4857 运输包装件基本试验

3. 术语

（1）包装装潢（包装视觉传递）
利用图形、色彩、文字和外观造型等艺术手法传递产品信息。
（2）设计定位
根据产品的类别、档次、牌号、销售市场、销售方式等，确定包装设计的整个构思。
（3）货架效应
商品在货架陈列中，其特色对消费者产生的购买吸引力。

4. 销售包装设计的基本要求

（1）应依据项目任务书或合同书进行。

（2）应符合 GB 1.7 等有关国家标准的规定。

（3）应便于消费者携带、开启、使用、储存、处理。

（4）包装容器和材料应保护内装物安全、卫生，对消费者以及环境不产生危害。

（5）包装装潢（包装视觉传递）应清晰、准确地传递产品信息，取得明显的货架效应。

（6）应节省资源，降低包装成本，提高经济效益。

5. 销售包装设计

（1）确定设计条件

①产品分析

（a）类别，如食品、纺织品、日用化学品、家用电器等；

（b）物态，如气态、液态、固态等；

（c）理化、生物特性，如挥发、潮解、腐蚀、氧化、毒变、蛀蚀、易碎、易燃、易爆等；

（d）其他，如贵重、精密、危险程度等。

②环境条件

（a）包装环境，按 GB 1.7 中 6.5.1.2 的要求及有关标准确定；

（b）流通条件，按 GB 1.7 中 6.5.3 和 6.5.4 的要求及有关标准确定。

③市场条件

（a）销售动向，如内销、出口；

（b）同类商品的销售量、价格，货价效应、销售周期等。

④消费者要求

（a）不同消费者的消费心理，购买动机；

（b）同类商品携带、使用、储存、处理的方便程度及存在的问题；

（c）同类商品包装的经济性。

⑤包装材料、容器

包装材料、容器的货源、品种、规格、性能、价格、社会信誉等。

⑥生产条件

包装工艺、机械设备、技术方法、生产管理、操作水平、卫生要求等。

（2）设计定位

①企业形象定位

通过包装的特点、标签、牌号、基色等建立企业的特有形象。

②产品定位

突出内装物的特点、价值、使用方法、使用条件和注意事项。

③消费者定位

考虑不同国家、地区、不同民族、社会阶层、职业、文化家养、性别、年龄等消费者的生活习俗。

④市场定位

考虑销售场所、销售方式、陈列方法、竞争对象。

（3）确定设计方案

①确定设计参数，主要有：

（a）内装物的计量值，如数量、容量、形状尺—等；

（b）预留容量或允许偏差；

（c）包装模数；

（d）根据内装物特点需确定的其他参数。

②容器造型设计

（a）有标准容器类型可供选择时，应选用标准容器类型。

（b）无标准容器类型可供选择时，应先确定容器类型，然后进行容器设计。设计容器造型时应考虑下列情况：

便于货架陈列和集装堆码排列；

容器的大小和形状不应使消费者对内装物的数量产生误会；

具有视觉和手感舒适效果；

系列产品包装的容器造型应具有整体协调性；

多用途包装的容器造型应具有再利用的价值；

易于加工制造；

易于清洗、消毒和内装物的充填、封口。

③包装结构设计

（a）设计包装结构时，应考虑下列因素：

保护性能，如防潮、防雾、防烛、防展、防压、保鲜、遮光等；

流通特征，如周转次数、周转周期、路途远近等；

包装有效期；

包装的重复次数；

易于存放和包装操作；

便于从包装中取净内装物，并且不对内装物造成污染；

便于制造和装配。

（b）确定结构的组成部分以及各组成部分相互间的位置关系和联系

方式。

（c）确定结构特点，如携带方式，开启和封闭方法，安全、防盗结构等。

④包装装潢设计

（a）设计包装装潢时，应考虑包装的级别、档次、价值、整体造型特点等因索。

（b）确定包装设计要素

图形

具体图形应具有写实感；

抽象图形应概括性强；

牌号、标志、商标等图形符号应形象突出，易于辨认和记忆。图形符号有标准的，应按有关标准使用。

色彩

基色的选用应充分考虑内装物的特性、企业形象和包装意图；

包装整体的配色应具有和谐、明快、醒目的美感情调；

应考虑规范性、习惯性色彩的运用。

文字

主体文字的造型应考虑艺术性和可读性；

说明性文字应清楚、整齐、尽量采用印刷体；

选用的字种、字体应符合规范要求；

文字的大小、造型配色、布局、排列等应与包装件整体装潢效果相协调。

（c）确定装潢的组成部分，如容器外观、标签、装饰物等；

（d）确定装潢布局，如各组成部分的数量、位置关系、相互间应遵循的美学法则等。

（e）确定装潢造型，如各组成部分的形状、尺寸、比例关系、表现技法等。

⑤选择包装材料

（a）选用的包装容器材料、包装助材料、包装辅助物、封闭物等应与内容物相容，对内装物无化学作用。

（b）应易于成型和印刷着色。

（c）应尽量选用标准规格和货源充足的包装材料。

⑥确定技术要求

（a）应规定包装结构造型的工艺条件、技术要求以及应达到的性能指标。

（b）应规定包装装潢用料的性能指标、印刷方法以及质量要求，如着色的均匀度、色泽、明度和其他凭视觉、手感确定的指标。

（c）应规定包装材料应具备的性能指标和外观质量，如透气率、表面粗糙度等；包装材料需预处理时，应提出处理项目、条件、时间、方法、量值指标等。

⑦包装式样设计

（a）设计要求

为寻求最佳设计方案，应采用多方案比较的设计方法；

结构设计方案需进行力学分析或强度计算。

（b）运用价值分析（VA）法，对设计方案进行综合比较和优化分析，确定 1~2 个包装式样方案。

（c）绘制包装式样的投影图和彩色效果图，按比例绘制结构装配图和零件图。

（d）制作包装式样样品或模型。

（e）编制设计说明书和有关技术文件。

（4）试验分析与试销检验

①试验分析

销售包装需进行试验分析时，应确定试验目的、试验项目、试验方法、试验量值、试验裁决等。

（a）试验目的

检验包装的保护功能，考察包装损坏的原因并研究改进措施；

为定型设计提供依据。

（b）试验项目

封口强度试验；

密封强度试验；

耐压强度试验；

渗漏试验；

跌落、冲击强度试验；

运输包装件试验；

其他性能试验。

根据实际需要，可恰当地增、减试验项目。

（c）试验可分为无内装物的容器性能试验和有内装物的保护功能试验两种；试验可在模拟或重现环境条件下进行，也可在实际环境条件下进行；

运输包装试验应该按 GB 4875 中的有关方法进行。

（d）试验量值和试验结果应符合有关标准。

②试销检验

经批量生产试销，检验包装的货架效应和市场的竞争力。

（5）设计方案鉴定

①确定鉴定方案

根据试验分析报告和试销检验的信息反馈情况，对设计方案进行分析研究。

将无需重新设计或改进设计的方案确定为鉴定方案；

需重新设计的，应按 5.1~5.4 条的程序内容进行；需部分改进设计的，应按上述程序的有关部分进行，然后确定为鉴定方案；

②编制鉴定文件，主要包括：

（a）项目任务书或合同书；

（b）鉴定方案文件（图纸、设计说明书和有关技术文件）；

（c）试验大纲和试验分析报告；

（d）包装件样品和试验样品；

（e）由第三方检验部门提出的质量检验文件；

（f）由试销部门、消费者提出的试销检验材料；

（g）成本及经济效益报告等。

③鉴定项目应根据有关产品包装的法规性文件确定或由委托单位提出。主要应考虑包装的功能性、艺术性、经济性、创造性、可行性。

④鉴定由鉴定委员会执行．鉴定委员会应由委托单位、设计单位，质量检测单位、供销单位、用户等有关人员组成。方案经鉴定评价，由鉴定委员会签署评价结果意见。

⑤设计单位根据鉴定评价结果意见对方案进行改进后，将鉴定文件，鉴定委员会评价意见、方案改进情况报告等整理上报主管部门和委托单位。

第二节　纸箱制图

1. 范围

本标准规定了瓦楞纸板箱和纸盒图样的一般规定、图样画法、尺寸注法及印刷版面标注。

本标准适用于瓦楞纸板箱和纸盒制造工业。

2. 一般规定

（1）图纸幅面及格式

①图纸幅面尺寸

绘制图样时，应采用表6.1中规定的幅面尺寸，必要时可沿长边加长。

表6.1　图纸尺寸　　　　　　　　　　　　　　　　　　　mm

幅面代号	0	1	2	3	4	
B×L	841×1 189	594×841	420×594	297×420	210×297	
a	25					
c	10		5			

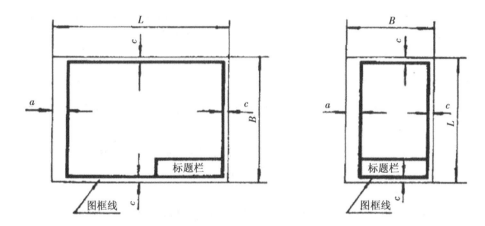

图6.1　图框格式

②图框格式

（a）图框格式按表6.1中规定，如图6.1所示。

（b）图框线用粗实线绘制。

（c）图纸装订时，一般采用4号幅面竖装，3号幅面横装。

③标题栏

（a）标题栏的位置应按表6.1中的方式配置。

（b）标题栏的内容和格式应按图6.2绘制。

（2）比例

①绘制图样时所采用的比例，为图形的大小与实物的大小之比。

②绘制图样时，应采用表6.2中规定的比例。

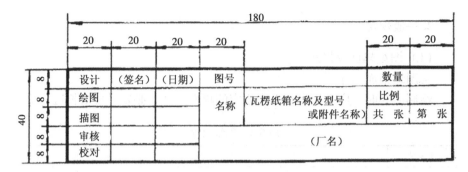

图 6.2　标题栏的内容和格式

表 6.2　制图比例

与实物相同	1∶1
缩小的比例	1∶2　1∶2.5　1∶3　1∶4　1∶5　1∶10
放大的比例	2∶1　2.5∶1　4∶1　5∶1　10∶1

③在绘制图形时，当槽宽或纸板厚度小于 3 mm 以及斜度较小时，可不按比例而夸大画出。

④绘制同一纸箱、盒的各种视图应采用相同的比例，并在标题栏中填写，当需局部放大或缩小时，必须另行标注。

（3）字体

①图样中书写的字体必须做到：字体端正、笔画清楚、排列整齐、间隔均匀。汉字（不包括印刷图案的稿件汉字字体）应写成长仿宋体，应采用国家正式公布推行的简化字。

②字体的号数，即字体的高度（单位为 mm）分为 10，7，5，3.5，字体的宽度约等于高度的 2/3。数字及字母的笔画宽度约为字体高度的 1/10。

③斜体字字头向右倾斜，与水平线约成 75°角。

④字体示例

（a）汉字——长仿宋体示例

（b）阿拉伯数字示例

10号

字体端正　笔划清楚　排列整齐　间隔均匀

7号

字体端正　笔划清楚　排列整齐　间隔均匀

5号

字体端正　笔划清楚　排列整齐　间隔均匀

3.5号

字体端正　笔划清楚　排列整齐　间隔均匀

斜体

直体

（c）拉丁字母示例

大写斜体

大写直体

小写斜体

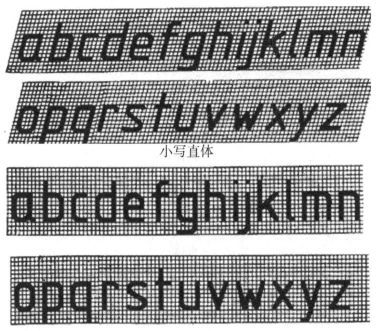

小写直体

（4）图线及画法

①绘制图样时，采用表6.3中规定的图线，图线的应用举例见图6.3、图6.4、图6.5。

表6.3　图线规范

图线名称	图线形式及代号	图线宽度	一般应用
粗实线	━━━━━━ A	b（约0.5~1.2 mm）	A1 截切线（图3） A2 可见过渡线（图2、图3） A3 切缝线（图3） A4 切槽线（图3） A5 钉合线（图2）
细实线	──────── B	约b/3	B1 尺寸界线（图3） B2 视图和剖图的分界线（图3） B3 尺寸线（图3） B4 引出线（图2）
点划线	━ ━ ━ ━ C	约b/3	C1 中心线（图3、图4） C2 印刷涂油位置线（图6）

续表 6.3

图线名称	图线形式及代号	图线宽度	一般应用
虚线	——— ——— ——— ——— D	约 b/3	D1 内折叠线（图3、图4） D2 不可见轮廓线（图2）
双点划线	——— · ——— · ——— E	约 b/3	E1 外折叠线（图4）
间断线	—┤├— —┤├— F	约 b/3	F1 间断切线 F2 穿孔线 F3 半切断线
波浪线	〜〜〜〜〜 G	约 b/3	G1 瓦楞端面（图4）

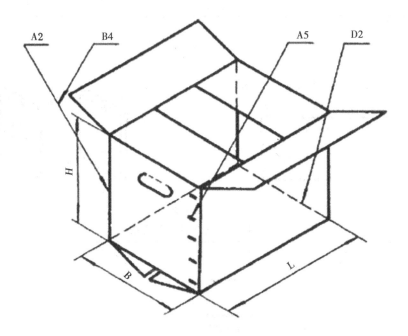

图 6.3　图线应用图例

②同一图样中同类图线的宽度应基本一致。内折线、外折线、间断线的线段长度和间隔应各自大致相等。波浪线用徒手画出。

（5）纸板、瓦楞纸板的截切面符号

纸板、瓦楞纸板的截切面形状和文字说明，应按照表 6.4 的规定。

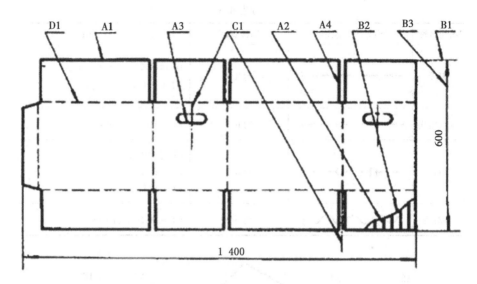

图 6.4　图线应用

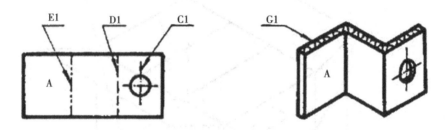

图 6.5　图线应用

表 6.4　符号及文字表示方法

纸板名称	层数	截切面符号	文字说明示例，g/m^2
单层纸板	1		箱板 300
复层纸板	>1		箱板 280×3（层数）
单面瓦楞纸板	2		箱板 250/瓦楞原纸 180C（瓦楞楞型）
单瓦楞纸板	3		箱纸 300/瓦楞原纸 180C/箱板 300

续表 6.4

纸板名称	层数	截切面符号	文字说明示例, g/m²
双瓦楞纸板	5		箱板 360/瓦楞原纸 180B /瓦原纸 180/瓦楞原纸 180A/箱板 300
多瓦楞纸板	1＋2a		箱板 360/（瓦楞原纸 180C/瓦楞原纸 180）

注：① n 代表瓦楞层数为大于 2 的正整数。

② 瓦楞楞型应符合 GB 6544—86《瓦楞纸板》1.2.1 的规定。

③ 文字说明应从瓦楞纸板箱、纸盒的外表面其材料依次进行标注。

④ 各种纸张的定量单位为 g/m²，在文字说明中可省略不写。

（6）成型接合方式

①接合方式所用代号、文字说明或图形表示见表 6.5。

表 6.5　接合方式代号及表示

接合方式	代号			图形	文字说明示例
		单钉	双钉		
钉合	直钉	D	2D		
				横钉	单横钉 双横钉
				竖钉	单竖钉 双竖钉
	斜钉	D/	2D/		单斜钉 双斜钉

续表6.5

接合方式	代号	图形	文字说明示例
胶带	J	‖‖	胶带接合
粘合	Z	ＩＳＳＩ	黏合接合

②绘制图样时，接合方式图形应绘制在立体图中接合部位（图6.3），或在技术要求中用代号和文字说明。

3. 图样画法

（1）展开图样

①绘制展开图样时，纸板应呈展开放平状态，按比例画出（图6.4、图6.6）。

②绘制展开图样的图线，应按照本标准表6.3中的规定绘制。

③当纸箱、纸盒是由两片以上纸板组成，应分别画出。如图形相同时，可只画1个图形（图6.6）。

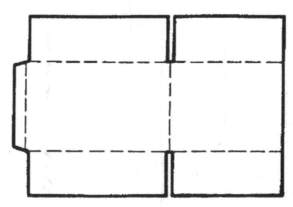

图6.6　两片纸板图形相对画法

④如有特殊要求标注瓦楞楞型方向时，可标注在展开图样或立体图样中

局部位置上（图6.4）。一般可省略不标注。

⑤展开图样实例。

（2）立体图样

①绘制立体图样时，应以纸箱、纸盒展示构造特征的立体投影。

②绘制立体图样时，一般采用正等测。其轴（X，Y 和 Z）的位置与轴向的简化变形系数（p，q 和 r）按图6.7中的规定。

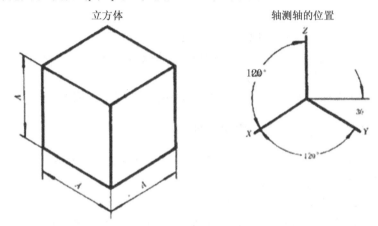

立方体　　　　　　　　　　　　　　轴测轴的位置

图6.7　正等测绘致立体图样

$$p = q = r = 1$$

③立体图样中的图线，应按照本标准表6.3中的规定，立体图样中的不可见轮廓线一般可省略不画，必要时可以画出所需部分（图6.3）。

④绘制立体图样时，瓦楞纸板厚度可省略不画（图6.3）。

4. 尺寸注法

（1）基本规则

①纸板的真实大小应以图样所注的尺寸数据为依据，与图形的大小及绘制准确度无关。

②图样中的尺寸（包括技术要求和其他说明中的尺寸），以毫米为单位，不需注明计量单位。如采用其他单位的，则必须注明。

③以纸箱、纸盒的内尺寸长、宽、高表示纸箱、纸盒的规格，并按下列顺序和代号给出尺寸：

（a）长度（L）：箱内底面积长边尺寸；

（b）宽度（W）：箱内底面积短边尺寸；

（c）高度（H）：箱内顶面到底面尺寸。

标注立体图样尺寸应标注内尺寸。标注展开图形尺寸时应标注加工工艺尺寸。如需要标注外径尺寸应在尺寸前加"外"字。

（2）尺寸线的画法应按下列规定

①尺寸线用细实线绘制，其两端箭头指到尺寸界线。尺寸线不得用其他图线代替。

②线性尺寸的数字一般应该写在尺寸线的上方，也允许填写在尺寸线的中断处。

（3）尺寸界线的画法应按下列规定

①尺寸界线用细实线绘制，应从图样的截切线或中心线处引出。也可用截切线、中心线作尺寸界线。

②尺寸界线一般与尺寸线垂直，必要时允许倾斜（图6.3）。

5. 印刷文字、涂油及图案的标注

（1）印刷文字、图案由用户或设计部门提供稿样，纸箱、纸盒制图中也可不画出，依据稿样为准。

（2）印刷版面尺寸注法

印刷版面及印刷位置，一般按印刷文字、图案的最大外径尺寸，在四边用点划线连接成矩形，并按比例标注在展开图样的箱面居中的位置上（图6.8）。文字、图案居中时，可不标注位置尺寸，如有特殊要求则应标注尺寸。

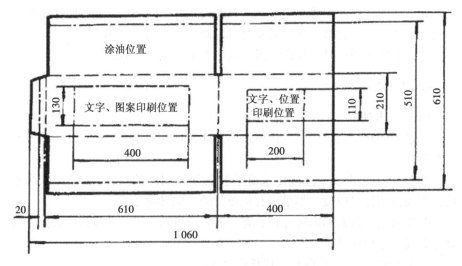

图6.8 印刷版面尺寸标准（单位：mm）

（3）印刷色别、涂油

在技术要求中，要用文字说明印刷色别、涂油性能等用户要求，并在展开图样中标注涂油面积及位置。

第三节　危险货物运输包装类别划分方法

1. 范围

本标准规定了划分各类危险货物运输包装类别的方法。

本标准适用于危险货物生产、贮存、运输和检验部门对危险货物运输包装进行性能试验和检验时确定包装类别的依据。

本标准不适用于：

（a）盛装爆炸品的运输包装；

（b）盛装气体的压力容器；

（c）盛装有机过氧化物和自反应物质的运输包装；

（d）盛装感染性物质的运输包装；

（e）盛装放射性物质的运输包装；

（f）盛装杂项危险物质和物品的运输包装；

（g）净质量大于 400 kg 的包装；

（h）容积大于 450 L 的包装；

（i）有特殊要求的另按相关规定办理。

2. 规范性引用文件

下列文件中的条款通过本标准的引用而成为本标准的条款。凡是注日期的引用文件，其随后所有的修改单（不包括勘误的内容）或修订版均不适用于本标准，然而，鼓励根据本标准达成协议的各方研究是否可使用这些文件的最新版本。凡是不注日期的引用文件，其最新版本适用于本标准。

GB/T 261—1983　石油产品闪点测定法（闭口杯法）

GB/T 616—2006　化学试剂　沸点测定通用方法

GB/T 6944　危险货物分类和品名编号

GB/T 7634—1987　石油及有关产品低闪点测定　快速平衡法

GB/T 12268　危险货物品名表

GB/T 21615—2008　危险品　易燃液体闭杯闪点试验方法

GB/T 21775—2008　闪点的测定　闭杯平衡法

GB/T 21789—2008 石油产品和其他液体闪点的测定 阿贝尔闭口杯法

联合国《关于危险货物运输的建议书规章范本》(第 15 版)

3. 包装类别

危险货物包装根据其内装物的危险程度划分为三种包装类别:

Ⅰ 类包装:盛装具有较大危险性的货物;

Ⅱ 类包装:盛装具有中等危险性的货物;

Ⅲ 类包装:盛装具有较小危险性的货物。

4. 包装类别的划分

(1)基本方法

按 GB 6944 中危险货物的不同类项及有关的定量值,确定其包装类别。但各类中性质特殊的货物其包装类可另行规定。

货物具有两种以上危险性时,其包装类别须按级别高的确定。

(2)第 3 类易燃液体

按易燃性划分包装类别,如表 6.6。

表 6.6 易燃包装分类

包装类别	闪点(闭杯)	初沸点
Ⅰ 类包装	—	≤35 ℃
Ⅱ 类包装	>23 ℃	<35 ℃
Ⅲ 类包装	≥23 ℃,≤60 ℃	>35 ℃

注:沸点及闪点的测定方法参见 GB/T 261—1983,GB/T 616—2006,GB/T 7634—1987,GB/T 21615—2008,GB/T 21775—2008,GB/T 21789—2008。

(3)第 4 类易燃固体、易于自燃的物质、遇水放出易燃气体的物质。

①4.1 项 易燃固体

(a)GB 12268 中备注栏 CN 号为 41001~41500;Ⅱ 类包装;

(b)GB 12268 中备注栏 CN 号为 41501~41999;Ⅲ 类包装;

(c)退敏爆炸品:根据危险性采用Ⅰ类或Ⅱ类包装。

②4.2 项 易于自燃的物质

(a)GB 12268 中备注栏 CN 号为 42001~42500:Ⅰ 类包装;

(b)GB 12268 中备注栏 CN 号为 42501~42999:Ⅱ 类包装;

(c)GB 12268 中备注栏 CN 号为 42501~42999 中的含油、含水纤维或碎屑类物质：Ⅲ类包装；

（d）自热物质危险性大的须采用Ⅱ类包装。

③4.3项　遇水放出易燃气体的物质

（a）GB 12268 中备注栏 CN 号为 43001～43500：Ⅰ类包装；

（b）GB 12268 中备注栏 CN 号为 43001～43500 中危险性小的以及 CN 号为 43501～43999；Ⅱ类包装；

（c）GB 12268 中备注栏 CN 号为 43501～43999 中危险性小的：Ⅲ类包装。

④4.4 第5类　氧化性物质

（a）GB 12268 中备注栏 CN 号为 51001～51500：Ⅰ类包装；

（b）GB 12268 中备注栏 CN 号为 51501～51999：Ⅱ类包装；

（c）GB 12268 中备注栏 CN 号为 51501～51999 中危险性小的：Ⅲ类包装。

⑤4.5 第6类　毒性物质

根据联合国《关于危险货物运输的建议书规章范本》（第15版），口服、皮肤接触以及吸入粉尘和烟雾的方式确定包装类，如表6.7。

表 6.7　口服、皮肤接触以及吸入粉尘和烟雾毒性物质包装类别划分表

包装类别	口服毒性 LD_{50}/（mg/kg）	皮肤接触毒性 LD_{50}/（mg/kg）	吸入粉尘和烟雾毒性 LD_{50}/（mg/L）
Ⅰ	≤5.0	≤50	≤0.2
Ⅱ	$5.0 < LD_{50} \leq 50$	$50 < LD_{50} \leq 200$	$0.2 < LD_{50} \leq 2.0$
Ⅲ	$50 < LD_{50} \leq 300$	$200 < LD_{50} \leq 1\,000$	$2.0 < LD_{50} \leq 4.0$

注：GB 12268 备注栏 CN 号为 61001～61500 中闪点 <23 ℃的液态毒性物质：Ⅰ类包装；

　　GB 12268 备注栏 CN 号为 61501～61999 中闪点 <23 ℃的液态毒性物质：Ⅱ类包装。

⑥4.6 第8类 腐蚀性物质

GB 12268 备注栏 CN 号为 81001～81500：Ⅰ类包装；

GB 12268 备注栏 CN 号为 81501～81999，82001～82500：Ⅱ类包装；

GB 12268 备注栏 CN 号为 82501～82999，83001～83999：Ⅲ类包装。

第四节　运输包装件抽样检验

1. 范围

本标准规定了运输包装件抽样检验方法及判定规则。

本标准适用于运输包装件（以下简称包装件）的质量检查。

2. 引用标准

GB/T 4857 运输包装件试验方法

GB 5398 大型运输包装件试验方法

3. 术语

（1）运输包装件

产品经过内包装和外包装所形成的总体。它以运输储存为主要目的，具有保障产品的安全，方便储运装卸，加速交接、点验等作用。

4. 抽样检验

包装件的抽样检验以型式试验和出厂检验的方式进行。

（1）型式试验

下述情况包装件应做型式试验：

（a）新设计的产品包装件；

（b）在包装材料、包装设计和工艺上有较大改变的包装件；

（c）产品停产后再次投产的包装件；

（d）在稳定生产过程中定期或不定期抽样的包装件；

（e）出厂检验结果与上次型式试验有较大差异时；

（f）国家质量监督机构提出进行包装件型式试验的要求时。

①型式试验项目

型式试验项目应根据产品包装特点和流通环境条件来确定。一般情况下应选作 GB/T 4857 和 GB 5398 规定的项目，其他试验，如渗漏及水压试验等应符合有关标准的规定。特殊情况按供需双方协议要求进行。

②样本大小

包装件型式试验样本大小应不小于 3 件。危险货物运输包装件型式试验样本大小应按危险货物运输的有关规定执行。

③判定规则

进行任一型式试验的包装件，若其中任一个包装件测试不合格，可加倍进行抽样，重新再进行一次试验。如再次出现不合格包装件时，则判定包装件型式试验不合格。

如果上述任一型式试验不合格包装件超过一件，则不能加倍抽样再进行一次试验。危险货物运输包装件型式试验的判定规则应按危险货物运输的有关规定执行。

（2）出厂检验

①抽样方法

从一批包装件的总数 N 中随机地抽取 n 个数量的包装件。随机抽样是使批中的每一个包装件都具有被抽取的同等机会。

②检验项目

检验项目以及检验方法，必须根据实际产品包装设计要求及有关专业产品包装标准的要求加以确定。可列举的项目如下：

（a）包装容器各面组合的牢固程度；

（b）包装件的密封及捆扎的牢固程度；

（c）包装件各种标记的清晰与准确性；

（d）内装物固定方式的合理性；

（e）包装容器的实际容量是否符合规定；

（f）包装件外形尺寸大小；

（g）包装件清洁程度；

（h）随机文件是否齐全。

③批量范围与样本大小

包装件出厂检验抽样数量 n，由包装件交验批的批量 N 决定。如无其他协议，可从表6.8中选取适当的样本大小。

表6.8　检验批量及样本大小

批量范围 N，件	样本大小 n，件	合格判定数 Ac
16～50	6	0
51～90	8	0
91～150	13	0
151～500	20	1
501～3 200	32	3
3 201～10 000	50	5
10 001～150 000	80	10

对于危险货物运输包装件出厂检验的批量范围和样本大小见表6.9。

表 6.9　检验批量及样本大小

批量范围 N，件	样本大小 n，件
≤15	2
16~25	3
26~90	5
91~150	8
151~280	13
281~500	20
501~1 200	32
1 201~3 200	50
3 201~10 000	80

④判定规则

从一批包装件的总数 N 中随机抽取 n 个包装件进行检验，若 n 个包装件中不合格品数 $d \leq Ac$，接收此交验批，否则，拒收此交验枇。对于危险货物输包装件，若 n 个包装件中有一个不合格，则判定此交验批不合格。

对于经检验认为不合格的交验批，如有修复的可能，则允许制造单位对此修复后，再提交检验。

5. 质量检验报告

在质量检验报告中应包括下列内容：

（a）包装件的种类及名称；

（b）制造单位名称；

（c）检验项目；

（d）型式试验合格证；

（e）包装件批量 N；

（f）抽取样本大小 n；

（g）抽样方法的说明；

（h）抽样检验结论；

（i）所用抽样方法与本标准的差异；

（j）抽样检验人员的姓名；

（k）抽样检验日期及地点。

第五节　放射性物质运输包装质量保证

1. 范围

本标准规定了放射性物质运输包装的设计、采购、制造、装卸、运输、贮存、检查、试验、操作、维修以及改进的质量保证基本要求。

本标准适用于放射性物质运输包装的质量有关的所有活动。

2. 规范性引用文件

下列文件中的条款通过本标准的引用而成为本标准的条款。凡是注日期的引用文件，其随后所有的修改单（不包括勘误的内容）或修订版均不适用于本标准，然而，鼓励根据本标准达成协议的各方研究是否可使用这些文件的最新版本。凡是不注日期的引用文件，其最新版本适用于本标准。

GB11806—2004 放射性物质安全运输规程

3. 术语和定义

GB11806—2004 中规定的以及下列术语和定义适用于本标准。

（1）包装　packaging

完全封闭放射性内容物所必需的各种部件的组合体。通常可以包括一个或多个腔室、吸收材料、间隔构件、辐射屏蔽层和用于充气、排空、通风和减压的辅助装置，用于冷却、吸收机械冲击、装卸与栓系以及隔热的部件，以及构成货包整体的辅助器件，包装可以是箱、桶或类似的容器，也可以是货物集装箱、罐或散货集装箱。

（2）货包　package

提交运输的包装与其放射性内容物的统称。

4 质量保证大纲

（1）概述

①参与影响放射性物质运输包装质量的活动的单位（以下简称有关单位）应按照质量保证大纲的要求，参照附录Ⅴ的规定制定各自的质量保证大纲（以下称大纲）。大纲应对与放射性物质运输包装有关的工作（例如包装的设计、采购、制造、吊装、运输、贮存、检查、试验、操作、维修以及改进等）控制作出规定，有关单位应编制有计划按系统执行质量保证大纲

的程序，并保证按工作进度有效地执行大纲，定期对程序进行审查和修订。

②大纲应规定要进行的各种活动的技术方面的要求，明确应使用的工程规范、标准和技术规格书，以及保证满足这些要求的措施。

③大纲应确定负责计划和执行质量保证活动的组织结构，并明确规定有关组织和人员的责任和权力。

④大纲应根据放射性内容物的危害性对放射性物质的包装及其附件规定适当的管理和验证的方法或等级。应根据物项对安全的重要性。在大纲内对影响这些物项质量的活动规定相应的控制和验证的方法或水平。

⑤大纲应为完成影响质量的活动规定合适的控制条件，这些条件应包括为达到要求的质量所需要的适当的环境条件、设备和技能等。

⑥大纲应规定对从事影响质量活动的人员进行培训和考核

⑦大纲应规定凡影响包装质量的活动都应该按适用于该活动的书面程序、细则、说明书和图纸来完成。程序、细则、说明书和图纸应包括适当的定性和定量的验收标准。

⑧通过大纲的实施应能证明：

（a）包装的制造方法和制造所使用的材料是符合设计条件的；

（b）重复使用的包装都定期进行了检查，并且在必要时进行了维护和维修或改进，处于良好状态，即使在重复使用之后，仍能符合全部有关的技术要求和技术条件。

5. 质量保证的分级和要求

（1）质量保证的分级

根据包装或包装的附件在安全上的重要性，其物项的质量保证分级如下：

QA1 级：对安全有重大影响的物项。它们的失效直接影响公众健康和安全，一般指直接影响货包的包容和屏蔽的物项，而对于盛装易裂变材料的货包则指对临界有影响的物项。

QA2 级：对安全有重大影响的物项。指某些结构、部件或系统，它们的失效不直接影响公众健康和安全，而只有同某个次级事件或失效一起发生时，才处于不安全状态。

QA3 级：对安全没有或没有明显影响的物项。指某些结构、部件或系统，它们的失效不会显著减弱包装的有效性，且不大可能发生影响公众健康和安全的后果。

（2）质量保证要求

对不同质量保证等级的质量保证要求的实例参见附录 W，附录 W 的内容是一个实例，仅阐明不同质量保证等级的物项对应于不同的质量保证要求。各质量保证等级（QA1，QA2 和 QA3）的具体质量保证要求，应遵照有关单位按本标准的基本要求编制的有关文件的规定执行。

（3）质量保证分数与货包类型的关系

质量保证要求应与包装中放射性内容物的危害性相适应。对具有重大危险性的危险的放射性物质（如 UF_6），其包装物项的质量保证等级应适当提高。

①豁免货包和 IP‑1 型货包

包装的设计、制造等应符合 QA3 级质量保证要求。

②盛装非易裂变材料的 A 型货包和 IP—2、IP—3 型货包

影响包容系统和屏蔽系统完好性的物项应符合 QA1 级质量保证要求，对安全影响小的物项应符合 QA3 级质量保证要求，其余的物项应符合 QA2 级质量保证要求。

③盛装易裂变材料的货包（非 B 型货包）

影响临界安全的物项应符合 QA1 级质量保证要求，其余的物项按 5.3.2 处理。

④B 型货包

影响包容系统和屏蔽系统完好性以及临界安全的物项应符合 QA1 级质量保证要求，其余的物项按 5.3.2 处理

⑤C 型货包

影响包容系统和屏蔽系统完好性以及临界安全的物项应符合 QA1 级质量保证要求，其余的物项按 5.3.2 处理。

6. 组织

（1）责任、权限和接口

①为了管理、指导和实施质量保证大纲，应建立一个有明文规定的组织结构并明确规定其职责、权限等级及内外联络渠道。在考虑组织结构和职能分工时，应明确实施质量保证大纲的人员既包括活动从事者也包括验证人员，组织结构和职能分工必须做到。

（a）由被指定负责该工作的人员来实现其质量目标，可以包括由完成该工作的人员所进行的检验、校核和检查。

（b）当有必要验证是否满足规定的要求时，这种验证只能由不对该工作直接负责的人员进行。

②必须对负责实施和验证质量保证的人员和部门的权限与职能做出书面

规定。上述人员和部门行使下列质量保证只能：

（a）保证制定和有效地实施相应使用的质量保证大纲。

（b）验证各种活动是否正确地按规定进行。

这些人员和部门应拥有足够的权利和组织独立性，以便鉴别质量问题、建议、推荐或提供解决办法。必要时，对不符合、有缺陷或不满足规定要求的物项采取行动，以制止进行下一步工序、交货、安装或使用，直到作出适当的安排。

③负责质量保证职能的人员和部门应具有必需的权利和足够的组织独立性，包括不受经费和进度约束的权利。由于人员数目、进行活动的类型和场所等有所不同，因此，只要行使质量保证职能的人员和部门已经拥有所需的权利和组织独立性，执行质量保证大纲的组织结构可以采取不同的形式。

④单位间的工作接口

在有多个单位的情况下，应明确规定每个单位的责任，并采取适当的措施以保证各单位的接口和协调。必须对参与影响放射性物质运输包装质量的活动的单位之间和小组之间的联络作出规定。主要信息的交流应通过相应的文件，应规定文件的类型，并控制其分发。

（2）人员配备与培训

①为了挑选和培训从事影响质量的活动的人员，应制订相应的计划，以选定和培训合适的人员。

②必须根据从事特定任务所要求的学历、经验和业务熟练程度，对所有从事影响放射性物质运输包装质量的活动的人员进行考核，应制定培训大纲和程序，以便确保这些人员达到并保持足够的业务熟练程度。

7. 设计控制

（1）概述

①必须制定设计控制措施并形成文件，保证把审管部门和 GB 11806 中相应的要求都正确地体现在技术规格书、图纸、程序和说明书中。设计控制措施还应包括确保在设计文件中规定有定量和定性验收标准的条款。必须对规定的设计要求和质量标准的变更和偏离加以控制。

②必须制定措施，以便正确选择对包装起重要作用的材料、零件、设备和工艺，并审查其适用性。

③必须在下列方面实施设计控制措施：包装的临界物理、辐射屏蔽、应力、热工、水力和事故分析；材料相容性；在役检查、维护和维修的可达性、便于退役的相关特性以及检查和试验的验收准则等。

④所有设计活动应形成文件，使未参加原设计的技术人员能进行充分的评价。

（2）设计接口的控制

必须书面规定从事设计的各单位和各组成部门间的内部和外部接口，应足够详细地明确规定每一单位和组成部门的责任，包括涉及接口文件编制、审核、批准、发布、分发和修订。必须为设计各方规定涉及设计接口的设计资料（包括设计变更）交流的方法。资料交流应用文字记载并予以控制。

（3）设计验证

①设计控制措施应为验证设计和设计方法是否恰当做出规定（例如通过设计审查、使用其他的计算方法、执行适当的试验大纲等）。设计验证应由未参加原设计的人员或小组进行。必须由设计单位确定验证方法，并应用文件给出设计验证结果。

②当用一个试验大纲代替其他验证或校核方法来验证具体设计特性是否适当时，应包括适当的原型试样件的鉴定试验。这个试验必须在受验证的具体设计特性的最苛刻设计工况下进行。

③制定的设计验证管理措施应与本标准的第4章、第5章和第6章的要求相一致。

（4）设计变更必须制定设计变更（包括现场变更）的流程，并形成文件。应仔细地考虑变更所产生的技术方面的影响，所要求采用的措施要用文件记载。对这些变更应采用与原设计相同的设计控制措施。除非专门指定其他单位，设计变更文件应由审核和批准原设计文件的同一小组或单位审核和批准。在指定其他单位时，应根据其是否已掌握相关的背景材料，是否已证明能胜任有关的具体设计领域的工作，以及是否足够了解原设计的要求及意图等条件来确定。必须把有关变更资料及时发送到所有有关人员和单位。

8. 采购控制

（1）概述

①必须制定措施并形成文件，以保证在采购物项和服务的文件中包括或引用审管部门有关的要求、设计准则、标准、技术规格书以及保证质量所必需的其他要求。

②采购要求中应包括本标准中规定的有效条款，特别要注意第4章规定的分级方法。

③采购人员和主管部门及其代理人应有权接触供方的工厂设施、物项、材料和检验、检查记录，当需要对记录进行复查或批准时，供方应提交有关

的文件和资料。

④必要时，有关的采购文件的要求应拓展至下一层次分包商和供应厂商。

（2）对供方的评价和选择

①必须将被评价的供方按照采购文件的要求提供物项或服务的能力作为选择供方的基本依据。

②对供方的评价应包括：

（a）对供方能证明其以往类似采购活动质量的资料的评价；

（b）对供方新进的可供客观评价的、成文的、定性或定量的质量保证记录的评价；

（c）到实地考察评价功放的技术能力和质量保证关系；

（d）利用抽查产品进行评价。

（3）对所购物项和服务的控制

①必须对所购物项和服务进行控制，以保证符合采购文件的要求。控制包括由承包者提供质量客观证据，对供方施行实地检验和监察以及五项和服务的交货检验等措施。

②证明所购物项和服务符合采购文件要求的文字证据应按照规定提其所有者、使用者或主管部门。

9. 文件控制

（1）文件的编制、审核和批准

必须对工作的执行和验证所需要的文件（例如程序、细则及图纸等）的编制、审核、批准和发放进行控制。控制措施中应明确负责编制、审核、批准和发放有关影响质量活动文件的人员和单位。负责审核和批准的单位或个人有权查阅作为审核和批准依据的有关背景材料。

（2）文件的发布和分发

必须按最新的分发清单发布和分发文件，使参加活动的人员能够了解并使用完成该项活动所需的正确合适的文件。

（3）文件变更的控制

变更文件必须按明文规定的程序进行审核和批准。审、批单位有权查阅作为批准依据的有关背景材料。并应对原文件的要求和意图有足够的了解。变更的文件应由审核和批准原文件的同一单位进行审核和批准。或者由其专门指定的其他单位审核和批准。必须把文件的修订及其实际情况迅速通知所有有关的人员和单位，以防止使用过时的或不合适的文件。同时应保存一份完整的文件，包括原始的和修改的文件。

（4）电子记录和数据的控制

应对电子记录和数据的使用、管理、贮存和保护进行控制，防止记录和数据的丢失、损坏或无授权更改。

10. 物项控制

（1）材料、零件和部件的标识

①必须按照制造、装配、安装和使用要求，制定标识物项（包括部分加工的组件）的措施。根据要求，通过把批号、零件号、系列号或其他使用的标识方法直接标识在物项上或记载在可以追溯到物项的记录上，以保证在整个制造、装配和安装以及使用期间保持标识。标识物项所需要的文件，应在整个制造过程中都能随时查阅。

②必须最大可能地使用实体标识，在实际不可能或不满足要求的情况下，应采取实体分隔、程序控制或其他适用的方法，以保证标识。这些标识措施应能在各种场合下防止使用不正确的或有缺陷得材料、零件和部件。

③在使用标记的情况下，标记必须清楚，不能含混且不易被擦掉。在使用这种方法时，不得影响物项的功能。标记不得被表面处理或涂层所遮盖，否则应用其他的标识方法代替。当把物项分成几部分时，每一部分都应保持原标识。

（2）装卸、运输和贮存控制

必须按照说明书的要求，制定措施控制用于包装的材料和部件的吊装、贮存、运输和保管使其免受损坏或降低性能。对于特殊产品，如有必要，应明确规定特殊的保护环境条件，例如惰性气体保护、湿度和温度条件等。

（3）包装的使用、维护和改进控制

应当制定措施，以控制包括装卸、标识、发货和接收的所有活动，必要时，还应包括内容物的鉴别和控制、包装的清晰、装箱、保管和一些特殊工艺的控制以及对货包的密封性、辐射和污染水平的监测。这些措施应当使任何对安全性的危害减至最小，防止内容物的损坏、变质和丢失，使货包能符合有关的规定，并使货包托运能被批准。

对包装或其零部件的改进旨在提高它们的性能和安全性，应制定适当的措施以控制对包装或其零部件的改进，使其符合有关的规定，并得到相关部门的批准。制造工艺过程控制必须按照本标准和有关规范、标准、技术规格书和准则的要求对所使用的影响质量的工艺过程予以控制，对焊接、热处理和无损检验等特殊的工艺过程，应采取措施保证这些工艺过程是由合格的人员，按照许可的程序、使用合格的设备、按现有标准来完成。对于现有规范、标准、技术规格书中未涵盖的特殊工艺或质量要求，应对人员资格、程序或设备的鉴定要求另行做出规定。

11. 制造工艺过程控制

必须按照本标准和有关规范、标准、技术规格书和准则的要求对所使用的影响质量的工艺过程予以控制，对焊接、热处理和无损检验等特殊的工艺过程，应采取措施保证这些工艺过程是由合格的人员，按照认可的程序、使用合格的设备、按现有标准来完成。对于现有规范、标准、技术规格书中未涵盖的特殊工艺或质量要求，应对人员资格、程序或设备的鉴定要求另行做出规定。

12. 检查和试验控制

（1）检查大纲

①为了验证物项、服务和在制造、维修以及使用过程中影响质量的工作符合规定的程序、细则、说明书及图纸的要求，应由从事这些工作的单位或由其指定的单位制定并执行检查大纲。

②检查大纲应包括在规定时间内进行包装的在役检查和人员培训。

③检查的范围应足以保证质员和验证检查项目符合原规定的要求。

④必须保证在役检查或其他情况下发现的不符合要求的包装，在其缺陷被纠正之前不得使用。

⑤对安全有影响的物项，如果要求在停工待检点进行检查或见证这种检查时，应在适当的文件中注明这些停工待检点。未经指定的单位批准，不得进行停工待检点以后的工作。

（2）试验大纲

①为证实包装及零部件符合设计要求，并能长期使用，必须制定试验大纲，并保证其执行。

②必须按书面程序做试验。书面程序应列有设计中规定的要求和验收指标，并由有资格的人员使用已检定过的仪器进行试验。

③试验结果应以文件形式给出并加以评定，以保证满足规定的试验要求。

④试验应包括材料试验、制造过程中的试验和验收试验，以及运行和维修条件下包装是否满足要求的各种试验。

（3）测量和试验设备的标定和控制

①为了确定是否符合验收准则，应制定一些措施，以保证所使用的工具、量具、仪表和其他检查、测量、试验设备和装置具有合适的量程、准确度和精度等。

②为了使准确度保持在要求的限值内，在规定的时间间隔或在使用之前，对影响质量的活动中所使用的试验和测量设备应进行检定和调试。当发现偏差超出规定限值时，应对以前测量和试验的有效性进行评价，并重新评定已试验物项的验收。必须制定控制措施，以保证适当地装卸、贮存和使用已标定过的设备。

（4）检查、试验和使用状态的显示

①包装或其零部件的试验和检查状况应通过使用标记、打印、标签、工艺卡、检查记录、安全铅封或其他合适方法予以标识，指明经过试验和检查的物项是否可验收或列为不符合项。

②必须在物项的整个制造、维修和使用过程中保留检查和试验状态标记以保证只有经过检查和试验合格的物项才能使用。

13. 对不符合项的控制

（1）必须制定措施并形成文件。以控制不满足要求的物项和工艺过程，防止其误用。在实际可行时应当用标记、标签和（或）实体分隔的方法来标识不符合项。

（2）必须按文件规定的程序对不符合项进行审查，并确定是否验收、报废、修理或返工。

（3）必须规定对不符合项进行审查的责任和对不符合项进行处理的权限。

（4）对已经接受的不符合要求（包括偏离采购要求）的物项，应通知采购人员，必要时向指定的机构报告。对已接受的变更，放弃要求或偏差的说明都应形成文件，以指明不符合要求物项的"竣工"状态。

（5）必须按合适的程序，对经修理和返工的物项重新进行检查。

14. 纠正措施

质量保证大纲应规定采取适当的措施，以保证鉴别和纠正有损于质量的情况。例如故障、失灵、缺陷、偏差、有缺陷或不正确的材料和设备以及其他方面的不符合项。对于严重的有损于质量的情况，大纲应对查明起因和采取纠正措施作出规定。以防止再次出现。对于严重的有损于质量的情况，应用文件阐明其鉴别、起因和所采取的纠正措施，并向有关管理部门报告。

15. 质量保证记录

（1）质量保证记录的收集、贮存和保管

①必须按书面程序、细则和第4章的要求建立并执行质量保证记录制度。记录应包括审查、检查、试验、监督、材料分析等的结果以及有密切关系的资料，例如人员、程序和设备的合格证明、需做的修理和其他适当文件。

②必须保存足够质量保证记录。以提供影响质量活动的证据。所有质量保证记录应字迹清楚和完整，并与所记述的物项相对应。

③必须为记录的鉴别、收集、编入索引、归档、贮存、保管和处置作出规定。记录的贮存方式应便于检索，记录应保存在适当的环境中，减少发生变质或损坏情况和防止丢失。

（2）包装记录和档案

①包装的所有者或使用者应为每个包装建立并保存其使用和维修的记录。

②应参照附录X的内容要求，保存每个包装的质量保证记录，并列入包装档案的索引。

③包装的档案还应当包括以下资料和记录：

（a）审管部门对包装设计的批准证书和每个包装的设计号和货包顺序号；

（b）装卸和维修说明书；

（c）产品合格证书或交付使用证书，包括所用试验程序的摘要；

（d）供重复检查试验合格证书；

（e）重复检查试验合格证书；

（f）包装转移或装运记录原件；

（g）包装的修改批准证书和修改文件；

（h）明显的损伤记录；

（i）修复文件。

当包装需要在远离保存上述详细资料地点的地方进行维修或维护时，应能使包装的所有者和使用者获得完成维修或维护任务所需要的资料。

16. 监察

（1）概述

必须采取措施验证质量保证大纲的实施及其有效性。必须根据需要执行有计划地、有文件规定的内部及外部监察制度，以验证是否符合质量保证大纲的各个方面，并确定大纲实施的有效性。监察应根据书面程序和监察项目表（提问单）进行。负责监察的单位应选择和指定合格的监察人员。参加监察的人员是对所监察的活动不负任何直接责任的。在内部监察时，对被监察的活动的实施负有直接责任的人，不得参与挑选监察小组人员的工作。监察人员应用文件给出监察结果，应由对被检查的领域负责的机构对检查中所发现的缺陷进行审核，监察被监察活动的负责人对不符合项进行纠正，并验证纠正措施的实施。

（2）监察的计划安排

必须根据活动情况及其重要性安排监察计划，在出现下列一种或多种情况时应进行监察：

（a）有必要对大纲实施的有效性进行系统或部分的评价时；

（b）在签订合同或发给订货单前，有必要确定承包者执行质量保证大纲的能力时；

（c）已签订合同并在质量保证大纲执行了足够长的一段时间之后，有必要监察有关部门在执行质量保证大纲、有关的规范、标准和其他合同文件中是否行使所规定的职能时；

（d）对质量保证大纲中规定的职能范围进行重大变更（例如机构的重大改组或程序的修订）时；

（e）在认为由于质量保证大纲的缺陷会危及物项或服务的质量时；

（f）有必要验证所需求的纠正措施的实施情况时。

第六节　危险化学品标签编写导则

1. 范围

本标准规定了危险化学品标签的内容和编写要求本标准适用于爆炸品、压缩气体和液化气体、易燃液体、易燃固体、自燃物品和遇湿易燃物品、氧化剂和有机过氧化物、毒害品和腐蚀品等危险化学品标签的编写本标准不适用于国家另有规定的危险化学品标签的编写。

2. 引用标准

GB 190 危险货物包装标志

GB 6527.2 安全色使用导则

GB 6944 危险货物分类和品名编写

GB 12268 危险货物品名表

GB 13690 常用危险化学品的分类及标志

3. 术语

（1）剧毒化学品（highly toxic chemical）

急性毒性：经口 $LD_{50} \leqslant 5$ mg/kg；经皮 $LD_{50} \leqslant 40$ mg/kg；吸入 $LD_{50} > 0.5$ mg/L 的化学品。

（2）中等毒化学品（toxic chemical）

急性毒性：经口 $LD_{50} > 5 \sim 50$ mg/kg；经皮 $LD_{50} > 40 \sim 200$ mg/kg；吸入 $LD_{50} > 0.5 \sim 2$ mg/L 的化学品。

（3）有害化学品（harmful chemical）

急性毒性：固体经口 $LD_{50} > 50 \sim 500$ mg/kg；液体经口 $LD_{50} > 50 \sim 2\,000$ mg/kg；经皮 $LD_{50} > 200 \sim 1\,000$ mg/kg；吸入 $LD_{50} > 2 \sim 10$ mg/L 的化学品。

（4）爆炸化学品（explosive chemical）

在某种量因子（如受热、撞击等）作用下，能发生剧烈的化学反应，瞬时产生大量的气体和热量，使周围压力急骤上升，发生爆炸，对周围环境造成破坏的化学品。

（5）易燃气体（flammable gas）

爆炸下限 $\leqslant 10\%$ （V/V），或燃烧范围 $\geqslant 12\%$ （V/V）的易于燃烧和爆炸的气体化学品。

（6）高闪点液体（high flash point liquid）

闭杯试验闪点 $\geqslant 23$ ℃ 并 $\leqslant 61$ ℃ 的易燃液体化学品。

（7）中闪点液体（median flash point liquid）

闭杯试验闪点在 $\geqslant -18$ ℃ 并 < 23 ℃ 的易燃液体化学品。

（8）低闪点液体（low flash point liquid）

闭杯试验闪点 < -18 ℃ 的易燃液体化学品。

（9）易燃固体（flammable solid）

燃点低，对热、撞击、摩擦敏感，易被外部火源点燃，燃烧迅速，并可散发有毒烟雾和气体的固体化学品。

（10）自燃化学品（pyrophoric chemical）

自燃点低，接触空气易于发生氧化反应放出热量，而自行燃烧的化学品。

（11）遇湿易燃化学品

遇水或受潮时发生剧烈化学反应，放出大量的易燃气体和热量，有些不需明火即能燃烧爆炸的化学品。

（12） 氧化剂（oxidizer）

具有强氧化性，易分解，其本身不易燃烧，但与可燃物、易燃物接触或混合时，能引起着火或增加燃烧速度、强度的化学品。

（13） 有机过氧化物（organic peroxide）

分子中含有过氧基，其本身易燃易爆，极易分解，对热、震动或摩擦极为敏感有机化学品。

（14） 腐蚀性化学品（corrosive chemical）

能灼伤人体组织或对金属等物品造成损坏的化学品。与皮肤接触在 4 h 内出现可见坏死现象，或温度在 55 ℃时，对 20 号钢的表面均匀腐蚀率超过 6.25 mm/年。

（15） 刺激性化学品（irritant chemical）

浓度 ≤ 200 并 2 000 mg/m^3、对呼吸系统和眼结膜产生刺激作用的化学品。

4. 标签

（1） 种类

按 GB 6944 规定危险货物的类别和项别及有关定量值，确定标签的种类。一种标签对应于一个类别或一个项别。当一种化学品具有一种以上危险性时，标签应同主危险性保持一致，并综合表述次危险性。

（2） 表示

危险化学品标签用文字、图形符号和编码的组合形式表示该危险化学品所具有的危险性、安全使用的注意事项和防护的基本要求。

（3） 内容

①化学品或其主要危险组分的标识

（a） 名称用中文和英文分别标明危险化学品的通用名称。对于混合物，还应标出其主要的危险组分、浓度及规格。名称要求醒目清晰，居标签的正中上方。

（b） 分子式用元素符号表示危险化学品的分子结构式，居名称的下方。

（c） 编号选用联合国危险货物运输的编号和中国危险货物编号，分别用 UN No 和 CN No 表示。居标签右上方。

（d） 危险性标志

用危险性标志表示各类化学品的危险特性，每种化学品最多可选用三个标志第一和第二标志应与该物质的主危险性、次危险性相一致，第三个为刺激性与致敏性。标志位于标签的右上方图形符号如图 6.9 所示。

图 6.9　危险性标志符号

②提示词

根据化学品的危险程度，分别用"危险！""警告！""注意！"三个词进行提示。当某种化学品具有一种以上的危险性时，用危险性最大的提示词。提示词要求醒目、清晰。提示词位于化学名称下方，在提示词下面标出主要危险性。

③危险性说明

简要概述燃烧爆炸危险特性、毒性和对人体健康的危害性。说明应与危险标志表示的危险性相一致。

④急救

急救是指在操作处置或使用过程中，发生意外的危险化学品伤害时，在就医之前所采取的自救或互救的简单有效的救护措施。急救应针对毒物的侵人途径进行编写。

⑤防护

表述在危险化学品处置、搬运和使用等作业中所必须采取的最低防护要求,内容包括通风、个体防护和注意事项。如图6.10,图形符号分别表示各防护措施。

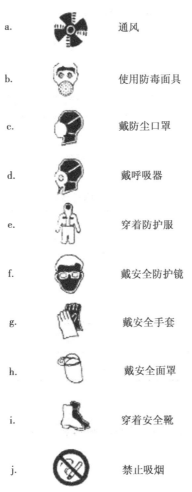

a.		通风
b.		使用防毒面具
c.		戴防尘口罩
d.		戴呼吸器
e.		穿着防护服
f.		戴安全防护镜
g.		戴安全手套
h.		戴安全面罩
i.		穿着安全靴
j.		禁止吸烟

图6.10 防护措施符号

根据具体化学品的危险特性,有针对性的选用相应的图形符号,置于标签的正中下方。

⑥着火和泄漏的应急处置

表述危险化学品在贮存、运输和使用中发生意外着火和泄漏事故时,所采取的灭火和泄漏控制的方法。

⑦贮运

指在危险化学品的分装、装卸、搬运和贮存等作业中，应遵守的基本注意事项。内容表述要求简明、扼要，重点突出。

⑧生产厂（公司）名称、地址、邮编和电话。

⑨标签种类和样例见附录 Y（补充件）、附录 Z（参考件）。

5. 标签的制作

（1）编写

标签正文应采用简捷、明了、易于理解的文字表述。在不同的标签中相同的文字和图形符号应表示相同的含义图形和文字的颜色应符 GB 6527.2 的要求。

（2）规格如表 6.10。

表 6.10　标签规格

容器或包装容积/L	标签大小/mm × mm
≤3	50 × 75
>3 ~ ≤50	75 × 100
>50 ~ ≤500	100 × 150
>500 ~ ≤1 000	150 × 200
>1 000	200 × 300

（3）印制

标签的印刷应清晰，所使用的印刷材料和胶粘材料应具有耐用性和防水性。

6. 标签的使用

（1）位置

标签应粘贴、挂拴（或印刷）在容器或包装的明显位置。

（2）粘贴、挂拴（或印刷）

①标签的粘贴、挂拴（或印刷）应牢固、结实，保证在运输、贮存期间不脱落。

②标签由生产厂（公司）在货物出厂前粘贴、挂拴（或印刷）。出厂后如改换包装，则由改换包装单位粘贴、挂拴（或印刷）标签。

③盛装危险化学品的容器或包装，在经过处理之后，方可撕下标签，否则不能撕下相应的标签。

第七章　包装材料试验方法

包装材料是指用于制造包装容器、包装装潢、包装印刷、包装运输等满足产品包装要求所使用的材料，它即包括金属、塑料、玻璃、陶瓷、纸、竹本、野生蘑类、天然纤维、化学纤维、复合材料等主要包装材料，又包括涂料、黏合剂、捆扎带、装潢、印刷材料等辅助材料，包装材料的性能直接决定着包装的可靠性，本章介绍了国标中包装材料试验的相关内容。

第一节　纸和纸板环压强度的测定

1. 范围

本标准规定了使用压缩试验仪测定纸和纸板环压强度的方法。

本标准适用于厚度 0.28～0.51 mm 制造纸箱和纸盒的纸和纸板，也可用于厚度低到 0.150 mm，1.000 mm 的纸和纸板，但表示试样的边压强度可靠性较差。

2. 引用标准

GB/T 450—89　纸和纸板试样的采取

GB/T 451.2—89　纸和纸板定量的测定法

GB/T 451.3—89　纸和纸板厚度的测定法

GB/T 10739—39　纸浆、纸和纸板试样处理和试验的标准大气

3. 术语

（1）环压强度

环形试样边缘受压直至压溃时所能承受的最大压缩力，以 kN/m 表示。

（2）环压强度指数

平均环压强度除以定量为环压强度指数，以 N·m/g 表示。

4. 仪器

（1）切样冲刀

可冲切尺寸精度达到本标准要求的专用冲刀。

（2）试样座

内径（49.30±0.005）mm，槽深（6.35±0.25）mm。圆形槽底与试样座底面平行度偏斜不大于0.01 mm。槽壁与槽底呈直角，夹角处不得有倒角与圆弧。为此，最好槽底和槽壁分两件加工再组装成一体。槽壁切线方向加工有宽度不大于1.25 mm的试样插缝。

试样座配有不同直径的内盘，使试样座插入内盘所产生的试样夹缝适应不同厚度的试样（见表7.1）。

表7.1 厚度与直径对照表 单位：mm

试样厚度	内盘直径
0.150～0.170	48.80±0.05
0.171～0.200	48.70±0.05
0.201～0.230	48.60±0.05
0.231～0.280	48.50±0.05
0.281～0.320	48，30±0.055
0.321～0.370	48.20±0.05
0.371～0.420	48.00±0.05
0.421～0.490	47.80±0.05
0.491～0.570	47.60±0.05
0.571～0.670	47.30±0.05
0.671～0.770	47.00±0.05
0.771～0.900	46.60±0.05
0.901～1.000	46.20±0.05

（3）压缩仪

①固定压板式电子压缩仪

仪器上装有尺寸不小于100 mm×100 mm的上下两压板，板面平直，并满足如下要求：

（a）两板间平行度偏差不大于1:2 000；

（b）两板的横向晃动量不超过0.05 mm。

试验时，压板由马达驱动压向另一压板，压板运行速度（12.5 ±
2.5）mm/min。仪器测力准确度为示值的1%。

②弯梁式压缩仪

对上下压板的要求与固定板式电子压缩仪相同，试验时上板压向下板的
速度为（12.5±2.5）mm/min，加荷速度为（110±23）N/s，仪器的适用
范围为弹簧板最大量程的20%~80%。仪器测力准确度为示值的1%。

使用该型仪器试验应在报告中注明，并不得用于仲裁试验。

（4）细线手套

5. 取样与处理

（1）按GB/T 450的规定取样，对试样按。GB/T10739的规定进行处理
并在该条件下进行试验。

（2）从处理后的纸样上严格按纵向切取长（152.0±0.2）mm，宽
（12.70±0.1）mm的试样。纵横向至少各切10片，切片边缘不许有毛边或
影响测定结果的其他缺陷。试样长边垂直于纵向的试样用以测定纵向环压强
度，试样长边平行于纵向的试样用以测定横向环压强度，试样两长边的平行
度误差不大于0.015 mm。

6 试验步骤

（1）试验中均需用戴手套的手接触试样。首先测定试样厚度，根据试
样厚度选择试样座的内盘。小心地把试样插入试样座，并确保插到底部。

（2）把试样座放在下压板中间位置，同时试样环开口朝向操作者。然
后开动仪器，使试样受压直至压簧。固定板电子式仪器直接读取压力值，精
确到1 N，弯梁式仪器读取弹簧板的最大变形量，精确至0.01 mm，然后从
弹簧板的应力—应变曲线上查出压溃试样所需的力，精确至1N。

（3）纵横每个方向至少重复测定10片试样，同时每个方向均5片试样
正面朝外，5片试样反面朝外弯成环形测试。

7. 结果计算

（1）分别计算纵横向力的平均值 F（N）。

（2）环压强度

按式（1）计算环压强度

$$R = \frac{F}{152} \tag{1}$$

式中：R——环压强度，kN/m；

    F——试样压溃时读取的压力值，N；

    152——试样长度，mm。

（3）环压强度指数

如需要可按式（2）计算环压强度指数，精确至 0.1 N.m/g。

$$R_d = \frac{1\,000R}{W} \tag{2}$$

式中：R_d——环压强度指数，N.m/g；

    R——环压强度，kN/m；

    W——定量，g/m^2。

8. 精密度

实验结果的精密度（见表 7.2）。

表 7.2　实验结果的精密表

试样		重复性	再现性
10 个试样的平均值	横向	6.6	32.0
20 个试样的平均值	纵向	3.6	17.8
	横向	4.6	16.0

9. 试验报告

试验报告包括下列内容：

（a）本国家标准号；

（b）所用温湿度处理条件；

（c）测试试样的标志和说明；

（d）所用的仪器类型；

（e）根据需要报告环压强度、环压强度指数和变异系数；

（f）与本标准任何偏离或可能的影响因素。

第二节 纸和纸板短距压缩强度的测定法

1. 范围

本标准规定了使用短距压缩试验仪测定纸和纸板纵横向压缩强度的方法。

本标准适用于制造纸箱和纸盒的纸和纸板，也适用于纸浆试验时由实验室制备的纸页。

本标准方法规定不能用于应变测定。

2. 引用标准

GB 450 纸和纸板试样的采取

GB 451.2 纸和纸板定量的测定法

GB 10739 纸浆、纸和纸板试样处理与试验的标准大气

3. 术语

（1）压缩强度

在压缩试验中，纸和纸板试样开始破坏时，在单位宽度上所承受的最大压缩力，以 kN/m 表示。

（2）压缩指数

指压缩强度除以定量，以（N·m/g）表示。

4. 原理

一条 15 mm 宽的试样夹在两个相距 0.7 mm 的夹具间压缩，直至破坏，测出最大压缩力，并计算出压缩强度。

5. 仪器

（1）压缩试验仪

试验仪（见图 7.1）有两个夹持 15 mm 宽试样片的夹具（见图 7.2），每一个夹具有一个固定的夹片和一个活动的夹片。夹真长 30 mm，具有一个高摩擦性的表面，夹具能以 2 300 N ± 500 N（表压 0.2 ~ 0.3 MPa）的夹持力将试样固定住，所设计的夹具在整个宽度上能牢固地夹住试样。

试样的两个侧面分别由两个固定夹片和两个活动夹片夹持住，两个固定夹片的夹样面在试样的同一侧面的同一平面上，而动夹片的夹样面在试样的

另一侧面的同一平面上，且应平行于固定夹片的夹样面。

试验开始时，夹具间的自由间距是（0.7±0.05）mm，试验开始之后，沿着试验纸条的长向，在自由间距两端，由一组试样夹向另一组试样夹以（3±1）mm/min的速度相对移动，直至把试样挤压破坏即停止，然后返回到起始的位置。

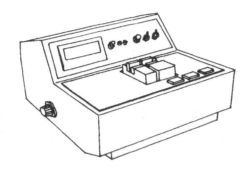

图 7.1　试验仪

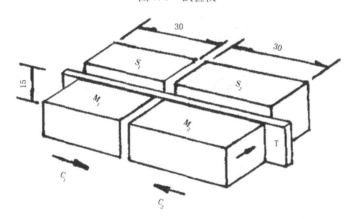

图 7.2　夹具

C—夹具移动的相对方向；S—固定夹片；M—移动夹片；T—试样

试验仪器附有一个测量和显示装置，以便当读数在 10% ～100% 全量程的有效范围内，测量最大压缩力的读数误差小于 ±1%。

试验仪器带有校准装置，用一个已知重量的砝码对测力传感器进行校对。

试验仪有一个显示夹持压力的装置。表压与夹持力对应关系如下表 7.3。

表 7.3　表压与夹持力对应关系

夹持压力表表压 MPa	试样夹持力 N
0.10	900
0.15	1 350
0.20	1 800
0.25	2 250
0.30	2 700

（2）切纸装置

用专用切纸刀具如图 7.3，切出的试样边应整齐且边缘光滑平行，应使切出的试样宽度为（15 ± 0.1）mm，长度为 75 mm，亦可使用能达到要求的其他切纸刀。

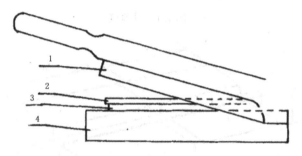

图 7.3　切纸装置

1—刀；2—限制板；3—试样；4—限制板底座

6. 仪器的校准

定期对实验仪器进行检查校准，在整个范围内，按均等间距去选择校对砝码进行检验，在全量程范围内的 10% ~ 100% 任一点偏差不能超过读数的 ±1%。

如果仪器不符合校准要求，要按照制造厂的说明书对仪器进行必要的调整。

7. 试样的采取和制备

（1）试样的采取按 GB 450 规定进行，并按 GB 10739 进行温湿度处理。

（2）试样片的制备应在与温湿度处理相同的标准大气条件下进行，从无损伤的纸样上切取 75 mm 长，（15 ± 0.1）mm 宽的纸条，纸条的长边与纸的纵向平行时，测出的为纵向压缩强度，纸条的长边与纸的横向平行时则为横向压缩强度。切取足够的试样片，应使每个方向测 10 条。但对匀度不好的纸和纸板，当测 10 条的变异系数大于 10% 时，则应测定 20 条。

8. 试验步骤

按规定要求选定夹持力，一般选用 0.25 MPa 的表压。将试样夹在试样夹的适当位置上，按下试样夹移动按钮，至试样挤压破坏后，读出指示的最大压缩力。

重复上述步骤，直至测完应测的试样。

9. 测试结果的计算

（1）结果表示

分别计算纵横向所得的结果，实验室手抄片没有方向区别。

（2）压缩强度

按式计（1）计算压缩强度

$$X = \frac{F}{15} \tag{1}$$

式中：X——压缩强度，kN/m；

F——最大压缩力，N；

15——试样宽度，mm。

报告平均压缩强度，X 精确至 0.01 kN/m。

（3）压缩指数

如需要，可按式（2）计算压缩指数，精确至 0.1N · m/g。

$$Y = \frac{1\,000X}{G_a} \tag{2}$$

式中：Y——压缩指数，（N.m）/g；

X——压缩强度，kN/m；

G_a——定量，g/m²。

10. 精密度

同一个试样的两个试验之间的变化，主要取决于纸的结构，以下的数值可以作为本方法精密度的参考。

（1）同一实验室的仪器之间一试验的重复性

一定数量的瓦楞原纸、箱纸板和卡纸板用并排四台不同的测试仪同时测定，测定结果（10 次测定的四个平均值）的变异系数一般小于 3%。

（2）不同实验室仪器之间一试验的再现性 10 个试验室间分别对定量为 112～180 g/m^2 的同种瓦楞原纸和定量为 125～400 g/m^2 的同种牛皮箱纸板进行测试，其变异系数在 3%～7% 之间。

11. 试验报告

试验报告包括下列内容：
（a）本国家标准编号；
（b）所用温湿处理条件；
（c）测试试样的标志和说明；
（d）所测纸条的方向；
（e）重复试验次数；
（f）平均结果和变异系数；
（g）压缩指数；
（h）与本标准规定程序的任何偏离或可能的影响试验结果的有关因素。

第三节 纸和纸板弯曲挺度的测定法

1. 范围

本标准适用干测定多种纸和纸板的弯曲挺度。

本标准不适用于测定时会产生分层的多层纸和纸板，有明显卷曲的纸和纸板，允其是卷曲轴在试样的长边，定量低于 1 g/m^2 的纸，也不适用于瓦楞纸板的测定。

2. 引用标准

GB 150 纸和纸板试样的采取

GB 151.2 纸和纸板定量的测定

GB 10739 纸浆、纸和纸板试样处理与试验的标准大气

3. 术语

（1）弯曲挺度

纸和纸板在弹性变形范围内受力弯曲时所产生的单位阻力矩，可用数学式表示，如式（1）。

$$S = \frac{E \cdot I}{b} \tag{1}$$

式中：E——弹性模量，即杨氏模量；

　　　I——横截面的第二面矩（即惯性矩），在该平面上通过面中心的轴
线与弯曲方向垂直；

　　　b——试样宽。

4. 取样及处理

（1）试样按 GB 150 的规定采取。

（2）试样按 GB 10739 规定处理，并在标准温湿条件下进行测定。

5. 仪器

（1）弯曲挺度采用如图7.4 所示的共振挺度仪进行测定。

①夹具系统

试样夹由两个平行的金属平板组成。这两个金属板可以调整到指定的间
隙和夹持力。可以使试样正好能从夹板间拖过，夹板的安装应使试样可以从
试样夹的两端伸出，夹板的小无关紧要，但夹板的宽应超过所测试样宽，一
般在 25～30 mm。

活动的下夹具其结构没有严格的规定，试样借助于下夹具可以从试样夹
具中拉进（有时需推出）。此夹具上还可以适当地连接一个测量仪，使得从
刻度上能直接读出试样的共振长度，其尺寸精度应读准至 0.1 mm。

②试样夹振动方法

试样夹在与纸面垂直的水平面上，以（25 ± 0.1）Hz 的频率，不大于
0.2 mm 的振幅振动。

③闪光测频灯

照射试样的顶部，与试样夹以同一频率、同一相位振动。通常只要能够
提供足够照度的灯亦可使用。

④放大镜

用来观察试样自由端的振动情况。

6. 试样的制备

从每个预定测量方向上至少切取 10 条试样，确保所切试样平整，没有
折子、皱纹及肉眼可见的其他缺陷。试样上如有水印，应在报告中说明。

纸张试样宽度为 15 mm，纸板试样宽度为 25 mm。

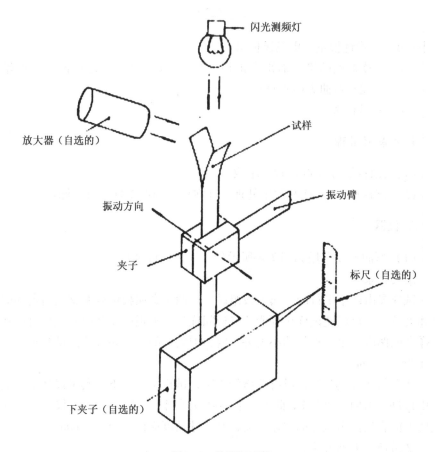

图 7.4　共振挺度仪

　　试样的长度应满足于共振时要求的长度和夹持的深度，以及在非共振区要有测试时用手拿取和与下夹具连接的长度，一般 250 mm 就足够了。

　　试样边应光滑，两个长边应平行，其平行度偏差应小于 0.1 mm。

7. 试验步骤

（1）共振长度

　　装上试样，使试样从上夹口伸出足够的长度，确保试样垂直于上夹口。调节夹持力，使试样恰好能从振动夹中向下拉出。

　　启动仪器，小心地用活动下夹具将试样从试样夹中拉出，直至试样的自由端开始振动达到最大振幅（共振时）为止。该点的特点是在灯的照射下，自由端可调的振动轮廓线清晰度最高。准确测量伸出试样夹口的试样长度。

测量方法有两种：

第一种是在夹口处小心地做上记号，从试样夹上取下试样，用游标卡尺或其他合适的量具测量其长度，共振长度测定值的误差必须在 ±0.25 mm 以内。

第二种方法是使用仪器上的测量刻度标尺直接读出共振长度，但必须要核实试样在测试过程中没有明显的增长，这样刻度值才与伸出夹口的试样长度保持一致。

如需要校验，可进一步缩短伸出长度的方法，使达到共振点时，振动只出现一个波幅，因为在两个波幅和一个波节处也可能出现共振，如图 7.5 所示。

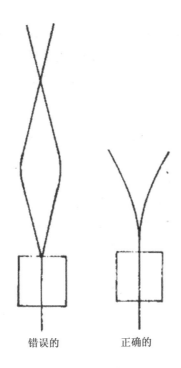

错误的　　　正确的

图 7.5　校验方法

在每个测定方向上按照上述方法测定 10 条试样。如果测量结果波动较大，则可以增加测量次数。

（2）定量测试

测定方法有两种：

①称取每条试样的质量，精确至 ±0.001 g，标在试样上，以便将其质量和相应的共振长度的面积或试样条的面积，计算其定量。

②按照 GB 451, 2 测定试样的平均定量。

（3）面积

与①条相对应，准确测量每一条试样的面积，标在试样上。

8. 结果表示

（1）每条试样的弯曲挺度 S，分别用式（2）计算，以 mN. m 表示。

$$S = 2L^4Q_A/10^9 \qquad\qquad (2)$$

式中：L——平均共振长度，mm；

Q_A——试样的平均定量，g/m^2。

用得到的各个值计算平均弯曲挺度，标准偏差或变异系数，取三位有效数字。

（2）若纸样的定量波动大，平均定量明显影响测试结果或者对测试精度要求较高时，可按人 7.2.1 条的方法测出试样条的定量，代入式（2）计算每个试样的弯曲挺度，然后计算平均弯曲挺度值。

9. 试验报告

试验报告应包括下列各项：

（a）本标准编号；

（b）试样的标志和说明；

（c）弯曲挺度的平均值与变异系数；

（d）必要时报告所测试样的宽度；

（e）任何偏离本标准的试验条件或操作。

第四节 纸和纸板油墨吸收性的测定法

1. 范围

本标准规定了纸和纸板油墨吸收性测定方法。

本标准适用于平版、凹版和凸版印刷用白色或近白色、涂布或未涂布纸和纸板。

2. 引用标准

GB 450 纸和纸板试样的采取

GB 10739 纸浆、纸和纸板试样处理与试验的标准大气

GB 1543 纸的不透明度测定法（纸背衬）

GB 7973 纸浆、纸及纸板漫反射因数测定法（漫射/垂直法）

3. 原理

通过测定纸和纸板在规定时间内标准面积上吸收非干性油墨后表面反射因数 Ry 的降低来表示油墨吸收性能。

4. 术语

（1）油墨吸收性纸和纸板在规定时间内吸收标准油墨的性能。以试样同一表面吸收油墨前后反射因数之差，除以该试样本来的反射因数即为油墨吸收值。

（2）油墨吸收时间从涂油墨开始到擦油墨擦完一半涂油墨面积时所需时间。

5. 仪器

（1）油墨吸收性试验仪（见图 7.6）

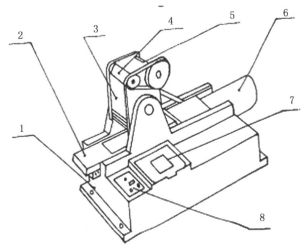

图 7.6　油墨吸收性试验仪

1—机座；2—擦墨台；3—扇形体；4—卷纸轴；5—纸卷架；

6—电机；7—涂墨压板；8—控制面板

仪器应设计成能在规定尺寸试样的（20±4）cm² 正方形或圆形面积上均匀地涂上一层厚约 0.1 mm 的吸收性油墨，并能用擦墨纸按规定的油墨吸收时间擦去未吸收的油墨，在试样上留下色调均匀一致的墨迹。试验仪还应配备有下述备品或配件：

　　（a）专用铁磁性油墨刮棒；

　　（b）油墨刮刀；

　　（c）标准吸收性油墨；

　　（d）擦墨纸。

　　注：可向天津造纸技术研究所订购。

　　（2）反射光度计

　　仪器几何条件和光谱特性应符合 GB 7973 或 GB 7973 有关规定。

　　（3）计时秒表：分辨率 0.1 s

6. 试样采取和制备

　　（1）按 GB 450 有关规定取样。

　　（2）在距平板纸和卷筒纸边缘 15 mm 以上的部位一次切取矩形（65 ±2）mm ×210 mm 足够数量的试样，确保被测面（单面使用的纸和纸板正面，双面使用的纸和纸板正、反面）有不少于 5 个的可用试片。试片长边为试验材料的纵向。各试片均应正面向上叠成一叠。每叠上、下各衬一张试片加以保护。

7. 试样通湿处理

　　按 GB 10739 有关规定对试样进行温湿处理。

8. 试验步骤

　　（1）各仪器按照出厂说明书要求进行检查，预热和校准。

　　（2）按 GB 1543 或 GB 7973 有关规定。用反射光度计测定试样表面涂吸收性油墨前的绿光反射因数 R_0，被测试片下应衬相同材料试片若干层至不透明。依次测试不得少于 5 张试片。

　　（3）在已知反射因数 R_1 的试片上用油墨吸收性试验仪涂吸收性油墨。

　　①取一张试片放在涂墨压板下。试片被测面向上，长边平行于仪器前后方向，沿长边方向的中心线应与涂墨压板开孔中心位置对正。

　　②将吸收性油墨搅拌均匀，取适量放在涂墨压板上，通过铁磁性专用油墨刮棒和压板开孔使油墨均匀分布在试片上，使之形成面积为 20 cm、厚度为 0.1 mm 的正方形或圆形油墨膜。

　　③用夹在仪器扇形体上的擦墨纸将未吸收的油墨擦掉，试片上留下 20 cm 的墨迹。自动擦墨操作应确保油墨吸收时间平均为 2 min。手动操作用

计时秒表计时。

注：油墨吸收时间可按需要选定，但必须在试验报告中注明。仲裁时必须用 2 min 油墨吸收时间。

④重复 8.3.1～8.3.3 步骤，依次制备不少于 5 张试片。

（4）为防止墨迹因外界环境影响发生变化，擦墨后即用反射光度计测定试片墨迹中心区域绿光反射因数 R1，操作及要求同 8.2。背衬材料为未涂墨相同材料的试片。依次测试不得少于 5 张试片。

9. 试验结果的表示

（1）按式（1）计算油墨吸收值。

$$油墨吸收值(\%)\frac{R_0 - R_1}{R_0} \times 100 + R_k \tag{1}$$

式中：R_0——涂油墨前试片表面绿光反射因数，%；

$\quad\quad R_1$——涂油墨后试片表面墨迹中心区域绿光反射因数，%；

$\quad\quad R_k$——油墨的修正系数，用以消除油墨区之间的差异该系数标在油墨
包装容器上，%。

（2）分别计算每个试片的油墨吸收值，然后算出 5 个结果的算术平均值。结果取至整数个位。

（3）计算结果的变异系数，精确到小数点后第二位。

10. 试验的精确度

用单独试验结果的重复性（变异系数）表示试验的精确度。对不同试样该方法的重复性如表7.3所示。

表7.3　不同试验方法重复性

项目 试样	油墨吸收值范围,%	重复性范围,%	平均重复性,%
新闻纸	42～53	0.33～4.99	2.39
凸版和胶印书刊纸	47～60	0.41～7.01	2.81
胶版印刷纸	36～65	0.47～6.71	2.50
胶版印刷涂布纸	16～43	1.90～17.10	6.21
铸涂纸板	12～40	0.39～14.60	4.45

11. 试验报告

试验报告应包括下列内容：
（a）本国家标准编号；
（b）试样标志和说明；
（c）试验日期和地点；
（d）试验的大气条件；
（e）试样油墨吸收平均值和变异系数；
（f）偏离本标准的任何操作。

第五节 纸和纸板抗张强度的测定

1. 范围

本标准规定了使用 100 mm/min 恒定拉伸速度的试验仪器测定抗张强度、断裂时伸长率、抗张能量吸收和抗张挺度的方法，并规定了抗张指数、抗张能量吸收指数、抗张挺度指数和弹性模量的计算公式。

与其他抗张强度性能相比，抗张挺度对伸长量的测定准确度要求更高。如果使用较低的准确度进行伸长量的测定，得到的抗张挺度值将与本标准不一致。

本标准适用于所有纸和纸板，包括高伸长率的纸，如皱纹纸和伸性纸袋纸。

本标准不适用于低密度的纸，如卫生纸及其制品。

2. 规范性引用文件

下列文件中的条款通过本标准的引用而成为本标准的条款。凡是注日期的引用文件，其随后所有的修改单（不包括勘误的内容）或修订版均不适用于本标准，然而，鼓励根据本标准达成协议的各方研究是否可使用这些文件的最新版本。凡是不注日期的引用文件，其最新版本适用于本标准。

GB/T 450 纸和纸板试样的采取及试样纵横向、正反面的测定

GB/T 451.2 纸和纸板定量的测定

GB/T 451.3 纸和纸板厚度的测定

GB/T 10739 纸、纸板和纸浆试样处理和试验的标准大气条件

3. 术语和定义

下列术语和定义适用于本标准。

（1）抗张强度

在本标准试验方法规定的条件下，单位宽度的纸和纸板断裂前所能承受的最大张力。

（2）抗张指数

抗张强度除以定量。

（3）伸长量

试样长度的增加量。

（4）伸长率

试样的伸长量与初始试验长度的比值。

注：试样的初始试验长度与两夹持线间的初始距离相同。

（5）断裂时伸长率

最大抗张力下的伸长率。

（6）抗张能量吸收

将单位表面积（试验长度×宽度）的试样拉伸至最大抗张力时所吸牧的能量。

（7）抗张能量吸收指数

抗张能量吸收除以定量。

（8）抗张挺度

单位宽度的抗张力与伸长率之间关系曲线的最大斜率。

（9）抗张挺度指数

抗张挺度除以定量。

（10）弹性模量

抗张挺度除以厚度。

4. 原理

使用试验仪以恒定的拉伸速度将规定尺寸的试样拉伸至断裂，自动记录抗张力和伸长量。从记录下的数据可以计算出抗张强度、断裂时伸长率、抗张能量吸收和抗张挺度。

5. 仪器

（1）抗张试验仪

①包括抗张力测定装置（比如传感器）、伸长量测定装置及抗张力—伸长量曲线与伸长量坐标轴之间面积的计算装置。试验仪设计为以（100 ± 10）mm/min 的恒定拉伸速度拉伸试样，并记录抗张力和伸长量。

注：由于传感器和试验仪的变形，实际的拉伸速度会小于动夹头的移动速度，然而，该速度的差异对抗张强度值的影响通常可以忽略不计。

②试验仪应具有两个用于夹持试样的夹头。每个夹头应设计为能在试样全宽上以一条直线（夹持线）牢固地夹持住试样且不损坏试样，并具有夹持力的调节装置。

注：夹持线是用一个圆柱面与一个平面或者两个轴线互相平行的圆柱面夹持试样得到的接触区域。对某些等级的纸，也许不适合使用线接触的夹头，可能应采用其他类型的夹持表面。可以使用其他类型的夹头，但试验过程中试样不应有滑动或损伤。

③试样被夹持后，两条夹持线应互相平行，其夹角不超过 1°（见图 7.7）。试验过程中，两夹持线在试样平面上的夹角变化应不超过 0.5°试样中心线应与夹持线垂直，偏差应不超过 1°。

④如果怀疑试样滑移，则应进行改变夹持力的试验。如果夹持力影响到断裂时伸长率，意味着试样可能在夹头中产生了滑移。如果断裂时伸长率与夹持力无关，则说明试样在夹头内没有滑移。

⑤在试样的长边方向，施加的张力应与试样的中心线平行，夹角应不大于 1°。两夹持线间的距离（试验长度）应为（100 ± 0.5）mm。

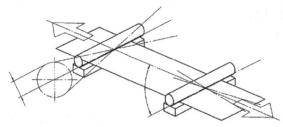

图 7.7　试样被夹持效果图

⑥试验仪的抗张力和伸长量的记录准确度应符合表 7.4 规定。

表 7.4　抗张力和伸长量的记录准确度

参数	伸长量	抗张力
抗张强度	—	对真实力值的准确度 ±1.0%
断裂时伸长率	准确度 ± 0.1 mm	—
抗张能量吸收	准确度 ± 0.1 mm	对真实力值的准确度 ±1.0%
抗张挺度	在 0 ~ 1 mm 范围内，准确度 ± 0.01 mm	对真实力值的准确度 ±1.0%

⑦伸长量由两夹头距离的变化计算得出，或者使用变形量测定装置得到。

注：如果伸长量是通过动夹头的移动距离计算得到的，应考虑传感器和试验仪的变形，并予以调整。

（2）取样装置

切取规定尺寸的试样（见图 7.3）。

6. 试验仪的调节和校准

（1）试验仪应根据制造商的使用说明书进行校准，确保符合表 7.4 的规定。

（2）正确设定夹头位置，使试验距离为（100 ± 0.5）mm。在夹头内夹持一条薄的铝箔，测量两夹持压痕之间的距离，以此检查试验长度。

（3）调节试验速度至（100 ± 10）mm/min。调节夹持压力，使试样既无滑移又无损伤。

7. 试样的制备

（1）取样

如果试验用于评价一批产品的性能，应按照 GB/T 450 规定进行取样。如果用其他方法取样，应确保试样具有代表性。

（2）温湿处理

按 GB/T 10739 规定对试样进行温湿处理，并在试验过程中保持相同的温湿环境条件。

与其他物理试验相似，本试验对试样水分的变化非常敏感。应小心拿取试样，避免用裸手接触试样的试验区域。试样应远离可能引起其水分变化的湿气、热源及其他影响因素。

（3）试样制备

①如需测定抗张指数、抗张挺度指数或抗张能量吸收指数，应按 GB/T

451.2 规定测定试样定量。如需测定弹性模量,应按 GB/T 451.2 规定测定试样厚度。

②从无损伤的样品上,切取宽度为 (15 ± 0.1) mm,长度足够夹持在两夹头之间的试样。应避免用裸手接触试样的试验区域,试验区域内不应有水印、折痕和皱褶。应确保试样在被测样本中具有代表性。试样的两长边应平直,在整个夹持长度内其平行度应不超过 ±0.1 mm。切口应整洁、无损伤。切取足够数量的试样,使要求的每个方向(纵向或横向)至少可进行 10 次试验。

注:若所得的试样能满足以上要求,且与一次一个切出的试样得到相同的结果,则可以一次同时切取几个试样。

③允许使用 (25 ± 0.1) mm 或 (50 ± 0.1) mm 的试验宽度,但应在试验报告中注明。

8 试验步骤

(1) 确保试验仪已按第 6 章要求进行校准。将试样放入夹头内,轻轻拉直试样以排除任何可见的松弛。避免用手指接触到两夹头之间的试验区域。牢固夹持试样并进行试验。

(2) 在要求的每个方向(纵向或横向)各进行至少 10 次试验。舍去所有在距夹持线 2 mm 范围内断裂的试样的试验数据。

注:如果超过 20% 的试样在距夹持线 2 mm 范围内断裂,检查试验仪是否符合规定并采取适当的补救措施。如果试验仪与 5.1 的规定相一致,则接受该结果。否则,舍弃该特定试样的所有试验数据。

9. 计算和报告

(1) 概述

对试样纵向和横向分别计算并报告试验结果。

为区分报告的结果,使用下标 MD 和 CD 分别表示试样的纵向和横向。例如:σ_T^W, MD 用于纵向抗张指数,σ_T^W, CD 用于横向抗张指数,σ_T^W, GM 用于抗张指数几何平均值。

典型的抗张力—伸长量曲线如图 7.8 所示。

(2) 抗张强度

测定每个试样的最大抗张力,计算最大抗张力的平均值,按式 (1) 计算抗张强度。

$$\sigma_T^b \quad \overline{\frac{F_T}{b}} \tag{1}$$

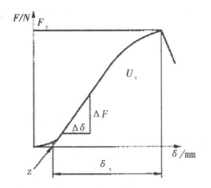

F——抗张力，单位为牛顿(N)；

δ——伸长量，单位为毫米(mm)；

z——曲线最大斜率处的切线与伸长量轴线的交点；

F_τ——最大抗张力，单位为牛顿（N）；

δ_τ——断裂时伸长量，单位为毫米（mm）；

U_τ——抗张力-伸长量曲线下方的面积，单位为毫焦尔（mJ）。

其余符号见式（6）。

图7.8 抗张力——伸长量曲线

式中：σ_T^b——抗张强度，单位为千牛顿每米（kN/m）；

$\overline{F_T}$——最大抗张力的平均值，单位为牛顿（N）；

b——试样宽度，单位为毫米（mm），（通常为15 mm）。

最大抗张强度，保留三位有效数字。

（3）抗张指数

按式（2）计算抗张指数：

$$\sigma_T^W = \frac{1\,000\sigma_T^b}{\omega} \tag{2}$$

式中：σ_T^W——抗张强度，单位为千牛顿每米（kN.m/kg）；

σ_T^b——抗张强度，单位为千牛顿每米（kN/m）；

ω——试样定量，单位为克每平方米（g/m²）。

报告抗张指数，保留三位有效数字。

（4）断裂时伸长率

所有伸长量的值应从点 z，即曲线最大斜率处的切线与伸长量轴线的交点（见图7.9）开始计算。

在抗张力—伸长量曲线上测定从点 z 到最大抗张力处对应的伸长量（见图7.9），得到每个试样的断裂。

时伸长量。计算断裂时伸长量的平均值，并按式（3）计算断裂时伸长率

$$\varepsilon_T = \frac{100\,\overline{\delta_T}}{l} \tag{3}$$

式中：ε_T——断裂伸长率（伸长量对初始实验长度的百分率），%；

　　　δ_T——断裂时伸长量的平均值，单位为毫米（mm）；

　　　l——试样初始实验长度，单位为毫米（mm）（100 mm）。

如果伸长量的测定准确度较高，则用两位小数报告断裂时伸长率；如果伸长量的测定准确度较低，则用一位小数报告断裂时伸长率。

（5）抗张能量吸收

对每个试样，测定从点 z 到最大抗张力对应的点之间抗张力—伸长量曲线下方的面积（见图 7.9）。计算面积的平均值，并按式（4）计算抗张能量吸收：

$$W_T^b = \frac{1\,000\,\overline{U_T}}{bl} \tag{4}$$

式中：W_T^b——抗张能量吸收（TEA），单位为焦耳每平方米（J/m²）；

　　　$\overline{U_T}$——抗张力—伸长量曲线下方面积的平均值，单位为毫焦耳（mJ）；

　　　b——试样的初始宽度，单位为毫米（mm）（通常为 15 mm）；

　　　l——试样的初始实验宽度，单位为毫米（mm）（100 mm）。

报告抗张能量吸收，保留三位有效数字。

（6）抗张能量吸收指数

按式（5）计算抗张能量吸收指数：

$$W_T^W = \frac{1\,000\,W_T^b}{\omega} \tag{5}$$

式中：W_T^W——抗张能量吸收指数，单位为焦耳每克（J/g）；

　　　W_T^b——抗张能量吸收，单位为焦耳每平方米（J/m²）；

　　　ω——试样定量，单位为克每平方米（g/m²）。

报告抗张能量吸收指数，保留三位有效数字。

（7）抗张挺度

借助于计算机，对每个试样，通过对大量抗张力和伸长量数值进行适当的线性回归分析，求出抗张力—伸长量曲线的最大斜率（见图 7.9）。

按式（6）计算抗张力—伸长量曲线的最大斜率：

$$S_{\max} = \left(\frac{\Delta F}{\Delta \delta}\right)\max \qquad (6)$$

式中：S——抗张力—伸长量曲线的最大斜率，单位为牛顿每毫米（N/mm）；

ΔF——抗张力增量，单位为牛顿（N）；

$\Delta \delta$——伸长量增量，单位为毫米（mm）。

伸长量 $\Delta \delta$ 选择 0.1 mm。线性回归分析应包括至少 10 组张力伸长量数值。

伸长量最大斜率的平均值 $S_{\max}$，并按式（7）计算抗张强度

$$E^b = \frac{\overline{S_{\max}}l}{b} \qquad (7)$$

式中：E^b——抗张挺度，单位为千牛顿每米（kN/m）；

$\overline{S_{\max}}$——最大斜率的平均值，单位为牛顿每毫米（N/mm）；

b——试样的初始宽度，单位为毫米（mm）（通常为 15 mm）；

l——试样的初始实验宽度，单位为毫米（mm）（100 mm）。

计算并报告抗张挺度，保留三位有效数字。

注：由于纸张平面的拉伸和压缩挺度相同，式（7）中省略了下标 T。

（8）抗张挺度指数

按式（8）计算抗张挺度指数

$$E^W = \frac{E^b}{\omega} \qquad (8)$$

式中：E^W——抗张挺度指数，单位为千牛顿米每千克（kN.m/kg）；

E^b——抗张挺度，单位为千牛顿每米（kN/m）；

ω——试样定量，单位为克每平方米（g/m²）。

报告抗张挺度指数，保留三位有效数字。

（9）弹性模量

按式（9）计算弹性模量：

$$E = \frac{E^b}{t} \qquad (9)$$

式中：E——弹性模量，单位为兆帕（MPa）；

E^b——抗张挺度，单位为千牛顿每米（kN/m）；

t——试样厚度，单位为毫米（mm）。

报告弹性模量，保留三位有效数字。

10. 精确度

（1）重复性

在标准实验室条件下，对取自同一样品的试样进行重复试验。随纸张等

级不同，抗张强度和抗张挺度试验结果的变异系数约为 3% ~ 5% ，抗张能量吸收的变异系数约为 5% ~ 10% 。

（2）再现性

北欧纸浆、纸和纸板试验委员会内部的 7 个实验室对相同的纸和纸板试样进行试验。抗张挺度按公式（7）计算。再现性如表 7.5 所示。

表 7.5　实验室间不同纸张等级的抗张性能和变异系数

（试验长度：**100 mm**，拉伸速度：**100 mm/min**）

试样种类	抗张强度		断裂时伸长率		抗张能量吸收		抗张挺度	
	kN/m	CV/%	%	CV/%	J/m²	CV/%	kN/m	CV/%
新闻纸，MD	2.62	1.9	1.1	8.1	16.4	1.3	395	10.2
新闻纸，CD	1.09	3.3	1.9	8.7	12.8	1.8	152	17.0
纸袋纸，MD	8.34	4.3	2.4	6.4	131	8.5	888	6.0
纸袋纸，CD	4.88	1.9	6.9	1.9	231	3.5	422	14.2
单一纸板，MD	19.3	1.7	1.7	9.3	212	8.8	2 311	6.0
单一纸板，CD	6.69	1.2	5.7	4.2	279	3.7	730	1.4
复合纸板，MD	19.3	1.7	2.1	5.3	262	5.2	1 948	6.0
复合纸板，CD	7.27	2.2	5.1	3.0	264	4.7	632	7.7

注：CV——变异系数；

　　MD——纵向；

　　CD——横向。

11. 试验报告

试验报告应包括以下项目：

（a）本国家标准编号；

（b）试验的日期和地点；

（c）用于准确鉴别试样的全部信息；

（d）所用的温湿处理条件；

（e）试样方向；

（f）使用夹头的类型；

（g）如测定抗张挺度，在 0 ~ 1 mm 范围内伸长量的记录准确度

（h）第 9 章中规定的试验结果；

（i）如试样宽度不是 15 mm，报告试样宽度；

（j）试验结果的变异系数；

（k）偏离本标准并可能影响试验结果的任何情况。

第六节　纸和纸板吸水性的测定法

1. 范围

本标准规定了用可勃（cobb）吸水性测定仪测定纸和纸板表面吸水能力（可勃值）的方法。

本标准适用于测定施胶纸和纸板表面的吸水性。

本标准不适用于定量低于 $50~g/m^2$，施胶度较低或有较多针孔的原纸和压花纸；不适用于未施胶的纸和纸板；不适用于准确评价纸和纸板的书写性能。

2. 引用标准

下列标准所包含的条文，通过在本标准中引用而构成为本标准的条文。本标准出版时，所示版本均为有效。所有标准都会被修订，使用本标准的各方应探讨使用下列标准最新版本的可能性。

GB/T 450—2002 纸和纸板试样的采取

GB/T 461.1—2002 纸和纸板毛细吸液高度的测定（克列姆法）

GB/T 10739—2002 纸、纸板和纸浆试样处理和试验的标准大气条件

3. 定义

本标准采用下列定义。

（1）可勃值

在一定条件下，在规定的时间内，单位面积纸和纸板表面所吸收的水的质量，以克/平方米表示。

（2）吸水时间

从水与试样刚开始接触到吸水结束时的时间。该时间可根据纸和纸板的不同吸水能力来选择，并应符合 7.2.1.3 中表 7.6 的规定，必要时可适当缩短或延长该时间。

4. 原理

试验前称量试样，当试样的一面与水接触达到规定时间后，吸干试样上的多余水分，并立即称量。以单位面积试样增加的质量来表示结果，单位为克每平方米。

5. 仪器和试剂

（1）可勃吸收性试验仪

主要有两种，一种是翻转式，另一种是平压式，可使用这两种中的任何一种仪器。这两种仪器均应符合下列要求。

（a）金属圆筒为圆柱体，其内截面积一般为（100 ±0.2）cm²，相应内径为（112.8 ±0.2）mm。若用小面积的圆筒，建议面积应不小于 50 cm²，此时应相应减少水的体积，以保证 10 mm 的水液高度。圆筒高度为 50 mm，圆筒环面与试样接触的部分应平滑，并有足够的圆度，以防圆筒边缘损坏试样；

（b）为防止水的渗漏，翻转式的圆筒盖子上和平压式的底座上应加一层有弹性但不吸水的胶垫或垫圈；

（c）金属压辊的辊宽应为（200 ±0.5）mm，质量应为（10 ±0.5）kg，表面应平滑。

（2）水

试验应使用蒸馏水或去离子水，试验过程中水的温度应与环境温度相一致，即（23 ±1）℃。

（3）吸水纸

吸水纸的定量应为 200 ~ 250 g/m²，其毛细吸收高度按 GB/T 461.1 测定应不小于 75 mm/10 min，当吸水纸的单层定量小于 200 g/m² 时可多层叠加，以满足上述要求。吸水纸只要能保证其吸水性，可重复使用。

（4）天平

准确度应为 0.001 g，量程应适用于称量试样。

（5）秒表

可读准至 1 s。

（6）量筒

规格为 100 mL。

6. 试样的采用、处理和制备

（1）试样的采取

按 GB/T 450 采取样品。

（2）试样的处理

按 GB/T 10739 进行温湿处理。

（3）试样的制备

按处理后的样品切成（125 ±5）mm 见方或 φ（125 ±5）mm 圆形的试

样 10 张（正反面各 5 张）。对于测试面积小的仪器，试样尺寸应略大于圆筒外径。以避免试样过小造成漏水，也应避免试样过大而影响操作。

7. 实验方法

（1）实验环境

实验应在 GB/T 10739 规定的大气条件下进行。

（2）实验步骤

①翻转式

（a）在放置试样前，应保持与试样接触的圆筒环面、胶垫是干燥的，同时手不应接触到测试区。

（b）用量筒量取 100 mL 水倒入圆筒中，然后将已称好质量的试样放置于圆筒的环形面上。且测试面向下。将压盖盖在试样上并夹紧，使之与圆筒固定在一起。

（c）当测试时间确定后。移去剩余水的时间和完成吸水的时间成符合表 7.6 的规定。

表 7.6　测试时间规格

测试时间 s	记号	移去剩余水的时间 s	完成吸水的时间 s
30	Cobb30	20 ± 1	30 ± 1
60	Cobb60	45 ± 2	60 ± 2
120	Cobb120	105 ± 2	120 ± 2
300	Cobb300	285 ± 2	300 ± 2

（d）将圆筒翻转 180°，同时打开秒表计时。在吸水结束前 10 ~ 15 s，将圆筒翻正，松开压盖夹紧装置，取下试样。注意每测试 5 次后，应更换测试用水，以免影响测试结果。

（e）在到达规定吸水时间的瞬间，把已从圆筒上取下的试样，吸水面朝下地放在预先铺好的吸水纸上。再在试样上面放上一张吸水纸，然后立即用金属压辊不加其他压力地在 4 s 内往返辊压一次，将试样表面剩余的水吸干。

（f）将试样快速取出，吸水面向里对折，然后再对折一次后称量，准确至 0.001 g。对于厚纸板，试样可能不易折叠，在此情况下应尽快进行第二次称量。

②平压式

（a）在放置试样前，应保证与试样接触的圆筒环面、胶垫是干燥的，同时手不应接触到测试区。

（b）将已称好质量的试样放置于圆筒与底座胶垫之间并夹好，测试面应向上。

（c）试样的吸水时间同。

（d）用量筒量取 100 mL 水倒入圆筒中，同时打开秒表计时。在吸水结束前 10~15 s，应将水倒掉，并取出试样，使其吸水面朝上平稳地放在预先铺好的吸水纸上。

（e）在到达规定吸水时间的瞬间，将一张吸水纸直接放在试样上。然后立即用金属压辊不加其他压力地在 4 s 内往返辊压一次，将试样表面剩余的水吸干。

（f）将试样快速取出，吸水面向里对折，然后再对折一次后称量，准确至 0.001 g。对于厚纸板，试样可能不易折叠，在此情况下应尽快进行第二次称量。

（3）试片的舍弃

①对于用吸水纸吸水后，表面仍有过量水的试样应舍弃。同时应检查该现象是否是由吸水纸不符合要求引起的。

②当被夹区域的周围出现渗漏或非测试区域接触到水时，应舍弃该试样。

8. 结果和计算

（1）每个试样的可勃值应根据式（1）计算，以克/平方米表示，精确至一位小数。

$$C = (m_2 - m_1) \times 100 \tag{1}$$

式中：C——可勃值，g/m^2；

m_2——吸水后称出的试样质量，g；

m_1——吸水前称出的试样质量，g。

（2）分别计算正反面各 5 个试样可勃值的平均值，作为该样品正反面的测试结果；若不分正反面，则应算出两面可勃值的平均值，作为该样品的测试结果。

9. 测试报告

测试报告应包括以下项目。

（a）本标准号；

（b）样品编号；

（c）测试的大气条件；

（d）测试所用的吸水时间和水温；

（e）测试所得结果的平均值、最大值、最小值、标准偏差和变异系数；

（f）舍弃试样数及舍弃理由；

（g）测试日期和地点；

（h）任何不符合本标准规定的操作。

第七节　纸和纸板静态弯曲挺度的测定通用原理

1. 范围

本标准规定了各种纸和纸板的静态弯曲挺度测定方法所应遵循的通用原理。本标准适用于各种纸和纸板的静态弯曲挺度测定，

2. 规范性引用文件

下列文件中的条款通过本标准的引用而成为本标准的条款。凡是注日期的引用文件，其随后所有的修改单（不包括勘误的内容）或修订版均不适用于本标准，然而，鼓励根据本标准达成协议的各方研究是否可使用这些文件的最新版本。凡是不注日期的引用文件，其最新版本适用于本标准。

GB/T 450 纸和纸板　试样的采取及试样纵横向、正反面的测定

GB/T 451.3 纸和纸板厚度的测定

GB/T 10739 纸、纸板和纸浆试样处理和试验的标准大气条件

3. 术语和定义、代号

下列术语和定义，代号适用于本标准。

（1）弯曲挺度在弹性限度内，纸或纸板弯曲时单位宽度的阻力弯矩。数学定义式（2）为

$$阻力弯矩 = \frac{El}{b}$$

式中：E——弹性模量，即杨氏模量；

　l——横截面对中性轴的惯性矩；

　b——横截面的宽度。

注：需要注意的是，在多层结构情况下，这一定义尚不够准确，但对于本标准的应用而言，这一定义足以满足测定要求。

4. 原理

材料的弯曲挺度同材料相应方向的弹性模量（E）与其惯性矩（l）的

乘积成正比。实际上，弯曲挺度更容易通过测定垂直作用于试样表面的单位宽度的力与该力引起的线性变形的比值得到。常用的有三种不同的加荷方法，图 7.10 至图 7.12 是这些方法的图解。两点加荷法适用于定量较低的材料，三点和四点加荷法则被推荐用于定量较高的材料。

对于极易弯曲的纸，应将试样平面直立进行试验。

（1）两点加荷

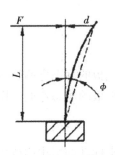

图 7.10　两点加荷图解

通过移动弯曲测头向试样施加作用力。

L——试验长度（弯曲长度），即试样夹顶端与弯曲测头间的距离；

P——通过弯曲测头施加到试样上的弯曲力；

d——试样挠度，即弯曲测头的位移；

φ——弯曲角，$\varphi = \arctan (d/l)$。

（2）三点加荷

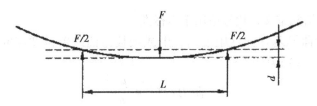

图 7.11　三点加荷图解

通过两支撑点与位于其中简的弯曲测头的相对移动施加作用力，

L——两支撑点间的距离；

F——测头测得的垂直作用于试样的弯曲力；

d——两支撑点中间的试样挠度。

（3）四点加荷

通过外侧的一对支撑点相对于内侧的一对支撑点移动施加作用力。

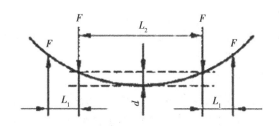

图 7.12　四点加荷图解

L_1——每一外侧支撑点与其邻近的一个内侧支撑点间的距离；

L_2——两个内侧支撑点间的距离；

F——每一支撑点处未弯曲试样法线方向的力（对多数仪器，测得的力为 $2F$）；

d——位于内侧支撑点中间的试样挠度，通过两内侧支撑点与试样接触点的连线进行测定。

5. 仪器

符合本标准的任何仪器都应满足以下规定。

注：仪器可由专门设计的弯曲挺度测定装置构成，也可由适合与抗张试验仪或压缩试验仪配合使用的辅助机构或支撑架构成。

推荐使用可以连续记录作用力－挠度曲线的仪器。在某些两点加荷的仪器中，测定的是弯曲角而不是试样挠度，或者使用恒定的弯曲角。在某些两点加荷的仪器中，测定的是弯曲力矩（$M = FL$），而不是弯曲力（F）。

（1）弯曲力的测定

弯曲力的测定应准确至读数值的 ±2%。

（2）挠度的测定

挠度的测定应准确至 ±2%，并应排除施力装置变形的影响。

若挠度指示装置与施力装置分离，则挠度指示装置给试样的附加弯曲力应不超过总弯曲力的 1%。

（3）试验长度的测定

试验长度 L、L_1 和 L_2 应准确至 ±1% 或更高，因为这一尺寸在结果计算中表现为三次方。

（4）弯曲力的施加速度

弯曲力的施加速度（加荷速度）在试验过程中的变化应不超过其最大值的 25%。

（5）试样夹

使用两点加荷法时，试样夹应在试样全宽度上垂直于试样长度的方向牢固夹紧试样，但不应过度压缩试样。

（6）试样支撑物和测头

支撑物和测头最好在试样全宽上给出有效的线接触，并应垂直于试样。与试样接触的表面应呈圆形，其半径略小于试验过程中试样的最小曲率半径。使用这种支撑物，其接触面的曲率半径应使试样在试验过程中的长度变化不超过其未弯曲时长度的 1%。

注：有些仪器的弯曲测头不与试样的全宽相接触。

6. 仪器使用的限制条件

挺度测定应在材料的加荷—伸长曲线为线性关系的限制条件下进行。在提供作用力–挠度关系曲线的仪器中，可用曲线的初始斜率作为结果计算时的 F/d 项。无论是设定力值下的挠度测定还是设定挠度下的力值测定，都应注意不能超出线性限度。以下限度值是根据线性关系存在于 0.2% 应变以内的假说进行计算的。最大允许挠度 d 的极限值直接与这个极限应变值成正比例，因此对已知不同值的材料易于进行调整。

（a）两点加荷

$$d_a = \frac{1.31^2}{t} ; \emptyset_a = \frac{76L}{t} \tag{3}$$

（b）三点加荷

$$d_a = \frac{0.33L^2}{t} \tag{4}$$

（c）四点加荷

$$d_a = \frac{0.5L^2}{t} \tag{5}$$

式中：d_a——最大允许挠度，单位为毫米（mm）；

L——试验长度，单位为毫米（mm）；

t——试样厚度，单位为微米（μm）；

$\emptyset_a$——最大允许弯曲角，单位为度（°）。

在两点和三点加荷情况下，还应考虑以下两项限制条件，即：

（a）计算结果时使用的纯弯曲理论，假设试样上所有点的挠度对该点到中性轴距离的一阶导数为零。严格讲这是不确切的，为确保误差小于 5%，应采用以下约束条件：

两点加荷：d_a 不大于 $0.132L$；$\emptyset_a$ 不大于 $7.5°$

三点加荷：d_a 不大于 $0.067L$

（b）试样剪切的影响可使纯弯曲理论失效。对于两点和三点加荷法，为使这一影响带来的误差保持在 5% 以下，弯曲长度应至少为试样厚度 t 的 40 倍。

在具体的试验方法标准中，应包括对挠度极限值、弯曲速度和试样尺寸的进一步规定。

7. 取样

按 GB/T 450 规定采取试样。

8. 温湿处理

按 GB/T 10739 规定对试样进行温湿处理。

9. 试样制备

（1）在与试样温湿处理相同的标准大气条件下制备试样。

（2）按第 6 章规定，从选定的样品中随机抽取样品制备试样。试样的试验区域应无皱折、可见的裂口或水印，试样应不包括距纸页或卷筒边缘 15 mm 以内的任何部分。如果试验需要包括水印，应在试验报告中注明。

（3）一次切取一张试样。试样边缘应平直、平行，切口应整齐并无损伤。试样上应加标记，以指示试验方向和试验表面。

（4）在试样制备和以后的拿取过程中，应格外小心，避免损伤试样。当尺寸 L 为纵向时，测定的是纵向挺度。每一方向应至少裁切 10 个试样。

10. 试验方法

（1）概述

使用的试验方法在一定程度上取决于试验仪器的设计，以及在试验中是否获得力和挠度的连续记录。试验应在与试样温湿处理相同的标准大气条件下进行。用符合 GB/T 451.3 规定的仪器测定试样厚度。

应确保试验结果不受试样卷曲的影响，尤其当试样卷曲的轴线在拟测定挺度的方向时，更是如此。

注：当仪器的调整不足以补偿试样的卷曲，而又没有适用的平直试样时，有时仍然需要以降低准确度为代价获得挺度试验结果。在这种情况下，最好在试样裁切和温湿处理之前，将卷曲纸页的外面靠在一平滑的边缘上，

轻轻拉直试样．这样的操作将导致挺度值降低，如果已进行这一步骤，应在试验报告中说明。

（2）两点加荷

选择最适宜的试验长度（弯曲长度），并相应调节仪器。

夹好试样并调节仪器，使弯曲测头恰好与试样接触。此时应没有弯曲力。

（3）三点加荷

选择最适宜的试验长度，并相应调节仪器。

将试样放置在支撑点上，调节仪器，使固定的测头恰好与试样接触。此时应没有弯曲力。

（4）四点加荷

选择最适宜的试验长度，并相应调节仪器。支撑点通常安排为使 $2L_1$ 与 L_2 大致相等。

试样放在下面的一对支撑点上，尽可能调节上面（里面）的一对支撑点使之恰好与试样接触。此时应没有弯曲力。

（5）所有方法

如果仪器具有连续记录力和挠度的装置，则应进行试验直至明显偏离这两个参数间的线性关系。如果没有适用的记录装置，则应进行试验直至获得所需力或挠度值，并记录最终的力和挠度。

以材料的每一面作为弯曲的外表面，分别进行 5 次试验，并分别记录试验结果。如果各面的平均值间具有明显差别，则应分别报告每一面的平均值及变异系数。

校核试验结果，确保不超过第 6 章规定的极限挠度、试验长度和弹性限度。

实际上，挠度的值应为试样在其自重下产生的挠度与试验中产生的挠度之和。计算试验结果时，应采用试验中产生的挠度。

通常情况下，应使用在样品的两个基本方向（纵向或横向）上裁切的试样进行试验。

11. 试验结果的表示

（1）力—挠度曲线

如果试验中记录了力—挠度曲线，测定直线部分的斜率，并由此根据需要确定 F/d、F/φ 或 M/φ。

（2）两点加荷

①如果已测定试样挠度 d，弯曲挺度应按式（6）计算：

$$S = \frac{FL^2}{3db} \qquad (6)$$

式中：S——弯曲挺度，单位为毫牛顿米（mN·m）；

  F——弯曲力，单位为牛（N）；

  L——试验长度（弯曲长度），单位为毫米（mm）；

  b——试验宽度，单位为毫米（mm）；

  d——试样挠度，单位为毫米（mm）。

  ②如果试样弯曲角 φ 恒定并已知或已测定，弯曲挺度应按式（7）计算

$$S = \frac{19.1FL^3}{\varphi b} \qquad (7)$$

式中：φ——弯曲角，单位为度（°）。

  注：对于测定试样夹的弯曲力矩（M）的仪器，力 F 应由式（8）计算

$$F = \frac{M}{L} \qquad (8)$$

注意给出合适的单位。

  （3）三点加荷

  弯曲挺度应按式（9）计算

$$S = \frac{FL^3}{48db} \qquad (9)$$

（4）四点加荷

  弯曲挺度应按式（10）计算

$$S = \frac{FL_1L_2^2}{3db} \qquad (10)$$

式中：L_1——外支撑点与其邻近的内支撑点之间的距离，单位为毫米（mm）；

  L_2——内支撑点之间的距离，单位为毫米（mm）。

  注：应确保代入本公式的力值 F 符合4.3的定义，对于很多仪器，F 为指示力值的一半。

  （5）试验结果的单位

  试验结果应以微牛顿米（μN·m）、毫牛顿米（mN·m）、牛顿米（N·M）或千牛顿米（kN·m）中合适的单位表示。

12. 精确度

鉴于试验的精确度随仪器类型和被样种类的不同而有差异，在此不能给出此项试验精确度的通用说明。

13. 试验报告

试验报告应包括以下项目：
（a）本国家标准编号；
（b）试验的日期和地点；
（c）所用方法的原理（即两点、三点或四点加荷法）针对商用仪器，报告仪器制造厂；
（d）名称及型号；
（e）所用温湿处理条件；
（f）所用试验长度 L 和试样宽度；
（g）试验得到的挠度，对应于每一基本方向的数值应分别报告；
（h）符合第 6 章规定的最大允许挠度；
（i）每一试验方向弯曲挺度的平均值；
（j）试验结果的变异系数；
（k）对规定试验方法的任何偏离。

第八节　纸和纸板耐折度的测定（MIT 耐折度仪法）

1. 范围

本标准规定了使用 MIT 耐折度测定仪测定纸和纸板耐折度的方法。
本标准适用于厚度小于 1.00 mm 的纸或纸板。

2. 引用标准

GB/T 450 纸和纸板试样的采取
GB/T 10739 纸浆、纸和纸板试样处理和试验的标准大气

3. 术语

耐折度是指纸或纸板在一定张力下所能承受往复 135° 的双折次数，以往复折叠的双折次数或按以 10 为底的双折次数对数值表示。

4. 仪器

耐折度应用符合下列要求的 MIT 式耐折度测定仪进行测定。

（1）可调节弹簧张力的夹头，弹簧张力 4.91 ~ 14.72 N。每加 9.81 N 的张力，弹簧压缩至少 17 mm。

（2）折叠角度 135° ± 2°，折叠速度（175 ± 10）次/min。

（3）折叠头的宽度为（19 ± 1）mm，折口的圆弧半径（0.38 ± 0.02）mm。

（4）折叠头夹缝的距离为 0.25，0.50，0.75，1.00 mm。

（5）折叠头旋转偏心引起的张力变化不大于 0.343 N（35 gf）。

（6）弹簧张力杆摩擦力不大于 0.245 N（25 gf）。

（7）仪器各折叠头应和主机进行精密的配合，不得偏斜错位。

5. 取样及处理

按 GB/T 450 规定取样，把所取试样放在符合 GB/T 10739 规定的大气条件下处理平衡后切取宽（15 ± 0.1）mm，长度不小于 140 mm 的纵、横向试样至少各 10 条，并在该标准大气条件下进行试验。

6. 试验步骤

（1）校准仪器水平，调节所需的弹簧张力并固定。常规试验选用 9.81 N 弹簧张力，根据要求也可采用 4.91 N 或 14.72 N 弹簧张力。选择试样厚度所需的折叠夹头。将试样垂直地夹紧于折叠头两夹具间，松开弹簧固定螺丝，观察弹簧张力指针是否在所需的位置上，如有位差再重新调整。启动仪器，开始往复折叠至试样折断。应注意一半试样先向正面折叠，一半试样先向反面折叠。读取折断时计数器的指示值。计数器清零，进行下一试验。

（2）重复上面的试验程序，纵横向各测试 10 条试样。

（3）分别计算各测定值的双折次数平均值或以 10 为底双折次数对数值的平均值。

7. 试验结果（以 10 为底双折次数对数值）的精密度

（1）重复性（同一实验室）：耐折度值约为 1.5 时，重复性约为 8%，耐折度值约为 3.5 时，重复性约为 2%。

（2）再现性（实验室间）：耐折度值约为 1.5 时，再现性约为 10%，耐折度值约为 3.5 时，再现性约为 4%。

（3）如不严格执行本标准的各项规定，有可能达到上述两倍的误差。

8. 试验报告

（a）本国家标准编号；

（b）根据需要分别报告纵、横向测定值的算术平均值或变异系数。计算结果对数值修约至二位小数，双折次数修约至整数；

（c）试验所用温湿度条件；

（d）试验所用弹簧张力；

（e）试样有无分层现象；

（f）试验所用的仪器型号；

（g）任何与本标准方法有偏离的情况。

第九节　纸和纸板水分的测定法

1. 范围

本标准规定了取样时纸和纸板水分含量的测定方法。

本标准适用于各种纸和纸板，但这些纸和纸板不应含有除水分以外，在规定的试验温度下能挥发的任何物质。

2. 规范性引用文件

下列文件中的条款通过本标准的引用而成为本标准的条款。凡是注日期的引用文件，其随后所有的修改单（不包括勘误的内容）或修订版均不适用于本标准，然而，鼓励根据本标准达成协议的各方研究是否可使用这些文件的最新版本。凡是不注日期的引用文件，其最新版本适用于标准。

GB/T 450 纸和纸板试样的采取

3. 术语和定义

下列术语和定义适用于本标准。

水分纸和纸板中的含水量，即按规定方法烘干后，纸和纸板所减少的质量与取样时的质量之比，一般以百分数表示。

4. 原理

称取试样烘干前质量，然后将试样烘干至恒重，再次称取质量。试样烘干前后的质量之差与烘干前的质量之比，即为试样的水分。

5. 仪器

（1）天平：感量为 0.001 g。

（2）试样容器：用于试样的转移和称量。该容器应由能防水蒸气，且在试验条件下不易发生变化的轻质材料制成。

（3）烘箱：能使温度保持在（105±2）℃。

（4）干燥器。

6. 容器的准备

取样前应将数量足够、洁净干燥的容器编上号，并在大气中平衡，然后将每个容器称量并盖好盖，直至装入样品。

7. 取样

应按照 GB/T 450 取样。

注：如果取样的地方温暖而潮湿，应避免样品受到污染或造成水分损失，操作时最好带上橡皮手套。为了避免因样品暴露在大气中，使其水分发生变化，取样后应立刻将样品全部装入容器中。

8. 试样的选取、制备和称量

从整批中取出的各包装单位的取样过程应按（1）或（2）的规定进行。

（1）当包装单位可拆包或可全部打开时

①当包装单位内无小包装时（有或没有垫板）

（a）测定一批样品的水分平均值

当纸或纸板的定量小于或等于 224 g/m² 时

应去掉最外三层和全部已损坏的纸张，依次选取至少四张试样，将试样快速折叠或切开后全部装入容器中。容器中装的试样应至少为 50 g，称量装有试样的容器，并计算试样质量。

应从所取的包装单位中，同时制备两份试样。

注1：去掉纸张层数的多少取决于包装效果和贮藏条件。

注2：如果是定量较低的纸，50 g 试样的体积一定很大，因此可以使用

较少量的试样，但应在试验报告中说明。

当纸或纸板的定盛大于 224 g/m² 时

应去掉最外层和全部已损坏的纸张，取一张或多张试样，试样宽度应为 50~70 mm，长度应不小于 150 mm，其总质量应至少为 50 g。将试样直接装入容器中，称量装有试样的容器，并计算出试样质量。

应从每一采取的纸样中，同时制备两份试样。

（b）测定纸页中间与边缘的水分变化

按照或造取样品，并连续选取若干张样品，使之足够两份试样。每份试样应至少为 50 g，且应按照图 7.13 所示方法切取试样（见注）。

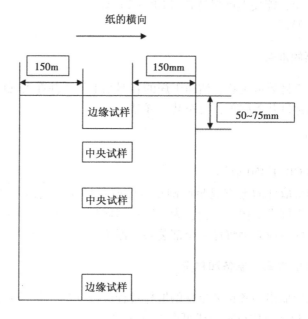

图 7.13 边缘试样和中央试样的位置

按图 7.13 所示，将所选样品切成 50~75 mm 的试样，并切除距离原样品边缘 150 mm 以内的纸和纸板。切好后去除顶层和底层试样，并将中间的两组合并成一份试样。每种样品应有两份试样，每份试样的质量应至少为 50 g。立即将两份试样分别放入容器中，并称量装有试样的每个容器，然后计算出每份试样的质量。

注：如果是定量较低的纸，50 g 试样的体积一定很大，因此可以使用较少的质量，但应在试验报告中说明。

②当以包装单位（令、包）作单位并包装成件时（有或没有垫板）

按照 GB/T 450 选取包或令的样品，并按其规定的相应方法进行。

（a）测定一批样品的水分平均值

当纸或纸板的定量小于或等于 224 g/m² 时，应从每令或包的中央依次抽取四张试样。

应从所取的包装单位中和每个位置上，同时制备两份试样。

当纸或纸板的定量大于 224 g/m² 时，从每令或包的中央依次抽取的纸板应足够两份试样，每份试样的质量应至少为 50 g。

应从所取的包装单位中和每个位置上，同时制备两份试样。

（b）测定纸页中间与边缘的水分变化

按照或选取样品，按照（b）制备试样。

③当单位是卷筒时

（a）测定一批样品的水分平均值

将卷筒外部的损坏层全部去掉，如果纸和纸板的定量小于或等于 224 g/m²，应至少再弃去三层未损坏层。如果纸或纸板的定量大于 224 g/m²，应至少再弃去一层未损坏层（被弃去的层数取决于包装好坏和贮藏条件）。

沿卷筒横向切取至少厚 5 mm 的样品层，然后将样品层铺平。在选取的样品层上沿卷筒纵向切取宽 50～75 mm 的试样组。在靠近卷筒的两个边缘各切取一组试样，在卷筒中部切取另一组试样，或从卷筒的整幅上切取。当试样切取时应注意，不要将一叠样品中的纸页或一组样品中的试样分开。

弃去每组试样条顶部和底部的纸页，将余下的试页合并成试样，其质量应至少为 50 g，然后将试样装入容器中，称量装有试样的容器，并计算出试样质量（见注）。

应从所取的包装单位中和每个位置上，同时制备两份试样，

注：如果是定量较低的纸，50 g 试样的体积一定很大，因此可以使用较少的质量，但应在试验报告中说明。

（b）测定卷筒横向的水分变化

按（a）规定的方法，在卷筒横幅上至少三个位置选取试样，沿卷筒横向切取宽 50～75 mm 的试样，试样的长边应沿纸张纵向。对每个位置所取的试样进行试验，并分别报告其结果。

应从所取的包装单位中和每个位置，同时制备两份试样。

（2）当包装单位不能或不应全部打开时（例如按惯例进行贮藏或选择出的卷筒，可能有垫板的令）

①测定一批样品的水分平均值

（a）当已知纸或纸板的纵向时

切取宽度为 50～75 mm，长度至少为 150 mm 的试样，且试样的短边应

为纸张纵向，所切取的纸张量应满足试样所用量。然后去掉上面三条和任何已损坏的试样，余下的试样应至少为 50 g，立即将试样放入容器中，称量装有试样的容器，并计算出试样质量。

在各包装单位中，所切取的试样位置是可以变换的。

应从所取的包装单位中和每个位置上，同时制备两份试样。

亦可选用宽度为 50～75 mm 的整个横幅作为试样。

（b）当不知纸或纸板的纵向时

切取约为 100 mm × 100 mm 的试样，应使试样的一个边与纸页的长边平行，其后步骤应按照（a）进行。

注：如果是定量较低的纸，50 g 试样的体积一定很大，因此可以使用较少的质量，但应在试验报告中说明。

②测定卷筒横向或纸页中间与边缘的水分变化

按（a）规定的方法，切取宽度为 50～75 mm，长度至少为 150 mm 的试样，在卷筒或纸页的横向上，应至少取三张试样。对每个位置所取的试样进行试验，并分别报告其结果。

应从所取的包装单位中和每个位置上，同时制备两份试样。

9. 试验步骤

（1）将装有试样的容器，放入能使温度保持在（105 ± 2）℃的烘箱中烘干。烘干时，可将容器的盖子打开，也可将样品取出来摊开，但试样和容器应在同一烘箱中同时烘干。

注：当烘干试样时，应保证烘箱中不放入其他试样。

（2）当试样已完全烘干时，应迅速将试样放入容器中并盖好盖子，然后将容器放入干燥器中冷却，冷却时间可根据不同的容器估计出来。将容器的盖子打开并马上盖上，以使容器内外的空气压力相等，然后称量装有试样的容器，并计算出干燥试样的质量。重复上述操作，其烘干时间应至少为第一次烘干时间的一半。当连续两次在规定的时间间隔下，称量的差值不大于原试样质量的 0.1% 时，即可认为试样已达恒重。第一次烘干时间对于定量小于或等于 224 g/m² 的试样，应不少于 30 min；对于定量大于 224 g/m² 的试样，应不少于 60 min。

10. 结果的表示

（1）计算方法

水分（%）应按式（1）进行计算。

$$X = \frac{m_1 - m_2}{m_1} \times 100\% \tag{1}$$

式中：m_1——烘干前的试样质量，单位为克（g）；

m_2——烘干后的试样质量，单位为克（g）。

（2）结果的表示

同时进行两次测定，取其算术平均值作为测定结果。测定结果应修约至小数点后第一位，且两次测定值间的绝对误差应不超过0.4。

11. 试验报告

试验报告应包括下列项目。

（1）当要求测定一批样品的水分平均位时：

（a）平均值；

（b）最大值和最小值；

（c）标准偏差；

（d）试验次数。

以上各项是对于所选取的全部试样而言的。

（2）当要求报告纸页或卷筒横向的水分变化时：

（a）平均值；

（b）最大值和最小值；

（c）标准偏差；

（d）试验次数；

（e）取样位置。

此处给出了可选择的试验步骤，并详述了任何环境或干扰对试验结果带来的影响。建议报告平均值95%的可信区间。

第十节　纸和纸板灰分的测定

1. 范围

本标准规定了纸和纸板灰分的测定方法。

本标准适用于各种纸和纸板灰分的测定。

2. 引用标准

GB/T 450 纸和纸板试样的采取

GB/T 462 纸和纸板水分的测定法

3. 术语

灰分：纸与纸板按本标准中规定的温度进行灼烧后残渣的质量与原风干试样质量之比，用百分数表示。

4. 仪器

（1）高温炉；

（2）坩埚；

（3）干燥器；

（4）天平：感量 0.000 1 g。

5. 取样及处理

按 GB/T 450 规定的步骤进行取样及处理。

6. 试验步骤

称取小块风干试样 2 g（低灰分的纸所称取的试样应使灼烧后残渣质量不小于 10 mg），准确至 0.000 1 g（同时另称取试样按 GB/T 462 测定水分）。将称过的试样置于预先灼烧至恒重的坩埚中，小心灼烧，使之炭化。然后移入高温炉内，在（925 ± 25）℃灼烧至无黑色炭素，取出坩埚，在干燥器内冷却后称量，直至恒重为止。

7. 结果计算

灰分 X（%）按下式计算：

$$X = \frac{G_2 - G_1}{W} \times 100$$

式中：G_1——灼烧后的坩埚重，g；

　　　G_2——灼烧后盛有灰渣的坩埚重，g；

　　　W——绝干试样重，g。

用两次测定的算术平均值报告结果。各次测定的误差不大于平均值的 5%。灰分百分数报告至三位有效数字，对于无灰纸报告至两位有效数字。

第十一节 纸和纸板的干热加速老化方法

1. 范围

本标准规定了纸和纸板在（105±2）℃下的干热加速老化方法。

本标准适用于一般文化用纸及类似的纸。

本标准不适用于与自然老化有高度相关性的加速老化。纯度较高的纸、电气用绝缘纸的加速老化可采用更高温度（120 ℃，150 ℃）的老化方法。

2. 引用标准

GB/T 450 纸和纸板试样的采取

GB/T 10739 纸浆、纸和纸板试样处理和试验的标准大气

3. 原理

将纸张置于恒温老化箱中，在105 ℃下预热处理一定时间，取出后测定其有关性能的变化，进而推出纸张的耐久性能的有关结论。

4. 仪器

（1）恒温箱：可通风并能保持空气温度在（105±2）℃的烘箱。

（2）干燥器：相对湿度10%～35%（硫酸干燥器）。

（3）试验仪器；有关的试验仪器要符合相应的国家标准或与之相当的标准。

5. 取样及处理

（1）试样按 GB 450 和 GB 10739 的规定采取和处理，并在恒温恒湿条件下进行测定。

（2）按相应的国家标准准备两份用于测定材料性能的试样。

避免裸手拿取试样，防止强光照射试样及过分将试样暴露在化学实验室的空气中。

6. 热处理

（1）热处理应在黑暗中进行。

（2）把（5.2）二份试样中的一份挂在（4.1）烘箱中，以便没被污染

的（105±2）℃的空气能围绕每一试样循环，试样距烘箱内壁不得少于100 mm，并不能相互靠触。最好让试样在烘箱内放置（72±1）h，如果认为较短的处理时间更为合适的话，应采用（24±1）h 或（48±1）h。

注：①按供需双方协议，所有这些时间都可以采用，而试验结果表示为处理时间的函数，在这种情况下要求4份试样。

②试验时，烘箱内只能放置一种纸，以防止纸里蒸发或升华的产物引起污染的可能性。

7. 温湿处理

（1）至少在结束热处理2 h 以前，将未处理的那份试样放入干燥器（4.2内）。

（2）热处理结束，把未处理和已处理过的两份试样同时移到符合GB/T10739规定的空调环境内。

8. 测试

按相应的国家标准测试纸的有关性能。

9. 试验报告

试验报告应包括下列内容：
（a）本国家标准编号；
（b）试验的日期及地点；
（c）热处理的温度及时间；
（d）热处理和未处理试样的测定平均值及精确度；
（e）任何能够影响试验结果的偏离本标准的操作。

第十二节　纸和纸板干热加速老化的方法

1. 范围

本标准规定了纸和纸板在（120±2）℃或（150±2）℃下的干热加速老化方法。

本标准适用于高纯度纸如电器绝缘用纸，及类似的耐高温老化纸如文化用耐久纸等。

本标准不适用于和自然老化有高度相关性的加速老化试验。一般文化用纸可采用 GB 464.1 的老化方法。

2. 引用标准

GB 450 纸和纸板试样的采取

GB 455.1 纸撕裂度的测定法

GB 464.1 纸和纸板的干热加速老化方法[（105 ±2）℃，72 h]

GB 2679.5 纸与纸板耐折度的测定法（MIT 耐折度仪）

GB 7974 纸及纸板白度测定法（漫射／垂直法）

GB 10739 纸浆、纸和纸板试样处理与试验的标准大气

3. 原理

将纸张置于恒温箱中，在 120 ℃或 150 ℃下预热处理一定时间，取出后测定其有关性能的变化，进而推导出纸张耐久性能的有关结论。

4. 仪器

（1）恒温箱：可通风并能保持空气温度在（120 ±2）℃或（150 ±2）℃的装置，取样后温度应能在 15 min 内回升。

（2）干燥器：相对湿度 10% ~35%（硫酸干燥器）。

（3）试验仪器：有关的试验仪器要符合相应的国家标准或与之相应的标准的规定。

5. 取样及处理

（1）试样按 GB 450 和 GB 10739 的规定采取和处理，并在规定的标准大气条件下进行测定。

（2）按相应的国家标准在尽可能邻近的部位，准备两份或四份用于测定材料性能的试样。避免裸手拿取试样，防止强光照射试样及过分将试样暴露在化学试验室的大气中。

6. 热处理

（1）热处理应在黑暗中进行。

（2）把二份试样中的一份挂在烘箱中，以便使没被污染的（150 ±2）℃的空气能围绕每一试样循环，试样距恒温箱内壁不得少于 100 mm，并不能相互靠触。让试样在恒温箱内放置（24 ±0.5）h [120 ℃放置（168 ±1）h]。

（3）按需要也可按更短的时间间隔取出试样，如（8±0.25）h，（16±0.25）h，试验结果表示为处理时间的函数，在这种情况下要求4份试样。

（4）试验时，恒温箱内只能放置一种纸，以防止纸里蒸发或升华的产物可能引起的污染。

（5）耐高温老化性能不是很好的纸，也可以采用稍低一些的温度进行加速老化，如(120 ℃，168 h)，其他条件同本标准。

7. 温湿处理

（1）至少在结束热处理2 h之前，将未处理的那份试样放入干燥器内。

（2）热处理结束，把未处理和已处理过的两份试样同时按符合GB 10739规定的标准大气环境内进行修订。

8. 测试

按所测纸相应的产品标准、测试方法标准测定纸的有关性能。物理强度推荐测定 MIT 耐折度、撕裂度等。

9. 试验报告

试验报告应包括下列内容：
（a）本国家标准编号；
（b）试验的日期及地点；
（c）热处理的温度及时间；
（d）热处理和未处理试样的测定平均值及精确度；
（e）任何能够影响试验结果的偏离本标准的操作。

第十三节　瓦楞原纸平压强度的测定

1. 范围

本标准规定了瓦楞原纸试验室起楞后平压强度的测定方法。
本标准适用于瓦楞原纸。

2. 引用标准

下列标准所包含的条文，通过在本标准中引用而构成为本标准的条文。

本标准出版时，所示版本均为有效。所有标准都会被修订，使用本标准的各方应探讨使用下列标准最新版本的可能性。

GB/T　450—89　纸和纸板试样的采取

GB/T　2679.8—89　纸板环压强度的测定法

GB/T　10739—89　纸浆、纸和纸板试样处理和试验的标准大气

GB/T　1061—91　槽纹仪

3. 术语

瓦楞原纸平压强度

在本试验采用的条件下，在瓦楞压塌之前，试样所能承受的最大压缩力。

4. 原理

一定规格的试样在槽纹仪上起楞后，用胶带粘成单面瓦楞，在压缩仪上进行压缩，直至瓦楞压塌，测定其平压强度。

5. 仪器

（1）槽纹仪

有二个八型槽纹的轮，（16±1）mm 宽，外径（228.5±0.5）mm，有一轮由电机带动，轮的转速为（4.5±1.0）r/min。每个轮有 84 个齿，齿高为（4.75±0.05）mm，齿峰半径为（1.5±0.1）mm，齿谷半径为（2.0±0.1）mm。见图 7.14。

加热温度为（175±8）℃，弹簧张力为（100±10）N。

（2）有一相当于齿轮形状的齿条，宽度至少为 19 mm，有 9 个齿，10个谷，齿间距为（8.5±0.05）mm，齿高为（4.75±0.05）mm。见图 7.15。

另有一个梳板至少 19 mm 宽，有 10 个梳齿，齿高（2.4±0.05）mm。见图 7.16。一块铜板或钢板 150 mm×25 mm×0.8 mm。

（3）胶带

胶带宽度至少 16 mm，要求粘着力强，试验过程中不脱胶。

（4）压缩仪

在量程最大值的 20%～90% 范围内，示值相对误差不应超过 ±1%（量程最大值的 20% 以下和 90% 以上示值相对误差为 ±2%）。示值相对变动值不应超过 1%。

压缩仪上压板下降速度为（12.5±2.5）mm/min。当板开始接触时，

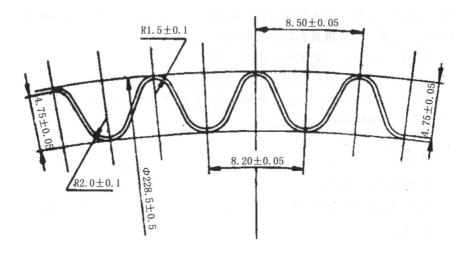

图 7.14　槽纹仪八型槽轮（单位：mm）

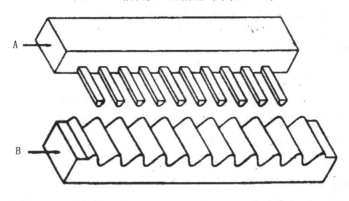

图 7.15　齿条

应以一定的速度施加压力，加荷速度为（110±23）N/s 或（67±23）N/s。

压缩仪在工作过程中，上压板与下压板相对平面的平行度误差不应超过 0.05 mm 或 0.06 mm（对 120 mm×120 mm 板面规格）。

压缩仪在工作过程中不应有横向移动，在上压板运动范围内任何测量位置测量行程 2.5 mm，移动量不应超过 0.05 mm。

6. 仪器的校准

（1）槽纹仪的校准

槽纹仪的校准按照 GB/T 1061 规定进行。

（2）压缩仪的校准

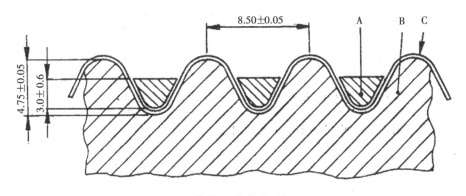

A--梳板;B—齿条;C—纸

图 7.16　梳板（单位：mm）

压缩仪的校准按照 GB/T 2679.8 规定进行。

7. 试样的采取和制备

（1）试样的采取

按 GB/T　450 规定进行，并按 GB/T 10739 规定进行温湿处理。

（2）试样的制备

在标准大气条件下处理至平衡状态，然后在同一大气条件下切取试样。试样宽（12.7 ± 0.1）mm，长（152 ± 0.51）mm，长边为试样的纵向。试样的数量应保证能测取 10 个有效数据。

8. 试验步骤

（1）开动压楞设备，预先加热到（175 ± 8）℃。然后将试样垂直插入到两个辊子间的间隙，使试样起楞。

将起楞后的试样，放在齿条上，再把梳齿压在试样上，用一条约120 mm长的胶带沿着瓦楞的顶部放好，用钢板压上贴牢，小心取出梳齿，取下试样，从而产生有 10 个瓦楞的试样。

根据产品标准的要求，立即进行压缩试验或温湿处理后，再进行压缩试验。

如果试样起楞后立即进行压缩，从压楞到施加压力的时间要小于 15 s。

如果试样起楞后进行温湿处理，在 23 ℃、50% 相对湿度下处理 30 min 或在 20 ℃、65% 相对湿度下处理 60 min。

（2）行压缩试验时，将试样放在压缩仪下压板的中间，未带胶带的，面向上，然后开始压缩，读取试样完全压溃时试样所承受的最大力。该力值即为试样的平压强度，以 N 表示。

如果在压缩过程中，发现试样偏斜或试样从胶带的任何点脱开，则舍弃该结果。

9. 结果的计算

（1）测取 10 个有效数据，以其算术平均值表示测定结果。并报告最大值和最小值。计算结果准确至 1 N。

测试结果可用下列形式表示：

$$CMT0 = 350 \text{ N}$$
$$CMT30 = 250 \text{ N}$$

这里 CMT 表示瓦楞原纸试验，而脚注表示从压楞到压缩之间的时间，以分钟表示。

（2）计算结果的标准偏差和变异系数。

10. 试验报告

试验报告包括下列内容：

（a）本标准编号；

（b）温湿处理条件；

（c）重复试验次数；

（d）起楞到进行压缩之间的时间，精确到分钟；

（e）测试结果；

（f）如要求，应报告测试结果的标准偏差和变异系数；

（g）与本标准有任何偏差或可能影响结果的因素。

第十四节　瓦楞纸板厚度的测定法

1. 范围

本标准规定了瓦楞纸板厚度的测定方法。这些瓦楞纸板用于制造包装箱或用在包装箱内。

本标准适用于测定各种类型的瓦楞纸板的厚度。

2. 引用标准

下列标准所包含的条文，通过在本标准中引用而构成为本标准的条文。本标准出版时，所示版本均为有效。所有标准都会被修订，使用本标准的各方应探讨使用下列标准最新版本的可能性。

GB 450—89　纸和纸板试样的采取

GB 10739—89　纸浆、纸和纸板试样处理与试验的标准大气

3. 试验原理

瓦楞纸板试样在规定的压力下，在厚度计量平行平面之间的距离。

4. 试验仪器

厚度计具有一个圆形底盘和一个与该底盘是同心圆的柱状轴向活动平面，底盘和活动平面的接触面积都是（10 ± 0.2）cm^2，测量平面间的不平行度应在圆形底盘直径的 1/1 000 以内。

柱状活动平面施加的压力为（20 ± 0.5）kPa。仪器足够准确，所测数据精确至 0.05 mm。

5. 试样的采取、处理与制备

（1）试样的采取按 GB 450 进行。

（2）试样的处理按 GB 10739 进行。

（3）试样的制备：选择足够大的待测瓦楞纸板，切取面积为 500 cm^2（200 mm×250 mm）的试样，以保证读取 10 个有效的数据。不得从同一张样品上切取多于 2 个试样，试样上不得有损坏或其他不合规定之处，除非有关方面同意，不得有机加工的痕迹。

6. 试验步骤

在第 5 章规定的大气条件下进行测试，每个试样在不同的点测量两次。

将试样水平地放入仪器的两个平面之间，试样的边缘与圆形底盘边缘之间的最小距离不小于 5 mm，测量时应轻轻地以 2~3 mm/min 的速度将活动平面压在试样上，以避免产生任何冲击作用，并保证试片与厚度仪测量平面的平行。当示值稳定但要在纸板被"压陷"下去前读数。读数时不许将手压在仪器上和试片上。重复上述步骤测试其余的 4 个试样。

7. 试验报告

试验报告包括以下内容：
（a）本标准的编号；
（b）试验的日期和地点；
（c）待测试样的种类和说明；
（d）试验的大气条件；
（e）报告全部测量数值的平均值，以毫米（mm）为单位，准确至
0.050 0 mm；
（f）计算其标准差（以95%的置信度）；
（g）对测量误差分析；
（h）与实验结果有关的其他说明。

第十五节 瓦楞纸板黏合强度的测定

1. 范围

本标准规定了瓦楞纸板黏合强度的测定方法。
本标准适用于测定各种类型的瓦楞纸板的黏合强度。

2. 规范性引用文件

下列文件中的条款通过本标准的引用而成为本部分的条款。凡是注日期
的引用文件，其随后所有的修改单（不包括勘误的内容）或修订版均不适
用于本标准，然而，鼓励根据本部分达成协议的各方研究是否可使用这些文
件的最新版本。凡是不注日期的引用文件，其最新版本适用于本标准。
GB/T 450 纸和纸板 试样的采取及试样纵横向、正反向的测定
GB/T 10739 纸、纸板和纸浆试样处理与试验的标准大气
GB/T22876 至纸、纸板和瓦楞纸板 压缩试验仪的描述和校准

3. 术语和定义

下列术语和定义适用于下列标准。
（1）黏合强度
在规定实验条件下，分离单位长度瓦楞纸板黏合楞线所需的力，以牛顿
每米（N/m）表示。

4. 原理

将针形附件（剥离架）插入试样的楞纸和面（里）纸之间（或楞纸和中纸之间），然后对插有试样的针形附件（剥离架）施压，使其做相对运动，测定其被分离部分分开所需的最大力。

5. 仪器

（1）压缩试验仪

压缩试验仪应符合 GB/T22876 的规定。

（2）裁样装置

裁样装置可使用电动、气动或手动的制样刀，但试样切边应整齐，并与瓦楞纸板面垂直。

（3）剥离架

①剥离架是由上部分附件和下部分附件组成，是对试样各黏合部分施加均匀压力的装置。每部分附件由等距插入瓦楞纸板楞间空隙的针式件和支撑件组成，见图 7.17。

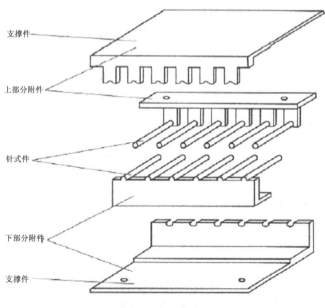

图 7.17　剥离架

②支撑件支架顶端应具有支撑支持针及压力针的等距小孔或凹槽。针式件和支撑件的平行度偏差应小于 1%。

③按照试样楞型的不同，选用符合表7.7规定的适当插针，其他楞型可选择与楞型匹配的插针直径和针数。

表7.7 插针选择标准

项目		A楞	C楞	B楞	E楞
上部分附件压力针	针数/支	4	4	6	6
	针的有效长度/mm	30 ± 1			
	针的直径/mm	3.5±0.1	3.0±0.1	2.0±0.1	1.0±0.1
下部分附件支持针	针数/支	5	5	7	7
	针的有效长度/mm	40 ± 1			
	针的直径/mm	3,5±0.1	3.0±0.1	2.0±0.1	1.0±0.1

针的有效长度是指支持针或压力针放置在支撑架上时的净长度。

④所有插针均应呈直线，不应有弯曲的现象。

6. 试样的采取、处理与制备

（1）试样的采取按 GB/T 1450 进行。

（2）试样的处理及测试的标准大气条件按 GB/T 10739 要求进行。

（3）试样的制备：从样品中切取 10 个（单瓦楞纸板）或 20 个（双瓦楞纸板）或 30 个（三瓦楞纸板）（25 ±0.5）mm 的试样，瓦楞方向应与短边的方向一致。

7. 试验步骤

（1）根据试样黏合面楞型选择合适的剥离架。按试样被测面楞距不同调整好剥离架附件插针的针距，如图 7.18 所示将试样装入剥离架，然后将其放在压缩试验仪下压板的中心位置。

（2）开动压缩试验仪，以（12.5 ±2.5）mm/min 的速度对装有试样的剥离架施压，直至楞峰和面纸（里/中纸）分离为止。记录显示的最大力，精确至 1N。

（3）对于单瓦楞纸板，应分别测试面纸与楞纸、楞纸与里纸的分离力各 5 次，共测 10 次；双瓦楞纸板则应分别测试面纸与楞纸 1、楞纸 1 与中纸、中纸与楞纸 2、楞纸 2 与里纸的分离力各 5 次，共测 20 次；三瓦楞纸板则应测试共 30 次。

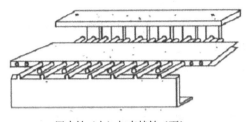

压力针（上）与支持针（下）

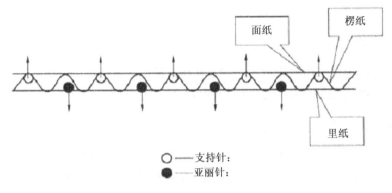

图 7.18　试样加入剥离架示意图

8. 结果表示

分别计算各黏合层测试分离力的平均值，然后按式计算各黏合层的黏合强度，最后以各黏合层黏合强度的最小值作为瓦楞纸板的黏合强度，结果保留 3 位有效数字。

$$P = \frac{F}{(n-1)L} \qquad (1)$$

式中：P——黏合强度，单位为牛每米（N/m）；

　　　F——各黏合层测试分离力的平均值，单位为牛（N）；

　　　n——插入试样的针根数；

　　　L——试样短边的长度，即 0.02 mm。

9. 试验报告

试验报告应包括以下内容：

（a）本标准的编号；

（b）试样的种类、状态和标识说明；

（c）试验的大气条件；

（d）试验用仪器的名称、型号；

（e）报告试验结果，必要时，附加评定测量不确定度的声明；

（f）试验的日期和地点；

（g）与试验结果有关的其他说明。

第十六节　瓦楞纸板耐破强度的测定方法

1. 范围

本标准规定了以液压增加法测定瓦楞纸板的耐破强度的方法。

本标准适用于耐破度为 350 ~ 5 500 kPa 的瓦楞纸板。

2. 引用标准

下列标准所包含的条文，通过在本标准中引用而构成为本标准的条文。本标准出版时，所示版本均为有效。所有标准都会被修订，使用本标准的各方应探讨使用下列标准最新版本的可能性。

GB450—89 纸和纸板试样的采取

GB10739—89 纸浆、纸和纸板试样处理与试验的标准大气

3. 定义

本标准采用下列定义。

耐破强度：在试验条件下，瓦楞纸板在单位上所能承受的垂直于试样表面的均匀增加的最大压力。

4. 试验原理

将闭幕式样置于胶膜之上，用试样夹夹紧，然后均匀地施加压力，使试样与胶膜一起自由凸起，直至试样破裂为止。试样耐破度是施加液压的最大值。

5. 试验仪器

（1）试样夹盘系统

上夹盘直径（31.5 ± 0.5）mm，下夹盘孔直径（31.5 ± 0.5）mm。上下夹环应同心，其最大误差不得大于 0.25 mm。两夹环彼此平行且平整。测

定时接触面受力均匀。测定时为防止试样滑动，试样夹盘应具有不低于 690 kPa 的夹持力。但这样的压力一般会使试样的瓦楞压塌，应在报告中注明。

（2）胶膜

胶膜是圆形的，由弹性材料组成。胶膜被牢固地夹持着，它的上表面比下夹环的顶面约低 5.5 mm。胶膜材料和结构应使胶膜凸出下夹盘的高度与弹性阻力相适应，即：凸出高度为 10 mm 时，其阻力范围为（170～220）kPa；凸出 18 mm 时，其阻力范围为（250～350）kPa。

6. 试样的采取和处理

（1）试样的采取按 GB450 的规定进行。
（2）试样应按 GB10739 的规定进行温湿处理。

7. 试样的制备

试样面积必须比耐破度测定仪的夹盘大，试样不得有水印、挤痕或明显的损伤。在试验中不得使用曾被夹盘压过的试样。

8. 试验步骤

6.中（2）条规定的大气条件下进行裁样和试验。开启试样的夹盘，将试样夹紧在两试样夹盘的中间，然后开动测定仪，以（170 ± 15）mL/min 的速度逐渐增加压力。在试样爆破时，读取压力表上指示的数值。然后松开夹盘，使读数指针退回到开始位置。当试样有明显滑动时应将数据舍弃。

9. 结果表示

以正反面各 10 个贴向胶膜的试样进行测定，以所有测定值的算术平均值（kPa）表示。

10. 试验报告

其内容：
（a）本国家标准编号；
（b）样品种类、规格；
（c）试验所用的标准；
（d）试验场所的大气条件；
（e）所用试验仪的名称和型号、所用夹持力；

（f）纸板正反面耐破度的平均值，保留三位有效数字；

（g）试验日期、地点、试验人员等。

第十七节　瓦楞纸板边压强度的测定方法

1. 范围

本标准规定了瓦楞纸板边压强度的测定方法。

本标准适用于单楞（三层）、双楞（五层）、三楞（七层）瓦楞纸板边压强度的测定。

2. 引用标准

下列标准所包含的条文，通过在本标准中引用而构成为本标准的条文。本标准出版时，所示版本均为有效。所有标准都会被修订，使用本标准的各方应探讨使用下列标准最新版本的可性能性。

GB450—89　纸和纸板试样的采取

GB10739—89　纸浆、纸和纸板试样处理与试验的标准大气

3. 试验原理

边压强度试验机矩形的瓦楞纸板试样置于压缩试验仪的两压板之间，并使试样的瓦楞方向垂直于压缩试验仪的两压板，然后对试样施加压力，直至试样压溃为止。测定每一试样所能承受的最大压力。

4. 试验仪器

（1）固定压板式电子压缩试验仪

该压缩仪是采用一块固定压板和另一块直接刚性驱动压板操作的，动压板的移动速度为（12.5±2.5）mm/min。压板尺寸应满足试样的选定尺寸，使试样不致超出压板之外，压板还应满足以下要求：

（a）边压强度试验机压板的平行度偏差不大于1∶1 000；

（b）边压强度试验机横向窜动不超过0.05 mm。

（2）弯曲梁式压缩仪

该压缩仪是根据梁弯曲的工作原理，对上下压板的要求与固定压板式电子压缩仪相同。测试时，压溃瞬间的刻度应在仪器可能测量的挠度量程的20%~80%范围内；当压板开始接触到试样时，压板压力增加的速度应为

（67±13）N/s。

使用该种仪器试验时应在报告中注明，并不得用于仲裁检验。

（3）切样装置

边压强度试验机可以使用带锯或刀子，也可使用模具准备试样，但必须切出光滑、笔直且垂直于纸板表面的边缘。

（4）导块

两块打磨平滑的和蓄谋形金属块，其截面大小为 20 mm×20 mm，长度小于 100 mm；导块用于支持试样，并使试样垂直于压板。

5. 试样的采取和处理

（1）边压强度试验机试样的采取按 GB450 的规定进行。

（2）边压强度试验机试样应按 GB10739 的规定进行温湿处理。

6. 试样的制备

截取瓦楞方向为短边的矩形试样，其尺寸为（25±0.5）mm×（100±0.5）mm。试样上不得有压痕、印刷痕迹和损坏。除非经双方同意，至少需切取 10 个试样。

7. 试验步骤

边压强度试验机在 5.2 条规定的大气条件下进行裁样和试验。

将试样置于压板的正中，使试样的短边垂直于两压板，再用导块支持试样，使之端面与两压板之间垂直，两导块彼此平行且垂直于试样的表面。

边压强度试验机开动试验仪，施加压力。当加压接近 50 N 时移开导块，直至试样压溃。记录试样所能承受的最大压力，精确至 1 N。

按上述步骤测试剩余的试样。

8. 结果表示

边压强度试验机垂直边缘抗压强度按式（1）进行计算，以 N/表示：

$$R = F \times 103/L$$

式中：R——垂直边缘抗压强度，N/m；

F——最大压力，N；

L——试样长边的尺寸，mm。

9. 试验报告

试验报告包括如下内容：
（a）本国家标准的编号；
（b）样品种类、规格；
（c）试验所用的标准；
（d）边压强度试验机试验场所的大气条件；
（e）所用试验仪的型号和加压速度；
（f）试验结果的算术平均值；
（g）边压强度试验机其他有助于说明试验结果的资料。

第十八节　食品包装用聚苯乙烯树脂
卫生标准的分析方法

1. 范围

本标准规定了制作食具、食品容器或其他食品用工具的聚苯乙烯树脂卫生指标的测定方法。

本标准适用于制作食具、食品容器或其他食品用工具的聚苯乙烯树脂原料卫生指标的测定。

2. 规范性引用文件

下列文件中的条款通过本标准的引用而成为本标准的条款。凡是注日期的引用文件，其随后所有的修改单（不包括勘误的内容）或修订版均不适用于本标准，然而，鼓励根据本标准达成协议的各方研究是否可使用这些文件的最新版本。凡是不注日期的引用文件，其最新版本适用于本标准。

GB/T 5009.58—2003 食品包装用聚乙烯树脂卫生标准的分析方法

3. 取样方法

同 GB/T 5009.58—2003 中第 2 章。

4. 干燥失重

（1）原理

试样于 100 ℃ 干燥 3 h 失去的质量，即为干燥失重，表示此条件下挥发性物质的存在情况。

（2）分析步骤

称取 5.00 ~ 10.00 g 试样，平铺于已恒量的直径 40 mm 的称量瓶中，在 100 ℃ 干燥 3 h，于干燥器内冷却 30 min，称量，干燥失重不得超过 0.20 g/100 g。

（3）计算、结果的表述、精密度

同 GB/T 5009.58—2003 中 3.3 和 3.4。

5. 挥发物

（1）原理

试样于 138 ~ 140 ℃、真空度为 85.3 kPa 时，干燥 2 h 减失的质量减去干燥失重的质量即为挥发物。

（2）试剂

丁酮。

（3）仪器

①电扇。

②真空干燥箱。

③真空泵。

（4）分析步骤

于干燥后准确称量的 25 mL 烧杯内。称取 2.00 ~ 3.00 g、20 ~ 60 目之间的试样，加 20 mL 丁酮，用玻璃棒搅拌，使完全溶解后，用电扇加速解剂的蒸发，待至浓稠状态，将烧杯移入真空干燥箱内，使烧杯搁置成 45°，密闭真空干燥箱，开启真空泵，保持温度在 138 ~ 140 ℃，真空度为 85.3 kPa，干燥 2 h 后，将烧杯移至干燥器内，冷却 30 min，称量，计算挥发物，减去干燥失重后，不得超过 1%。

（5）结果计算

挥发物计算见式（1）和式（2）

$$X = \frac{m_1 - m_2}{m_1 - m_0} \times 100 \qquad (1)$$

式中：X——试样于 138 ~ 140 ℃，85.3 kPa、干燥 2 h 失去的质量，单位为

克每百克（g/100 g）；

m_1——试样加烧杯的质量，单位为克（g）；

m_2——干燥后试样加烧杯的质量，单位为克（g）

m_0——烧杯的质量，单位为克（g）。

$$X_3 = X_1 - X_2 \tag{2}$$

式中：X_1——挥发物，单位为克每百克（g/100 g）；

X_2——试样于 138～140 ℃，85.3 kPa、干燥 2 h 失去的质量，单位为克每百克（g/100 g）；

X_3——试样的干燥失重，单位为克每百克（g/100 g）。

计算结果保留两位有效数字。

（6）精密度

在重复性条件下获得的两次独立测定结果的绝对差值不得超过其算术平均值的 10%。

6. 苯乙烯及乙苯等挥发成分

（1）原理

利用有机化合物在氢火焰中生成离子化合物进行检测，以试样的峰高与标准品的峰高相比，计算出试样相当的含量。

（2）试剂

①固定液：聚乙二醇丁二酸酯。

②釉化 6201 红色担体。

取 60～80 目 6201 红色担体浸于硼砂溶液（20 g/L）中 48 h，溶液体积约为担体体积的 10 倍，浸泡期间应搅拌 2～3 次，将浸泡后的担体抽滤，并用水将母液稀释成 2 倍体积，用相当于担体体积的稀释母液在吸滤情况下淋洗。将抽滤后的担体于 1 200 ℃烘干，然后置马弗炉中灼烧，在 860 ℃保持 70 min，再在 950 ℃保持 30 min，经熔烧后的担体，用沸腾的水浸洗 4～5 次，每次所用水量约为担体体积的 5 倍，浸洗时搅拌不宜过猛，以免破损担体颗粒，形成新生表面而影响处理效果。洗涤后的担体烘干、筛分即可应用。

③内标物：正十二烷。

④二硫化碳。

⑤苯乙烯乙苯标准溶液

取一只 100 mL 容量瓶放入约 2/3 体积二硫化碳，准确称量为 m_0；滴加苯乙烯约 0.5 g，准确称量为 m_1，再滴加乙苯约 0.3 g，准确称量后为 m_2，作为标准储备液。

苯乙烯和乙苯的浓度计算见式（3）和式（4）

$$苯乙烯浓度\ c_A(\mathrm{g/mL}) = \frac{m_1 - m_0}{100} \tag{3}$$

$$乙苯浓度\ c_B(\mathrm{g/mL}) = \frac{m_2 - m_1}{100} \tag{4}$$

取 1 mL 标准储备液于 25 mL 容量瓶中，加 5 mL 正十二烷内标物后再加二硫化碳至刻度作为标准使用液。

（3）仪器

①气相色谱仪．附有 FID 的检测器。

②微量注射器。

（4）分析步骤

①参考色谱条件

（a）色谱柱：不锈钢柱，内径 4 mm，长 4 m。内装涂有 20% 聚乙二醇丁二酸酯的 60~80 目釉化 6201 红色担体。

（b）柱温：130 ℃，汽化温度：200 ℃。

（c）载气（氮气）：柱前压力 1.8~2.0 kg/cm²，氢气流速：50 mL/min，空气流速：700 mL/min。

（5）测定

称取 1.00 g 聚苯乙烯，置子 25 mL 容量瓶中，加二硫化碳溶解，并稀释至刻度。准确加入 5 μL 正十二烷充分振摇，待混合均匀后，取 0.5 μL 注入色谱仪，待色谱峰流出后，准确量出各被测组分与正十二烷的峰高，并计算其比值，按所得峰高比值，以注入 0.5 μL 标准使用液求出的组分与正十二烷峰高比相比较定量。

注 1：若无内标物，可采用外标法，但各组分的配入量应尽量接近实际含量，以减小偏差。

注 2：标准溶液配制时，可称入不同量的主要杂质组分，均对 1 g 聚苯乙烯试样计算。

气相色谱参考图见图 7.19。

（6）结果计算

见式（5）：

$$X = \frac{F_i \times (c_A\ 或\ c_B)}{F_s \times m} \times 1\,000 \tag{5}$$

式中：X——苯乙烯或乙苯挥发成分含量，单位为克每百克（g/100 g）；

F_i——试样峰高和内标物比值；

F_g——标准物峰高和内标物比值；

c_A——苯乙烯的浓度，单位为克每毫升（g/mL）；

c_B——乙苯的浓度，单位为克每毫升（g/mL）；

m——试样质量，单位为克（g）。

计算结果保留两位有效数字。

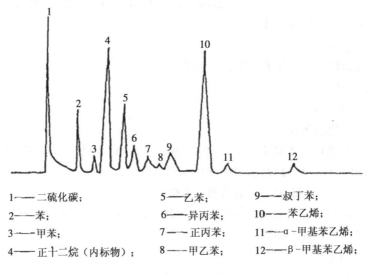

1——二硫化碳；	5——乙苯；	9——叔丁苯；
2——苯；	6——异丙苯；	10——苯乙烯；
3——甲苯；	7——正丙苯；	11——α-甲基苯乙烯；
4——正十二烷（内标物）；	8——甲乙苯；	12——β-甲基苯乙烯；

图 7.19　气相色谱

（7）精密度

在重复性条件下获得的两次独立测定结果的绝对差值不得超过算术平均值的 15% 。

7. 正己烷提取物

按 GB/T 5009.58—2003 中第 5 章操作。

第十九节　食品包装用聚氯乙烯成型品
卫生指标的分析方法

1. 范围

本标准规定了食品包装用聚氯乙烯成型品卫生指标的分析方法。

本标准适用于以食品包装用聚氯乙烯树脂为主要原料，按特定配方，以无毒或低毒的增塑剂、稳定剂等助剂经压延或吹塑等方法加工成的，用于各种糖果、糕点、饼干、卤味、酱菜、冷饮、调味品等食品的包装与饮料瓶的密封垫片等成型品的卫生指标的分析。

2. 规范性引用文件

下列文件中的条款通过本标准的引用而成为本标准的条款。凡是注日期的引用文件，其随后所有的修改单（不包括勘误的内容）或修订版均不适用于本标准，然而，鼓励根据本标准达成协议的各方研究是否可使用这些文件的最新版本。凡是不注日期的引用文件，其最新版本适用于本标准。

GB/T 5009. 60—2003 食品包装用聚乙烯、聚苯乙烯、聚丙烯成型品卫生标准的分析方法

GB 9681 食品包装用聚氯乙烯成型品卫生标准

3. 感官检查

色泽正常，无异臭、异物，应符合 GB 9681 的规定。

4. 取样方法

按生产厂产品批号（同一配方、同一原料、同一工艺、同一规格为一批），每批取样 10 只（以 500 mL/只计，小于 500 mL/只时，试样相应加倍）或 1 m 长，分别注明产品名称、批号、取样日期，其中半数供化验用，另一半数保存两个月，以备仲裁分析用。

5. 试样处理

（1）试样预处理：将试样用洗涤剂洗净，用自来水冲净，再用水淋洗三遍后晾干，备用。

（2）浸泡条件：浸泡量以每平方厘米试样 2.0 mL 浸泡液计算。

①水：60 ℃，浸泡 0.5 h。

②乙酸（4%）：60 ℃，浸泡 0.5 h。

③乙醇（20%）：60 ℃，浸泡 0.5 h。

④正己烷：室温，浸泡 0.5 h。

6. 氯乙烯单体

（1）原理

根据气体有关定律，将试样放入密封平衡瓶中，用溶剂溶解。在一定

温度下，聚乙烯单体扩散，达到平衡时，取液上气体注入气相色谱仪中测定。

本方法最低检出限 0.2 mg/kg。

注：本方法可用于聚氯乙烯树脂的测定。

（2）试剂

①液态氯乙烯：纯度大于 99.5%，装在 50～100 mL 耐压容器内，并把其放于干冰保温瓶中。

②N，N 二甲基乙酰胺（DMA）：在相同色谱条件下，该溶剂不应检出与氯乙烯相同保留值的任何杂质。否则，曝气法蒸馏除去干扰。

③氯乙烯标准液 A 的制备：取一只平衡瓶，加 24.5 mL DMA，带塞称量（准确至 0.1 mL），在通风橱内，从氯乙烯钢瓶倒液态氯乙烯约 0.5 mL，于平衡瓶中迅速盖塞混匀后，再称重，贮于冰箱中。按式（2）计算浓度：

$$c_A = \frac{m_2 - m_1}{V} \times 1\,000 \tag{1}$$

$$V = 24.5 + \frac{m_2 - m_1}{d} \tag{2}$$

式中：c_A——氯乙烯单体浓度，单位为毫克每毫升（mg/mL）；

$\quad$ V——校正体积，单位为毫升（mL）；

$\quad$ m_1——平衡瓶加溶剂的质量，单位为克（g）；

$\quad$ m_2——m_1 加氯乙烯的质量，单位为克（g）；

$\quad$ d——氯乙烯相对密度，0.912 1 g/mL（20/20 ℃）。

注：为简化试验，氯乙烯相对密度（20/20 ℃）已满足体积校正要求。

④氯乙烯标准使用液 B 的制备：用平衡瓶配制 25.0 mL 依据 A 液浓度，求出欲加溶剂的体积，使氯乙烯标准使用液 B 的浓度为 0.2 mg/mL。按式（3）、式（4）计算：

$$V_1 = 25 - V_2 \tag{3}$$

$$V_2 = \frac{0.2 \times 25}{c_A} \tag{4}$$

式中：V_1——欲加 DMA 体积，单位为毫升（mL）；

$\quad$ V_2——取 A 液的体积，单位为毫升（mL）；

$\quad$ c_A——氯乙烯标准 A 液浓度，单位为毫克每毫升（mg/mL）。

依据计算先把 V_1 体积 DMA 放入平衡瓶中，加塞，再用微量注射器取 V_2 体积的 A 液，通过胶塞注入溶剂中，混匀后为 B 液，贮于冰箱中。该氯乙烯标准使用液浓度为 0.20 mg/mL。

（3）仪器

①气相色谱仪（GC）：附氢火焰离子化检测器（FID）。

②恒温水浴：(70 ± 1) ℃。

③磁力搅拌器：镀铬铁丝 0.2 cm × 20 cm 为搅拌棒。

④磨口注射器.1，2，5 mL，配 5 号针头，用前验漏。

⑤微量注射器：10，50，100 μL。

⑥平衡瓶：(25 ± 0.5) mL，耐压 0.5 kg/cm²，玻璃，带硅橡胶塞。

（4）分析步骤

①色谱参考条件

（a）色谱柱：2m 不锈钢柱。内径 4 mm。

（b）固定相：上试 407 有机体，60 ~ 80 目，200 ℃老化 4 h。

（c）测定条件（供参考）：柱温 100 ℃，汽化温度 150 ℃，氮气 20 mL/ min，氢气 30 mL/ min，空气 300 mL/ min。

②标准曲线的绘制

准备 6 个平衡瓶，预先各加 3 mL DMA，用微量注射器 0，5，10，15，20，25 μg 的 B 液，通过塞分别注入各瓶中，配成 0 ~ 5.0 μg 氯乙烯标准系列，同时放入 (70 ± 1) ℃水浴中，平衡 30 min。分别取液上气 2 ~ 3 mL 注入 GC 中。调整放大器灵敏度，测量峰高，绘制峰高与质量标准曲线。

注：曲线范围 0 ~ 50 mg/kg，对聚氯乙烯树脂和成型品中氯乙烯含量是适用的。可以根据需要绘制不同含量范围的曲线。

③试样测定

将试样剪成细小颗粒，准确称取 0.1 ~ 1g 放入平衡瓶中，加搅拌棒和 3 mL DMA 后，立即搅拌 5 min，以下按 6.4.2 操作。量取峰高，在标准曲线上求得含量供计算。

④结果计算　见式（5）。

$$X = \frac{m_1 \times 1\,000}{m_2 \times 1\,000} \tag{5}$$

式中：X——试样中氯乙烯单体含量，单位为毫克每千克（mg/kg）；

　　　m_1——标准曲线求出氯乙烯质量，单位为微克（μg）；

　　　m_2——试样质量，单位为克（g）。

计算结果保留两位有效数字。

⑤精密度

在重复性条件下获得的两次独立测定结果的绝对差值不得超过算术平均值的 15%。

7. 高锰酸钾消耗量

按 GB/T 5009.60—2003 中第 4 章操作。

8. 蒸发残渣

按 GB/T 5009.60—2003 中第 5 章操作。

9. 重金属

按 GB/T 5009.60—2003 中第 6 章操作。

10. 脱色试验

按 GB/T 5009.60—2003 中第 7 章操作。

第二十节　食品包装用聚乙烯、聚苯乙烯、聚丙烯

成型品卫生标准的分析方法

1. 范围

本标准规定了以聚乙烯、聚苯乙烯、聚丙烯为原料制作的食品容器、食具及食品用包装薄膜等制品各项卫生指标的测定方法。

本标准适用于以聚乙烯、聚苯乙烯、聚丙烯为原料制作的各种食具、容器及食品用包装薄膜或其他各种食品用工具、管道等制品中各项卫生指标的测定。

2. 取样方法

每批按 0.1% 取试样，小批时取样数不少于 10 只（以 500 mL 容积/只计，小于 500 mL/只时，试样应相应加倍取量）。其中半数供化验用，另半数保存两个月，以备作仲裁分析用，分别注明产品名称、批号、取样日期。试样洗净备用。

3. 浸泡条件

（1）水：60 ℃，浸泡 2 h。

（2）乙酸（4%）：60 ℃，浸泡 2 h。

（3）乙醇（65%）：室温，浸泡 2 h。

（4）正己烷：室温，浸泡 2 h。

以上浸泡液按接触面积每平方厘米加 2 mL，在容器中则加入浸泡液至 2/3～4/5 容积为准。

4. 高锰酸钾消耗量

（1）原理

试样经用浸泡液浸泡后，测定其高锰酸钾消耗量，表示可溶出有机物质的含量。

（2）试剂

①硫酸（1+2）。

②高锰酸钾标准滴定溶液 $[c(1/5\ KMnO_4)=0.01\ mol/L]$。

③草酸标准滴定溶液 $[c(1/2\ H_2C_2O_4 \cdot 2H_2O)=0.01\ mol/L]$。

（3）分析步骤

①锥形瓶的处理：取 100 mL 水，放入 50 mL 锥形瓶中，加入 5 mL 硫酸（1+2）、5 mL 高锰酸钾溶液，煮沸 5 min，倒去，用水冲洗备用。

②滴定：准确吸取 100 mL，水浸泡液（有残渣则需过滤）于上述处理过的 50 mL 锥形瓶中，加 5 mL 硫酸（1+2）及 10.0 mL 高锰酸钾标准滴定溶液（0.01 mol/L），再加玻璃珠 2 粒，准确煮沸 5 min 后，趁热加入 10.0 mL 草酸标准滴定溶液（0.01 mol/L），再以高锰酸钾标准滴定溶液（0.01 mol/L）滴定至微红色，记取二次高锰酸钾溶液滴定量。

另取 100 mL 水，按上法同样做试剂空白试验。

（4）结果计算

见式（1）：

$$X = \frac{(V_1 - V_2) \times c \times 31.6 \times 1000}{100} \tag{1}$$

式中：X——试样中高锰酸钾消耗量，单位为毫克每升（mg/L）；

V_1——试样浸泡液滴定时消耗高锰酸钾溶液的体积，单位为毫升（mL）；

V_2——试剂空白滴定时消耗高锰酸钾溶液的体积，单位为毫升（mL）；

C——高锰酸钾标准滴定溶液的实际浓度，单位为摩尔每升（mol/I）。

⑥与 1.0 mL 的高锰酸钾标准滴定溶液 $[c(1/5\ KMnO_4)=0.01\ mol/L]$ 相当的高锰酸钾的质量，单位为毫克（mg）。

计算结果保留三位有效数字。

（5）精密度

在重复性条件下获得的两次独立测定结果的绝对差值不得超讨算术平均值的 10% 。

5. 蒸发残渣

（1）原理

试样经用各种溶液浸泡后，蒸发残渣即表示在不同浸泡液中的溶出量。四种溶液为模拟接触水、酸、酒、油不同性质食品的情况。

（2）分析步骤

取各浸泡液 200 mL，分次置于预先在（100 ± 50）℃ 干燥至恒量的 50 mL，玻璃蒸发皿或恒量过的小瓶浓缩器（为回收正己烷用）中，在水浴上蒸干，于（100 ±5）℃ 干燥 2 h，在干燥器中冷却 0.5 h 后称量，再于（100 ±5）℃ 干燥 1 h，取出，在干燥器中冷却 0.5 h，称量。同时进行空白试验。

（3）结果计算

$$X = \frac{(m_1 - m_2) \times 1\,000}{200} \tag{2}$$

式中：X——试样浸泡液（不同浸泡液）蒸发残渣，单位为毫克每升(mg/L)；

m_1——试样浸泡液蒸发残渣质量，单位为毫克（mg）；

m_2——空白浸泡液的质量，单位为毫克（mg）。

计算结果保留三位有效数字。

（4）精密度

在重复性条件下获得的两次独立测定结果的绝对差值不得超过算术平均值的 10% 。

6. 重金属

（1）原理

浸泡液中里金属（以铅计）与硫化钠作用，在酸性溶液中形成黄棕色硫化铅，与标准比较不得更深，即表示重金属含量符合标准。

（2）试剂

①硫化钠溶液：称取 5 g 硫化钠，溶于 10 mL 水和 30 mL 甘油的混合液中，或将 30 mL 水和 90 mL 甘油混合后分成二等份，一份加 5 g 氢氧化钠溶解后通入硫化氢气体（硫化铁加稀盐酸）使溶液饱和后，将另一份水和甘

油混合液倒入，混合均匀后装入瓶中，密闭保存。

②铅标准溶液：准确称取 0.159 8 g 硝酸铅，溶于 10 mL 硝酸（10%）中，移入 1 000 mL 容量瓶内，加水稀释至刻度。此溶液每毫升相当于 100 μg 铅。

③铅标准使用液：吸取 10.0 mL 铅标准溶液，置于 100 mL 容量瓶中，加水稀释至刻度。此溶液每毫升相当于 10 μg 铅。

（3）分析步骤

吸取 20.0 mL 乙酸（4%）浸泡液于 50 mL 比色管中，加水至刻度。另取 2 mL 铅标准使用液于 50 mL 比色管中，加 20 mL 乙酸（4%）溶液，加水至刻度混匀，两液中各加硫化钠溶液 2 滴，混匀后，放置 5 min，以白色为背景，从上方或侧面观察，试样呈色不能比标准溶液更深。

结果的表述：呈色大于标准管试样，重金属（以铅（Pb）计）报告值 >1。

7. 脱色试验

取洗净待测食具一个，用沾有冷餐油、乙醇（65%）的棉花，在接触食品部位的小面积内，用力往返擦拭 100 次，棉花上不得染有颜色。

四种浸泡液也不得染有颜色。

第二十一节　食品包装用聚乙烯树脂卫生标准的分析方法

1. 范围

本标准规定了制作食具、食品容器和食品用包装薄膜或其他食品用工具的聚乙烯树脂原料的各项卫生指标的测定方法。

本标准适用于制作食具、容器及食品用包装薄膜或其他食品用工具的聚乙烯树脂原料的各项卫生指标的测定。

2. 取样方法

每批按包数的 10% 取样，小批时不得少于 3 包。从选出的包数中，用取样针等取样工具伸入每包深度的 3/4 处取样，取出试样的总量不少于 2 kg，将此试样迅速混匀，用四分法缩分为每份 500 g，装于两个清洁、干燥的 250 mL，玻塞磨口广口瓶中，瓶上粘贴标签，注明生产厂名称、产品名称、批号及取样日期，一瓶送化验室分析，一瓶密封保存两个月，以备仲裁分析用。

3. 干燥失重

（1）原理

试样于 90～95 ℃ 干燥失去的质量即为干燥失重，表示挥发性物质存在情况。

（2）分析步骤

称取 5.00～10.00 g 试样，放于已恒量的扁称量瓶中，厚度不超过 5 mm，然后于 90～95 ℃ 干燥 2 h，在干燥器中放置 30 min 后称量，干燥失重不得超过 0.15 g/100 g。

（3）结果计算

$$X = \frac{m_1 - m_2}{m_3} \times 100$$

式中：X——试样的干燥失重，单位为克每百克（g/100g）；

　　m_1——试样加称量瓶的质量，单位为克（g）；

　　m_2——试样加称量瓶恒量后的质量，单位为克（g）；

　　m_3——试样质量，单位为克（g）。

计算结果保留三位有效数字。

（4）精密度

在重复性条件下获得的两次独立测定结果的绝对差值不得超过算术平均值的 20%。

4. 灼烧残渣

（1）原理

试样经 800 ℃ 灼烧后的残渣，表示无机物污染情况。

（2）分析步骤

称取 5.0～10.0g 试样，放于已在 800 ℃ 灼烧至恒量的淋锅中，先小心炭化，再放于 800 ℃ 高温炉内灼烧 2 h，冷后取出，放干燥器内冷却 30 min，称量，再放进马弗炉内，于 80 ℃ 灼烧 30 min，冷却称量，直至两次称量之差不超过 2.0 mg。

（3）结果计算　见式（2）

$$X = \frac{m_1 - m_2}{m_3} \times 100$$

式中：X——试样的灼烧残渣，单位为克每百克（g/100g）；

m_1——坩埚加残渣质量，单位为克（g）；

m_2——空坩埚质量，单位为克（g）；

m_3——试样质量，单位为克（g）。

计算结果保留三位有效数字。

（4）精密度

在重复性条件下获得的两次独立测定结果的绝对差值不得超过算术平均值的20%。

5. 正己烷提取物

（1）原理

试样经正己烷提取的物质，表示能被油脂浸出的物质。

（2）仪器

①250 mL 全玻璃回流冷凝器。

②浓缩器。

（3）分析步骤

称取约 1.00g～2.00g 试样（50～100 粒左右）于 250 mL 回流冷凝器的烧瓶中，加 100 mL 正己烷，接好冷凝管，于水浴中加热回流 2 h，立即用快速定性滤纸过滤，用少量正己烷洗涤滤器及试样，洗液与滤液合并。将正己烷放入已恒温的浓缩器的小瓶中，浓缩并回收正己烷，残渣于 100～105 ℃ 干燥 2 h，在干燥器中冷却 30 min，称量。正己烷提取物不得超过 2%。

（4）结果计算　见式（3）

$$X = \frac{m_1 - m_2}{m_3} \times 100$$

式中：X——试样中正己烷的提取物，单位为克每百克（g/100g）；

m_1——残渣加浓缩器的小瓶的质量，. 单位为克（g）；

m_2——浓缩器的小瓶质量，单位为克（g）；

m_3——试样质量，单位为克（g）。

计算结果保留三位有效数字。

（5）精密度

在重复性条件下获得的两次独立测定结果的绝对差值不得超过算术平均值的5%。

第二十二节　食品容器内壁过氯乙烯涂料卫生标准的分析方法

1. 范围

本标准规定了以过氯乙烯树脂为主要原料，配以颜料及助剂组成的涂料中各项卫生指标的分析方法。

本标准适用于以过氯乙烯树脂为主要原料，配以颜料及助剂组成的涂料中各项卫生指标的分析。

2. 规范性引用文件

下列文件中的条款通过本标准的引用而成为本标准的条款。凡是注日期的引用文件，其随后所有的修改单（不包括勘误的内容）或修订版均不适用于本标准，然而，鼓励根据本标准达成协议的各方研究是否可使用这些文件的最新版本。凡是不注日期的引用文件，其最新版本适用于本标准。

GB/T 5009.11—2003 食品中总砷及无机砷的测定

GB/T 5009.60—2003 食品包装用聚乙烯、聚苯乙烯、聚丙烯成型品卫生标准的分析方法

GR/T 5009.67—2003 食品包装用聚氯乙烯成型品卫生标准的分析方法

GB 7105 食品容器过氯乙烯内壁涂料卫生标准

3. 感官检查（包括容器和制成样片等）

（1）涂膜平整光洁、无气孔。

（2）涂膜浸泡后不软化、不龟裂、不起泡。

（3）浸泡液为无色、无异味的透明液。

应符合 GB 7105 的规定。

4. 制样方法

用（5.0×5.0）cm 的钢板（厚度 0.5～1 mm）或平板玻璃（厚度约 2 mm）为基材，按实际施工工艺涂成双面样板，经自然干燥 10 天后供浸泡试验用（单面或双面涂布，计算其面积）。

5. 浸泡条件

（1）样板 1 cm 以 2 mL 浸泡液计算。
（2）蒸馏水：60 ℃，2 h。
（3）乙酸（4%）：60 ℃，2 h。
（4）乙醇（65%）：60 ℃，2 h。

6. 蒸发残渣

按 GB/T 5009.60—2003 中第 5 章操作。

7. 高锰酸钾消耗量

按 GB/T 5009.60—2003 中第 4 章操作。

8. 重金属

按 GB/T 5009.60—2003 中第 6 章操作。

9. 砷

（1）原理、试剂、仪器
同 GB/T 5009.11—2003 中第 9 章、第 10 章、第 11 章。
（2）分析步骤
吸取 10.0 ~ 20.0 mL 乙酸（4%）浸泡液于 150 mL 锥形瓶中，另外准确吸取砷标准溶液 0，2.0，4.0，6.0，8.0，10.0 mL（相当于砷 0，2.0，4.0，6.0，8.0，10.0 μg），分别置于锥形瓶中，于试样管及砷标准管中分别加水至 43 mL，加 7 mL 盐酸、2 mL 碘化钾、0.5 mL 氯化亚锡溶液，混匀后静置 15 min，加入锌粒 5g，立即分别塞上装有乙酸铅棉花的玻璃弯管。并使弯管尖端插入盛有 5 mL 银盐溶液的离心管（或刻度试管）中，反应 1 h 后，取下试管，加三氯甲烷补足至 5 mL，再转入 1 cm 比色杯中。以零管调节零点，于波长 540nm 处测吸光度，绘制标准曲线比较。
（3）结果计算

$$X = \frac{m \times 1\,000}{V \times 1\,000}$$

式中：X——试样中砷的含量，单位为毫克每升（mg/L）；

　　　　m——测定用试样浸泡液中砷的质量，单位为微克（μg）；

　　　　V——测定用试样浸泡液的体积，单位为毫升（mL）。

计算结果保留两位有效数字。

（4）精密度

同 GB/T 5009.11—2003 中第 15 章。

10. 氯乙烯单体

按 GB/T 5009.67—2003 中第 6 章操作。

第二十三节 食品罐头内壁环氧醛涂料卫生标准的分析法

1. 范围

本标准规定了食品罐头内壁环氧酚醛涂料的各项卫生指标的测定方法。本标准适用于食品罐头内壁环氧酚醛涂料的各项卫生指标的测定。

2. 引用标准

GB 4805 食品罐头内壁环氧酚醛涂料

GB/T 5009.60 食品包装用聚乙烯、聚苯乙烯、聚丙烯成型品卫生标准的分析方法

3. 取样方法

（1）同时出厂的、同规格的若干包涂料铁皮（称为一个货批），随意地按 20 包称为若干货组，不足 20 包的余数应称作一个货组。

（2）每货组随意地取一包进行检验。货批不足 20 包时，应抽两包进行检验。

（3）应在被检验的每一包上、中、下三部位分别随意连续各抽 7 张（共 21 张），分别注明产品名称、批号、取样日期、货批合格证号。进行涂料铁皮卫生、理化检验和外观检验。在外观检验的样品中留 3 张保存三个月，以备作仲裁分析用。

4. 感官检查（包括原材料和成型品）

（1）涂料膜：呈金黄色，光洁均匀，经模拟液浸泡后，色泽正常，无泛白、脱落现象。

（2）涂料膜浸泡液：无异色、无异味、不混浊。

应符合 GB 4805 的规定。

5. 样品处理

（1）将涂料铁皮裁成一定尺寸，用肥皂水或洗衣粉在涂层表面刷 5 次；在露铁面（无涂层面）来回刷 10 次，用自来水冲洗半分钟，再用水清洗 3 次，晾干备用，浸泡液量按涂层面积每平方厘米加 2 mL 计算。

（2）取同批号被测空罐 3～4 个，用肥皂水或洗衣粉转刷 5 次，用自来水冲洗半分钟，再用水清洗 3 次，晾干。加入浸泡液至离罐口 0.6～0.7 cm，盖好罐盖，外加锡纸扎紧，然后保温浸泡，完成浸泡倒入硬质玻璃容器备用。

6. 浸泡条件

（1）水：95 ℃，30 min。

（2）乙醇（20%）：95 ℃，30 min。

（3）乙酸（4%）：95 ℃，30 min。

（4）正己烷：37 ℃，2 h。

以上含水浸泡液以及分析用水不得含酚和氯。一般用活性炭吸附过的蒸馏水（1 000 mL 蒸馏水加入 1g 色层分析用的活性炭，充分搅拌，10 min 后静止，过滤待用）。

7. 理化检验

（1）游离酚

①滴定法（适用于树脂）

（a）原理

利用溴与酚结合成三苯酚，剩余的溴与碘化钾作用，析出定量的碘，最后用硫代硫酸钠滴定析出的碘，根据硫代硫酸钠溶液消耗的量，即可计算出酚的含量。

（b）试剂

盐酸。三氯甲烷。乙醇。饱和溴溶液。碘化钾溶液（100 g/L）。淀粉指示液：称取 0.5g 可溶性淀粉，加少量水调至糊状，然后倒入 100 mL 沸水中，煮沸片刻，临用时现配。溴标准溶液 $[C(1/2Br) = 0.1\ mol/L]$。硫代硫酸钠标准滴定溶液 $[C(NaS_2O_3) = 0.1\ mol/L]$。

（c）分析步骤

称取约 1.00g 树脂或环氧酚醛涂料样品（最好是现生产的），小心放入蒸馏瓶内，以 20 mL 乙醇溶解（如水溶性树脂用 20 mL 水），再加入 50 mL

水，然后用水蒸气加热蒸馏出游离酚，馏出溶液收集于 500 mL 容量瓶中，控制在 40 ~ 50 min 内馏出蒸馏液 300 ~ 400 mL，最后取少许新蒸出液样，加 1 ~ 2 滴饱和溴水，如无白色沉淀，证明酚已蒸完，即可停止蒸馏，蒸馏液用水稀释至刻度，充分摇匀，备用。

吸取 100 mL 蒸馏液，置于 500 mL 具塞锥形瓶中，加入 25 mL 溴标准溶液 (0.1 mol/L)、5 mL 盐酸，在室温下放在暗处 15 min，加入 10 mL 碘化钾 (100 g/L)，在暗处放置 10 min，加 1 mL 三氯甲烷，用硫代硫酸钠标准滴定溶液 (0.1 mol/L) 滴定至淡黄色，加 1 mL 淀粉指示液，继续滴定至蓝色消退为终点。同时用 20 mL 乙醇加水稀释至 500 mL，然后取 100 mL 进行空白试验 (如水溶性树脂则以 100 mL 水做空白试验)。

(d) 计算

$$X_1 = \frac{(V_1 - V_2) \times c_1 \times 0.015\,68 \times 5}{m_1} \tag{1}$$

式中：X_1——样品中游离酚含量，g/100 g；

V_1——试剂空白滴定消耗硫代硫酸钠标准滴定溶液体积，mL；

V_2——滴定样品消耗硫代硫酸钠标准滴定溶液体积，mL；

c_1——硫代硫酸钠标准滴定溶液的实际浓度，mol/L；

m_1——样品质量，g；

0.015 68——与 1.0 mL 硫代硫酸钠标准滴定溶液 $[c\,(NaS_2O_3) = 1.000\,mol/L]$ 相当的苯酚的质量，g。

结果的表述：报告算术平均值的三位有效数。

(e) 允许差

相对相差 ≤5%。

②比色法 (适用于浸泡液的微量游离酚)

(a) 原理

在碱性溶液 (pH 9 ~ pH 10.5) 的条件下，酚与 4 - 氨基安替吡啉经铁氰化钾氧化，生成红色的安替吡啉染料，红色的深浅与酚的含量成正比。用有机溶剂萃取，以提高灵敏度，与标准比较定量。

(b) 试剂

磷酸 (1 + 9)。硫代硫酸钠标准溶液 $[C\,(NaS_2O_3) = 0.025\,mol/L]$。2 溴酸钾 - 溴化钾溶液：准确称取 2.78g 经过干燥的溴酸钾，加水溶解，置于 1 000 L 容量瓶中，加 10 g 溴化钾溶解后，以水稀释到刻度。

盐酸。硫酸铜溶液 (100 g/L)。4 - 氨基安替吡啉溶液 (20 g/L)：贮于冰箱能保存一星期。铁氰化钾溶液 (80 g/L)。缓冲液 (pH9.8)：称取 20 g

氯化铵于100 mL氨水中，盖紧贮于冰箱。三氯甲烷。碘化钾。淀粉指示液，配制同前。酚标准溶液：准确称取新蒸182～184 ℃馏程的苯酚约1 g，溶于水中移入1 000 mL容量瓶，加水稀释至刻度。酚标准使用液：吸取10 mL待测定的酚标准溶液，放入250 mL碘量瓶中，加入50 mL水、10 mL溴酸钾－溴化钾溶液，随即加5 mL盐酸，盖好瓶塞，缓缓摇动，静置10 min后加入1g碘化钾。同时取10 mL，同上步骤做空白试验，用硫代硫酸钠标准滴定溶液（0.025 mol/L）滴定空白和酚标准溶液，当溶液滴至淡黄色后加入2 mL淀粉指示液，继续滴至蓝色消失为终点。按式（2）计算酚含量。

$$X_2 = \frac{(V_3 - V_4) \times c_2 \times 15.68}{V_5} \qquad (2)$$

式中：X_2——酚标准溶液中酚的含量，mg/mL；

V_3——空白滴定消耗硫代硫酸钠标准滴定溶液的体积，mL；

V_4——酚标准溶液滴定消耗硫代硫酸钠标准滴定溶液的体积，mL；

c_2——硫代硫酸钠标准滴定溶液实际浓度，mol/L；

V_5——标定用酚标准使用液体积，mL；

15.68——与1.00 mL硫代硫酸钠〔$C(Na_2S_2O_3) = 1.000$ mol/L〕标准滴定溶液相当的酚的质量，mg。

根据上述计算的含量，将酚标准溶液稀释至1 mg/mL，临用时吸取10 mL，置于1 000 mL容量瓶中，加水稀释至刻度，使此溶液每毫升相当于10 μg苯酚。再吸取此溶液10 mL，置于100 mL容量瓶中，加水稀释至刻度，此溶液每毫升相当于1.0 μg苯酚。

（c）仪器 可见分光光度计。

（d）分析步骤

标准曲线制备：吸取0，2.0，4.0，8.0，12.0，16.0，20.0，30.0 mL苯酚标准使用液（相当于0，2.0，4.0，8.0，12.0，16.0，20.0，30.0 μg苯酚），分别置于250 mL分液漏斗中，各加入无酚水至200 mL，各分别加入1 mL缓冲液、1 mL 4－氨基安替吡啉溶液（20 g/L）、1 mL铁氰化钾溶液（80 g/L），每加入一种试剂，要充分摇匀，放置10 min，各加入10 mL三氯甲烷，振摇2 min静止分层后将三氯甲烷层经无水硫酸钠过滤于比色管中，用2 cm比色杯以零管调节零点，于波长460nm处测吸光度，绘制标准曲线。

测定。量取250 mL样品水浸泡混合液，置于500 mL全磨口蒸馏瓶中，加入5 mL硫酸铜溶液（100 g/L），用磷酸（1＋9）调节pH值在4以下〔亦可用2滴甲基橙指示液（1 g/L）调至溶液为橙红色〕，加入少量玻璃球

进行蒸馏，在 200 mL 或 250 mL 容量瓶中预先放入 5 mL 氢氧化钠溶液
（4 g/L），接收管插入氢氧化钠溶液液面下接受蒸馏液，收集馏液至
200 mL。同时用 250 mL 无酚水按上法进行蒸馏，做试剂空白试验。

将上述全部样品蒸馏液及试剂空白蒸馏液分别置于 250 mL 分液漏斗中，
依法操作，与标准曲线比较定量。

计算

$$X_3 = \frac{(m_2 - m_3) \times 1\,000}{V_6} \times 1\,000 \tag{3}$$

式中：X_3——样品浸泡液中游离酚的含量，mg/L；

　　　m_2——测定样品浸泡液中游离酚的质量，μg；

　　　m_3——试剂空白中酚的质量，μg；

　　　V_6——测定用浸泡液体积，mL。

空罐浸泡液游离酚含量换算成 2 mL/cm² 浸泡液游离酚含量的公式如下

$$X_4 = X_3 \times \frac{V_7}{S \times 2} \tag{4}$$

式中：X——测定样品水浸泡液中换算后的游离酚含量，mg/L；

　　　X_3——样品浸泡液中游离酚的含量，mg/L；

　　　S——每个空罐内面总面积，cm²；

　　　V_7——每个空罐模拟液的体积，mL。

结果的表述：报告算术平均值的二位有效数。

（f）允许差

相对相差≤10%。

（2）游离甲醛

①原理；

甲醛与变色酸在硫酸溶液中呈紫色化合物，其颜色的深浅与甲醛含量成
正比，与标准比较定量。

②试剂；

（a）盐酸

（b）盐酸（1 +1）。

（c）氢氧化钠溶液（4 g/L）。

（e）氢氧化钠溶液（40 g/L）。

（f）硫酸（1 +35）。

（g）硫酸（1 +359）。

（h）淀粉溶液（10 g/L）：配制同前。

（i）碘标准滴定溶液 $[c (1/2I_2) = 0.1 \text{ mol/L}]$。

（j）硫代硫酸钠标准滴定溶液 $[c (NaS_2O_3) = 0.1 \text{ mol/L}]$。

（k）变色酸溶液：称取 0.5g 变色酸，溶于少许水中，移入 10 mL 容量瓶中，加水至刻度，溶解后过滤。取 5 mL 放入 100 mL 容量瓶中，慢慢加硫酸至刻度，冷却后缓缓摇匀。

（l）甲醛标准溶液：吸取 10 mL 甲醛（38% ~ 40%）于 500 mL 容量瓶中，加入 0.5 mL 硫酸（1 + 35），加水稀释至刻度，混匀。吸取 5 mL，置于 250 mL 碘量瓶中，加 40 mL 碘标准溶液（0.1 mol/L）、15 mL 氢氧化钠溶液（40 g/L），摇匀，放置 10 min，加 3 mL 盐酸（1 + 1）[或 20 mL 硫酸（1 + 35）] 酸化，再放置 10 ~ 15 min，加入 100 mL 水，摇匀，用硫代硫酸钠标准滴定溶液（0.1 mol/L）滴定至草黄色，加入 1 mL 淀粉指示液继续滴定至蓝色消失为终点，同时做试剂空白试验。

计算

$$X_5 = \frac{(V_8 - V_9) \times c_3 \times 15}{5} \tag{5}$$

式中：X_5——甲醛标准溶液的浓度，mg/mL；

V_8——试剂空白滴定消耗硫代硫酸钠标准滴定溶液的体积，mL；

V_9——样品滴定消耗硫代硫酸钠标准滴定溶液的体积，mL；

c_3——硫代硫酸钠标准滴定溶液的实际浓度，mol/L；

15——与 1.0 mL 碘标准滴定溶液 $[C (1/2I_2) = 1.000 \text{ mol/L}]$ 相当的甲醛的质量，mg；

5——标定用甲醛标准溶液的体积，mL。

（m）甲醛标准使用液：根据上述计算的含量，将甲醛标准溶液稀释至每毫升相当于 1.0 μg 甲醛。

③仪器

可见分光光度计。

④分析步骤

（a）标准曲线制备：吸取 0、2.0、4.0、8.0、12.0、16.0、20.0、30.0 mL 甲醛标准使用液（相当于 0、2.0、4.0、8.0、12.0、16.0、20.0、30.0 μg 甲醛），分别置于 200 mL 容量瓶中，各加水至刻度，摇匀。各吸取 10 mL，分别放入 25 mL 具塞比色管中，各加入 10 mL 变色酸溶液，显色，待冷却至室温，用 2 cm 比色杯，以零管调节零点，于波长 575nm 处测吸光义，绘制标准曲线。

（b）测定：量取 250 mL 水浸泡混合液，置于 500 mL 全磨口蒸馏瓶中，加入 5 mL 硫酸（1 + 2），加少量瓷珠进行蒸馏，在 200 和 250 mL 容量瓶中预先加入 5 mL 硫酸（1 + 2），接收管插入硫酸液面下接受蒸馏液，收集馏出液至 200 mL。同时用 250 mL 水按上法进行蒸馏，作试剂空白试验。如果浸泡液澄清可不需要蒸馏。

吸取上述 10 mL 样品蒸馏液及试剂空白蒸馏液于 25 mL 具塞比色管中，各加入 10 mL 变色酸溶液显色，冷却至室温，按（a）进行比色。

（c）计算

$$X_6 = \frac{(m_4 - m_5) \times 1\,000}{250 \times 1\,000} \tag{6}$$

式中：X_6——样品水浸泡液中甲醛的含量，mg/L；

$\quad m_4$——测定用样品浸泡液甲醛的质量，μg；

$\quad m_5$——试剂空白中甲醛的质量，μg；

$\quad 250$——蒸馏用浸泡液体积，mL。

空罐浸泡液甲醛含量换算成 2 mL/cm 浸泡液甲醛含量。

结果的表述：报告算术平均值的三位有效数。

（d）允许差

相对相差 ≤10%。

（3）高锰酸钾消耗量

按 GB/T 5009.60 中第 5 章操作。

（4）蒸发残渣

①分析步骤

取各种浸泡液 200 mL，分别置于预先在 105 ~ 110 ℃干燥至恒量的蒸发皿或浓缩瓶中，在沸水浴上蒸干后移至 105 ℃恒温烘箱干燥 2 h，取出，置干燥器冷却后称量，同时取 200 mL 试剂浸泡液做一试剂空白试验。

②计算

$$X_7 = \frac{(m_6 - m_7) \times 1\,000}{V_{10}} \times 1\,000 \tag{7}$$

式中：X_7——样品浸泡液的蒸发残渣，mg/L；

$\quad m_6$——测定用样品浸泡液蒸发残渣质量，g；

$\quad m_7$——试剂空白溶液蒸发残渣质量，g；

$\quad V_{10}$——测定用样品浸泡液体积，mL。

空罐浸泡液蒸发残渣换算。

结果的表述：报告算术平均值的三位有效数。

③允许差

相对相差≤10%。

第二十四节　塑料线膨胀系数测定方法

1. 范围

本标准规定了在定点温度下测定塑料线膨胀系数的方法。

本标准适用于测定塑料的线膨胀系数。

本标准不适用于低密度泡沫塑料线膨胀系数测定。

2. 引用标准

GB 2918 塑料试样状态调节和试验的标准环境

GB 1214 游标卡尺

3. 术语

线膨胀系数：温度每变化 1 ℃，试样长度变化值与其原始长度值之比，单位为℃$^{-1}$。

4. 方法提要

本方法是将已测量原始长度的试样装入石英膨胀计中，然后将膨胀计先后插入不变温度的恒温浴内，在试样温度与恒温浴温度平衡，千分表指示值稳定后，记录读数，由试样膨胀值和收缩值，即可计算试样的线膨胀系数。

本标准规定（-30 ~ +30）℃为通用测定温度。也可按产品标准规定。若材料在规定的测定温度范围内存在相转变点，或玻璃化转变点，则应在转变点以上和以下分别测定其线膨胀系数，以免引起过大的测试误差。

5. 仪器

注：本标准推荐采用 LE - I 型线膨胀系数测定仪。

（1）石英膨胀计

石英外管内径 10 ~ 11 mm，石英内外管间滑动间隙 0.1 ~ 0.2 mm。连接件与恒温浴顶部保持 40 ~ 50 mm 距离，连接件和千分表座应由低膨胀合金制成：石英内管和千分表测头对试样端面的压力之和应小于 15 kPa。石英膨胀计示意图见图 7.20。

（2）千分表

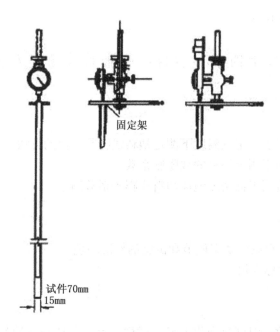

图 7.20　石英膨胀计

量程 0 ~ 1 mm，示值误差 ± 0.002 mm。

（3）试样端面垫片

试样端面垫片应由低膨胀合金制成，表面平整光滑，直径 10 mm，厚度 0.3 ~ 0.6 mm。

（4）测温仪器

数字温度表或水银温度计，分度值为 0.1 ℃。

（5）恒温浴

在测定周期内，恒温浴的试样区温度应均匀，温度波动在 ± 0.2 ℃ 以内。

（6）游标卡尺

应符合 GB 1214 的要求，分度值为 0.02 mm。

6. 试样

（1）试样尺寸

对于线膨胀系数较大的材料，长度 50 mm；线膨胀系数较小的材料，长度 100 mm。试样横截面可以是圆形、方形或长方形的，能很方便地放入石英膨胀计的外管内，不应发生晃动、摩擦和变形。试样横截面的直径或对角线的长度约 10 mm。

（2）试样制备

可采用机械加工、模塑或浇铸的方法制备试样。若从各向同性的材料上切取试样，则可随意取三个试样测定线膨胀系数。若从各向异性的材料上切取试样，则应在同一方向切取三个试样。试样端面应平整、无毛刺、并垂直于长轴。

7. 试样状态调节

对湿度敏感的材料或精度要求高的试验及仲裁试验等，在测定前应按 GB 2918 规定进行状态调节，但存放时间至少 40 h。

8. 试验步骤

（1）用游标卡尺测量试样原始长度，读数精确到 0. 02 mm。

（2）将试样装入石英膨胀计的外管中。同时在试样两端垫上金属片，然后放入石英内管，装上千分表座和千分表，轻轻敲击使千分表指示值稳定。

（3）将石英膨胀计插入（ −32 ～ −28）℃的恒温浴中，待试样温度与恒温浴温度平衡（约需 30 min），千分表指示值稳定 5 ～ 10 min 后，把千分表指示值调到零。

（4）在不引起振动和晃动的条件下，小心地将石英膨胀计平稳地移到 28 ～ 32 ℃的恒温浴中，待试样温度与浴温平衡，千分表指示值稳定 5 ～ 10 min 后记录读数，得试样膨胀值和温度值，数值分别读到小数后第三位和第一位。

（5）在不引起振动和晃动的条件下，小心地将石英膨胀计平稳地移回 −32 ～ −28 ℃的恒温浴中，待试样温度与浴温平衡，千分表指示值稳定 5 ～ 10 min 后记录读数，得试样收缩值和温度值，数值分别读到小数后第三位和第一位。

（6）若试样每摄氏度的膨胀值与收缩值的绝对值之差超过其平均值的 5%，则应查明原因予以消除，并重新进行测定，直至符合要求为止。

9. 计算

试样的线膨胀系数按下式计算：

$$a = \frac{\Delta L}{L_0 \cdot \Delta T}$$

式中：a——线膨胀系数，℃ β_{max} ；

　　　　L——试样膨胀值和收缩值的算术平均值，mm；

　　　　L_0——试样原始长度，mm；

　　　　L_0 T——两个恒温浴温度差的平均值，℃。

试验结果以一组试样的算术平均值表示，并取三位有效数字。

10. 允许差

用本标准方法进行测定时，实验室间的允许误差为（1.6±2.4）％。

11. 试验报告

试验报告应包括以下内容：

（a）注明按照本国家标准；

（b）试样名称、材型、型号、生产厂；

（c）试样尺寸及切取试样的方向；

（d）试样制备方法，每次试验所用试样数；

（e）仪器名称、型号；

（f）试验温度，若在试验温度范围内有转变点，则应说明转变温度；

（g）试样的线膨胀系数；

（h）出现的异常现象；

（i）试验日期及测试人员。

第二十五节　塑料力学性能试验方法总则

1. 范围

本标准规定了塑料力学性能试验时试样的制备和数量，亦规定了试样的状态调节及试验时的标准环境等。

本标准适用于塑料板、棒、管、软片及薄膜等型材。

本标准不适用于泡沫塑料。

2. 引用标准

GB 2918　　塑料试样状态调节和试验的标准环境

GB 5471　　热固性塑料压塑试样制备方法

GB 9352　　热塑性塑料压塑样的制备

GB 11997　塑料多用途试样的制备和使用

3. 试样制备

（1）试样制备方法

①模塑试样：按有关标准或协议执行。

②棒、管试样：按有关协议执行。

③薄膜试样：用锋利的刀片裁切或者用所需形状的冲样刀冲切。

④软板、片材试样：用锋利的切样刀在衬垫物上冲切。衬垫物的硬度为70～95（邵氏 A）。

⑤硬质板材试样：按有关标准或协议执行，也可以用机械加工方法加工。加工时不应使试样受到过分的冲击、挤压和受热。加工面应光洁。

注：（a）对较厚的硬板试样，应单面加工至所需厚度。

（b）各向异性材料，应沿纵横方向分别各取一组试样，如产品标准有规定，可按规定的方向取样。

（2）试样数量

每组试样至少取5个。

（3）外观要求

试样表面应平整、无气泡、裂纹、分层、明显杂质和加工损伤等缺陷。

4. 试样

本方法规定使用四种类型的试样，见表 7.8 至表 7.11。

（1）试样类型和尺寸

①Ⅰ型试样

表 7.8　Ⅰ型试样　　　　　　（单位：mm）

符号	名称	尺寸	公差一	符号	名称	尺寸	公差
L	总长（最小）	150	—	W	端部宽度	20	±0.2
H	夹具间距离	115	±5.0	d	厚度	见正文4.3	
C	中间平行部分长度	60	±0.5	b	中间平行部分宽度	10	±0.2
G_0	标距（或有效部分）	50	±0.5	R	半径（最小）	60	

②Ⅱ型试样

表7.9　Ⅱ型试样　　　　　　　　　（单位：mm）

符号	名称	尺寸	公差	符号	名称	尺寸	公差
L	总长（最小）	115		d	厚度	见正文43	
H	夹具间距离	80	±5	b	中间平行部分宽度	6	±0.4
C	中间平行部分长度	33	±2	β_{max}	小半径	14	±1
L_{max}	标距（或有效部分）	25	±1	L_0	大半径	25	±2
W	端部宽度	25	±1				

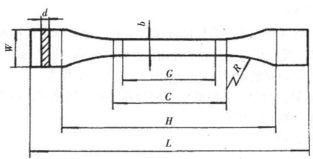

③Ⅲ型试样

表7.10　Ⅲ型试样　　　　　　　　　（单位：mm）

符号	名称	尺寸	符号	名称	尺寸
L	总长	110	b	中间平行部分宽度	25
C	中间平行部分长度	9.5	R_0	端部半径	6.5
d_0	中间平行部分厚度	3.2	R_1	表面半径	75
d_1	端部厚度	6.5	R_2	侧面半径	75
W	端部宽度	45—			

注：尺寸公差为±5%。

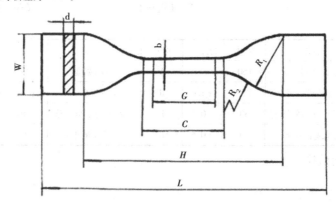

④IV 型试样

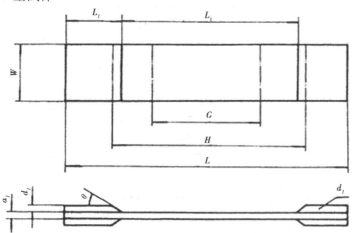

表 7.11　IV 型试样

符号	名称	尺寸	公差	符号	名称	尺寸	公差
L	总长（最小）	250	—	L_1	加强片间长度	150	±5
H	夹具间距离	170	±5	d_0	厚度	2~10	
G_0	标距（或有效部分）	100	±0.5	d_1	加强片厚度	3~10	
$W^{①}$	宽度	25 或 50	±0.5	$\theta^{②}$	加强片角度	5~30	
L_2	加强片最小长度	50	—	$d_2^{③}$	加强片	—	

注：①纱布增强的热固性塑料板试样宽度采用 50 mm。玻璃纤维增强的热固性塑料板试样宽度采用 25 mm。

②随着加强片厚度的增加，θ 角度需相应增大。

③除有争议外，对玻璃纤维增强材料可省去加强片。

（2）试样选择（见表 7.12）

表 7.12　试样选择规格

试样材料	试样类型	试样制备方法	试样最佳厚度, mm	试验速度
硬质热塑性塑料 热塑性增强塑料	I 型	注塑成型压制成型	4	B, C, D, E, F
硬质热塑性塑料板 热固性塑料板 （包括层压板）		机械加工	4	A, B, C, D, E, F, G

续表 7.12

试样材料	试样类型	试样制备方法	试样最佳厚度，mm	试验速度
软质热塑性塑料 软质热塑性塑料板	Ⅱ型	注塑成型 压制成型 板材机械加工 板材冲切加工	2	F，G，H，I
热固性塑性 包括经填充和纤维 增强的塑料	Ⅲ型①	注塑成型 压制成型		C
热固性增强塑料板	Ⅳ型	机械加工		B，C，D

注：①Ⅲ型试样仅用于测定拉伸强度。

（3）试样制备及要求

①试样制备和外观检查，按 GB 1039 规定进行。

②建议仲裁试验时，Ⅰ型试样厚度采用 4 mm；Ⅱ型试样厚度采用 2 mm。

③试样厚度除表中规定外，板材厚度 $d \leqslant 10$ mm 时，可用原厚为试样厚度；当厚度 $d > 10$ mm 时，应从两面等量机械加工至 10 mm，或按产品标准规定加工。

④每组试样不少于 5 个。对各向异性的板材应分别从平行于主轴和垂直于主轴的方向各取一组试样。

5. 试验速度

试验速度设有以下九种：

速度 A　1 mm/min ±50%；

速度 B　2 mm/min ±20%；

速度 C　5 mm/min ±20%；

速度 D　10 mm/min ±20%；

速度 E　20 mm/min ±10%；

速度 F　50 mm/min ±10%；

速度 G　100 mm/min ±10%；

速度 H　200 mm/min ±10%；

速度 I　500 mm/min ±10%。

（1）试验速度应从表 5 内与各种试样类型所对应的试验速度范围内选取。该试验速度应为使试样能在 0.5～5 min 试验时间内断裂的最低速度。

（2）允许按产品标准的规定或由有关双方商定另选其他试验速度。

6. 试验设备

（1）试验机：任何能满足本标准试验要求的、具有多种速率移动的试验机均可使用。

（2）试验机示值应从每级表盘满刻度的 10% ~ 90% ，但不小于试验机最大载荷的 4% 读取，示值的误差应在 ±1% 之内。电子拉力试验机按有关规定执行。

（3）形变测量装置：测量误差应在 ±1% 之内。

（4）夹具：试验夹具移动速度应符合规定要求。测定Ⅲ型试样时，推荐使用图 7.38 所示的专用夹具。也可使用能满足试验要求的其他夹具。

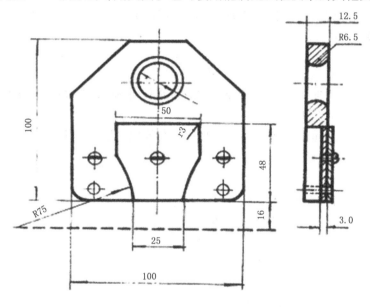

图 7.38　Ⅲ型试样夹具

7. 试验步骤

试验应按以下步骤进行：

（1）试样的状态调节和试验环境应按 GB 2918 规定进行。

（2）在试样中间平行部分做标线示明标距，此标线对测试结果不应有影响。

（3）测量试样中间平行部分的宽度和厚度，精确至 0.01 mm。Ⅱ型试样中间平行部分的宽度，精确至 0.05 mm。每个试样测量三点，取算术平均值。

（4）夹持试样，夹具夹持试样时，要使试样纵轴与上、下夹具中心连线相重合，并且要松紧适宜，以防止试样滑脱或断在夹具内。

（5）选定试验速度，进行试验。

（6）记录屈服时的负荷，或断裂负荷及标距间伸长。若试样断裂在中间平行部分之外时，此试样作废，另取试样补做。

注：对有特殊要求的玻璃纤维增强热固性和热塑性塑料拉伸性能的测定，按 G13 1447 进行。

8. 结果的计算和表示

（1）拉伸强度或拉伸断裂应力或拉伸屈服应力或偏置屈服应力按式（1）计算：

$$\sigma_1 = \frac{p}{bd} \tag{1}$$

式中：σ_1——拉伸强度或拉伸断裂应力或拉伸屈服应力或补偏置服应力，MPa；

　　　p——最大负荷或断裂负荷或屈服负荷或偏置屈服负荷，N；

　　　b——试样宽度，mm；

　　　d——试样厚度，mm。

（2）断裂伸长率按式（2）计算：

$$\varepsilon_1 = \frac{G - G_0}{G_0} \times 100 \tag{2}$$

式中：ε_1——断裂伸长率，%；

　　　G_0——试样原始标距，mm；

　　　G——试样断裂时标线间距离，mm。

（3）试验时，如果试样没有明显的屈服点（见图8.39，曲线 C），可测定偏置屈服应力。偏置屈服时的应变 X 必须在有关的产品标准中规定，或由双方确定。否则可取应变3.5%作为 X。但是，在任何情况下，X 必须小于拉伸强度处的应变。

（4）标准偏差值按式（3）计算：

$$S = \sqrt{\frac{\sum (X_i - \overline{X})}{n - 1}} \tag{3}$$

式中：S——标准偏差值；

　　　X_i——单个测定值；

$\overline{X}$——组测定值的算术平均值；

n——测定个数。

（5）计算结果以算术平均值表示，σ_t 取三位有效数字，ε_t 取一位有效数字，S 取一位有效数字。

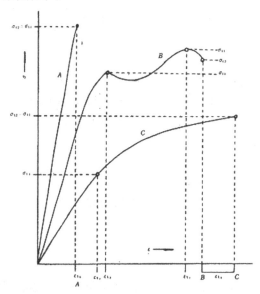

图 7.22　拉伸应力—应变曲线

σ_{t1}—拉伸强度；ε_{t1}—拉伸强度时的应变；σ_{t2}—拉伸断裂应力；ε_{t2}—断裂时的应变；σ_{t3}—拉伸屈服应力；ε_{t3}—屈服时的应变；σ_{t4}—偏置屈服应力；ε_{t4}—偏置屈服时的应变 $X\%$，A—脆性材料；B—具有屈服点的韧性材料；C—无屈服点的韧性材料

9. 试验报告

试验报告包括下列内容：

（a）注明按照本国家标准；

（b）材料名称、规格、来源及生产厂；

（c）试样的类型、尺寸和制备方法；

（d）试验温度、湿度及试样状态调节；

（e）试验机型号，试验速度；

（f）试样的主轴方向；

（g）拉伸强度；

（h）拉伸断裂应力；

（i）拉伸屈服应力；

（j）偏置屈服应力；

（k）断裂伸长率 i

（l）试验日期、试验人员。

第二十六节 塑料压缩性能试验方法

1. 范围

本标准规定了对试样施加静态压缩负荷测定压缩性能的方法。

本标准适用于硬质和半硬质及填充改性的塑料材料，不适用于纤维增强材料和硬质泡沫塑料。

2. 引用标准

GB 2918 塑料试样状态调节和试样的标准环境

3. 术语

（1）压缩应力

在压缩试验过程中的任一时刻，试样单位原始横截面积所承受的压缩负荷。以兆帕为单位。

（2）压缩应变

试样单位原始高度的改变，以相同量纲的比表示。

（3）压缩变形

由压缩负荷引起的试样高度的改变量。以毫米为单位。

（4）压缩负荷—变形曲线

以压缩试验全过程中的压缩负荷为纵坐标，以对应的变形为横坐标绘图所获得曲线。

（5）压缩屈服应力

在压缩试验的负荷—变形曲线上第一次出现的应变或变形增加而负荷不增大的压应力值。以兆帕为单位。应力无增加而应变增加时的第一点被取作屈服点。

（6）压缩偏置屈服应力

在压缩试验的负荷—变形曲线的横坐标上，在规定的变形百分数处（如 0.2% 的压缩应变）平行于曲线的直线部分划一直线，取直线与负荷—变形曲线交点的负荷值与试样的原始截面积之比，为偏置屈服应力。以兆帕为单位。

（7）规定应变时的压缩应力

达到规定应变时的压缩应力，以兆帕为单位。

（8）压缩强度

在压缩试验过程中，试样所承受的最大压缩应力，以兆帕为单位。

（9）细长比

以横截面积均匀的实心圆柱体的高度与最小回转半径之比。

（10）压缩模量

在应力—应变曲线的线性范围内，压缩应力与压缩应变之比。以兆帕为单位。

4. 原理

在试样的端部表面上沿着主轴方向，以恒定的速率施加一个可测量的负荷压缩试样，直到试样破裂，屈服或试样变形达到一预先规定的数为止。

5. 设备

能以规定恒定速度移动，并由下列各组件构成的试验机均可使用。

试验机应由国家计量部门定期检定。

（1）压缩夹具

能准确地沿试样轴向施加负荷，表面粗糙度为 $Ra = 0.8$ 的硬化钢压板，并应装有自动对中装置。

（2）负荷指示器

指示试样所承受的压缩负荷的机构，在规定的试验速度内没有惯性滞后，指示负荷的精度为指示值的 ±1% 或更高。

（3）变形指示器

测定在试验过程中任何时刻两个压板与试样接触面之间或试样两固定点间距离的装置。在规定的负荷速率下不应有滞后，其精确度应为指示值的 ±1% 或更高。

（4）测微计

适用于测量试样的尺寸，精度为 0.01 mm。

6. 试样

（1）试样制备

试样应根据有关标准或供需双方间的协定，用注射、模压成型制作或机械加工制备。

（2）试样形状和尺寸

①试样应为正方形、矩形、圆形或圆管形截面柱体。试样两端面应与加荷方向垂直，其平行度应小于试样高度的 0.1%。

②试样高度变化范围为 10~40 mm，推荐试样高度为 30 mm。

③除非产品标准另有要求，试样的细长比应为 10，当试验过程中试样出现扭曲现象时，细长比降低为 6。

④推荐管形试样壁厚为 2 mm，管内径为 8 mm，

⑤推荐标准试样尺寸见表 7.13。

表 7.13 标准试样的形状和尺寸　　　　　　　　　　　　　　　　　mm

试样形状	高度 h		横截面边长 a		横截面边长 b		圆柱体直径 d		圆管内径 d₁		圈管外径	
	基本尺寸	极限偏差	基本尺寸	极限偏差	基本尺寸	极限偏差	基本尺寸	极限偏差	基本尺寸	极限偏差	基本尺寸	极限偏差
正方柱体	30		10.4	±0.2	10.4	±0.2						
矩形柱体	30		15.0	±0.2	10.4	±0.2						
圆柱体	30						12.0	±0.01				
团管柱体	32								8.0	±0.01	12.0	±0.01

（3）当因缺乏材料或因产品特殊几何尺寸不能使用标准试样时，允许使用小试样。

（4）试样的所有表面均应无可见裂纹、刮痕或其他可能影响结果的缺陷。

（5）各向同性材料每组试样至少 5 个。

（6）各向异性材料每组取 10 个试样，垂直和平行于各向异性的主轴方向各取 5 个试样。

7. 试验步骤

（1）除非产品标准另有规定，否则试样应按 GB 2918 进行状态调节试验。

（2）沿试样高度方向测量三处横截面尺寸计算平均值。测量试样高度精确到 0.01 mm。

（3）必要时安装变形指示器。

（4）把试样放在两压板的表面之间，并使试样中心线与两压板表面中心连线重合，确保试样端面与压板表面平行。调整试验机，使压板表面恰好与试样端面接触，并把此时定为测定变形的零点。

（5）根据材料的规定调整试验速度。若没有规定，则调整速度 1 mm/ min （表 2 中速度 A^1）。易变形的材料可以采用表 7.14 中所给出的较高速度。

表 7.14　试验速度

项目	速度 mm/ min	公差%
速度 A_1	1	±50
速度 A_2	2	±20
速度 B	5	±20
速度 C	10	±20

（6）开动试验机并记录下列各项：

①记录适当应变间隔时的负荷及相应的压缩应变。

②试样破裂瞬间所承受的负荷，以牛顿（N）为单位。

③如试样不破裂，记录在屈服或偏置屈服点及规定应变值为 25% 时的压缩负荷，以牛顿（N）为单位。

8. 结果表示

（1）压缩强度、压缩屈服应力、压缩偏置屈服应力和在规定应变时的压缩应力按式（1）计算。结果以每组试样结果的算术平均值表示，取三位有效数字。

$$\sigma = \frac{p}{F} \tag{1}$$

式中：σ——为压缩强度、压缩屈服应力、压缩偏置屈服应力和规定应变时的压缩应力，MPa；

p——分别为相应应力或强度的负荷值，N；

F——试样的原始横截面积，mm^2。

（2）压缩应变和，压缩屈服应力时的压缩应变按式（2）计算。结果以每组试样的算术平均值表示，取三位有效数字。

$$\varepsilon = \frac{\Delta h}{h_0} \tag{2}$$

式中：ε——计算的应变值；

Δh——试样的原始高度的变化，mm；

h_0——试样的原始高度，mm。

（3）压缩模量按式（3）计算。结果以三位有效数字表示。

$$E = \frac{\sigma}{\varepsilon} \tag{3}$$

式中：E——压缩模量，MPa；

　　　σ——应力—应变曲线的线性范围内的任意应力值，MPa；

　　　ε——与应力—应变曲线的线性范围内的应力相对应的应变值。

（4）若要求计算标准偏差（s），可按式（4）计算：取二位有效数字。

$$s = \sqrt{\frac{\sum (X_i - \overline{X})^2}{n - 1}} \tag{4}$$

式中：s——标准偏差；

　　　X_i——单个测定值；

　　　$\overline{X}$——组测定值的算术平均值；

　　　n——测定个数。

9. 试验报告

试验报告应包括下列内容：

（a）注明按本国家标准；

（b）材料名称、规格、来源及生产厂；

（c）试样的形状、尺寸和制备方法；

（d）在试样上施加模压力的方向；

（e）施加压缩应力的方向与试样的关系，

（f）试验速度；

（g）所用的变形指示器的类型；

（h）所测试样的数量和报废的数目；

（i）试验环境条件；

（j）所要求的各项压缩性能；

（k）单个试验结果；

（l）平均值；

（m）任选项目、标准偏差；

（n）试验日期。

第八章　包装试验条件

第八章中详细介绍了包装行业常见的试验，为了提高试验的准确性，试验必须满足相应的条件，国家标准中对包装试验条件做了详细的规定，本章列举了常见的包装试验条件标准。

第一节　湿热试验箱技术条件

1. 范围

本标准规定了湿热试验箱（以下简称"试验箱"）的术语和定义、使用条件、技术要求、试验方法、检验规则及标志、包装、贮存。

本标准适用于对电工、电子及其他产品、零部件及材料进行湿热试验的试验箱。

2. 规范性引用文件

下列文件中的条款通过本标准的引用而成为本标准的条款。凡是注日期的引用文件，其随后所有的修改单（不包括勘误的内容）或修订版均不适用于本标准，然而，鼓励根据本标准达成协议的各方研究是否可使用这些文件的最新版本，凡是不注日期的引用文件，其最新版本适用于本标准。

GB/T 191—2000 包装储运图示标志

GB/T 2423.3—1993 电工电子产品基本环境试验规程

GB/T 2423.4—1993 电工电子产品基本环境试验规程

GB/T 2423.9—2001 电工电子产品环境试验第 2 部分

GB/T 14048.1—2000 低压开关设备和控制设备总则

JB/T 9512—1999 气候环境试验设备与试验箱

JJF 1059—1999 测量不确定度评定与表示

3. 术语和定义

以下内容为本章中新出现的术语和定义，适用于本章所有标准。

（1）试验箱

密闭的箱体或空间，其中某部分能满足规定的试验条件。

（2）温度设定值

用试验箱控制装置设定的期望温度。

（3）实际温度

稳定后，试验箱工作空间内任意一点的温度。

（4）温度稳定

工作空间内所有点的温度均达到温度设定值并维持在给定的容差范围内。

（5）温度波动度

稳定后，在给定的任意时间间隔内，工作空间内任一点的最高和最低温度之差。

（6）工作空间

试验箱内能将规定的条件维持在规定容差范围内的部分。

（7）温度梯度

稳定后，在任意时间间隔内，工作空间内任意两点的温度平均值之差的最大值。

（8）温度变化速率

在工作空间中心测得的两个给定温度之间的转变率，以 ℃/ min 为单位。

（9）工作空间的温度偏差

稳定后，在任意时间间隔内，工作空间中心温度的平均值和工作空间内其他点的温度的平均值之差。

（10）极限温度

稳定后，工作空间内所达到的最高和最低测得温度。

（11）饱和水气压

在恒定温度下，当给定体积空气中的水分不能再增加时的水汽压。

（12）水汽分压力

在恒定温度下，在给定的体积空气中，大气压力中的水汽压力部分。

（13）相对湿度（RH）

在恒定温度时，在给定的体积空气中，水汽分压力与饱和水汽压力的比率，用百分数表示。

注：相对湿度是表示空气中水汽含量最常用的方法。

（14）湿度稳定

工作空间中所有各点的湿度均达到湿度设定值并维持在给定容差范围内。

（15）实际湿度

稳定后，试验箱工作空间内任意点的湿度。

（16）工作空间的相对湿度偏差

稳定后，在任意时间间隔内，工作空间中心相对湿度的平均值和工作空间内其他点的相对湿度的平均值之差。

4. 使用条件

（1）环境条件

（a）温度：15～35 ℃；

（b）相对湿度：不大于85%；

（c）大气压：80～106 kPa；

（d）周围无强烈振动；

（e）无阳光直接照射或其他热源直接辐射；

（f）周围无强烈气流，当周围空气需强制流动时，气流不应直接吹到箱体上；

（g）周围无强电磁场影响；

（h）周围无高浓度粉尘及腐蚀性物质。

（2）供电条件

（a）电压：（220±22）V 或（380±38）V；

（b）频率：（50±0.5）Hz。

（3）供水条件

（a）冷却水

宜使用满足下列条件的自来水或循环水：

——水温：不高于30 ℃；

——水压0.3～10.1 MPa；

——水质：满足工业用水标准。

（b）加湿用水

当用水与空气直接接触的方法加湿空气时，水的电阻率应不低于5 000 Ω·m。

（4）试验负载条件

试验负载应同时满足以下条件。

（a）负载的总质量在每立方米工作室容积内放置不超过80 kg；

（b）负载的总体积不大于工作室容积的1/5；

（c）在垂直于主导风向的任意截面上，负载面积之和应不大于该处工作室截面积的1/3，负载置放时不可阻塞气流的流动。

5. 技术要求

（1）产品性能

试验箱按使用性能分为Ⅰ、Ⅱ两类，其性能指标见表8.1。

表8.1 试验箱的性能指标

参数		类别	
		Ⅰ	Ⅱ
调节范围	温度/℃	（室温+10）~60	20~80
	相对湿度/%	环境湿度至100	75~100
温度梯度/℃		≤1	
温度波动度/℃		≤1	
容许偏差	温度/℃	±2	交变试验应满足 GB/T 2423.4—1993 图2和其他商定要求。
	相对湿度/	+2 −3	
升温速率/（℃/min）		≤1	
降温速率/（℃/min）		—	
风速/（m/s）		≤1	
交变能力		恒定	恒定、交变

Ⅰ型试验箱符合GB/T 2423.3—1993，降温阶段的相对湿度分为不小于95%和不小于85%两种。

（2）产品结构及外观要求

①工作室内壁应用耐腐蚀材料制造，表面应易于清洁。

②凝结水不允许滴落在工作空间内。且应连续排除，未经处理不得作为加湿用水。

③工作室应设有观察窗和照明装置。

④应设有引线孔。

⑤应设有放置或悬挂样品的样品架。

⑥箱体、通风管道和制冷系统应密封可靠，不应漏气、漏水、漏油。

⑦箱门应密封良好－密封条应不易在湿热条件下发黏变形，并便于更换。

⑧外观涂镀层应平整光滑、色泽均匀，不得有露底、起泡、起层或擦伤痕迹。

（3）安全和环境保护要求

①接线端子对箱体金属外壳之间的绝缘电阻值应满足：冷态 2 MΩ 甫以上，热态 1 MΩ 甫以上（用 500 V，准确度为 1.0 级兆欧表测量）；并能承受 50 Hz 交流电压 1 500 V、施压时间 5 s 的耐电压试验。

②保护接地端子应与试验箱外壳有良好的电气连接并能方便牢固地接线，应符合 GB/T 14048.1—2000 的 7.1.9 的规定。

③应有超温、过电流、缺水等保护及报警装置。

④整机噪声应不高于 75 dB（A）。

6. 试验方法

（1）主要测试仪器与装置

①风速仪

风速仪的感应量应不低于 0.05 m/s。

②温度计

采用由铂电阻、热电偶或其他温度传感器组成并病足下列要求的测温系统。

传感器时间常数：20 ~ 40 s。

测温系统的扩展不确定度（$k = 2$）：不大于 0.4 ℃。

③湿度计

可采用干湿球温度计或由其他传感器组成的测湿系统。

测湿系统的扩展不确定度（$k = 2$）应不大于被测湿度容差的 1/3。

（2）测试条件

①测试条件应满足使用条件的要求。

②测试在空载条件下进行。

（3）测试点的位置及数量

①在试验箱工作室内定出上、中、下三个水平测试面，简称上、中、下层。上层与工作室的顶面的距离是工作室高度的 1/10，中层通过工作室几何中心，下层在最低层样品架上方 10 mm 处。

注：工作室其有斜顶或尖顶时，顶面为通过斜面与垂直壁面交线的假想水平面。

②测试点位于三个测试面上，中心测试点位于工作室几何中心，其余测试点到工作室壁的距离为各自边长的 1/10（图 8.1）。但对工作室容积不大

于 1m³ 的试验箱，该距离不小于 50 mm。

③测试点的数量与工作室容积大小的关系

（a）工作室容积不大于 2 m³ 时，测试点为 9 个，布放位置如图 8.1 所示。

（b）工作室容积大于 2 m³ 时，测试点为 15 个，布放位置如图 8.2 所示。

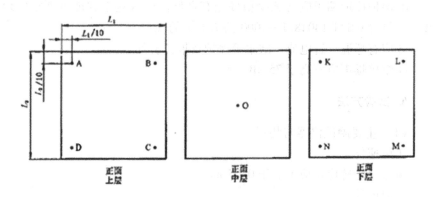

图 8.1

A，B，…，M，N——温度测试点

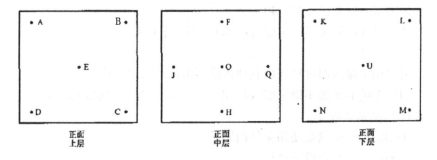

图 8.2　测试点布放位置图

A，B，…，N，U——温度测试点

（c）当工作室容积大于 50 m³ 时，应适当增加温度测试点的数量。

（4）温湿度测试方法

①I 类（恒定）湿热试验箱

（a）按试验箱工作室容积的大小，根据 6.3 的规定确定温湿度测量点，安装温湿度测量传感器。

（b）测量湿度测量点的风速（用于 GB/T 2423.3—1993 试验 Ca 时）或

全部测试点的风速（用于 GB/T 2423. 9—2001 试验 Cb 时），风速测且方法见 6. 5。

（c）缓慢升温至规定的试验温度（40 ℃），升温期间，应每 1 min 测量中心点的温度一次，升温速率不应超过 1 ℃/ min。

（d）在 2 h 内，使相对湿度达到有关标准规定值。

（e）在工作空间中心点的温湿度达到规定值并稳定 2 h，在 30 min 内，每 1 min 测试全部测试点的温湿度值 1 次，共测 30 次。

②II 类（交变）湿热试验箱

（a）按试验箱工作室容积的大小。根据规定确定温湿度测试点，安装温湿度测试传感器。

（b）测量相对湿度测试点的风速。

（d）使工作空间的温度达到 25 ~ 30 ℃，相对湿度保持在 45% ~ 75%。

（d）在 1 h 内，使工作空间的相对湿度不低于 95%。

（e）使工作空间的温湿度按 GB/T 2423. 4—1993 图 8. 2 给定的程序，按 "升温—高温高湿—降温—低温高湿" 四个阶段连续变化，并按如下要求进行测试：

（a）升温阶段，至少每 1 min 测量中心点的温湿度一次；

（b）在进入高温高湿阶段后，每 1 min 测量所有温湿度点的值一次，在 30 min 内共测 30 次；在高温高湿阶段结束，即降温开始前的 30 min 内再测 30 次；

（c）自降温阶段开始，至少每 1 min 测量中心点的温湿度一次，直到全部测量点的温度达到（25 ± 3）℃，相对湿度不低于 95%，即进入低温高湿阶段为止；

（d）在低温高湿阶段，每 1 min 测量所有温湿度点的值一次。共测 30 次。

③数据处理和试验结果

（a）对测得的温湿度数据按测试仪表的修正值进行修正。

（b）剔除可疑数据。

（c）对在 2 度恒定阶段测得的数据（即在 6. 4. 1. 5，6. 4. 2. 5b，6. 4. 2. 5d 测得的数据），按式（1）计算每点 30 次测得值的温度平均值。

$$\overline{T} = \frac{1}{n} \sum_{i=1}^{n} T_i \tag{1}$$

式中：$\overline{T}$——温度平均值，单位为摄氏度（℃）；

T_i——第 i 次测试值，单位为摄氏度（℃）；

n——测量次数。

（d）按式（2）计算温度梯度

$$\Delta T_j = \overline{T_h} - \overline{T_L} \tag{2}$$

式中：ΔT_j——温度梯度，单位为摄氏度（℃）；

$\overline{T_h}$——温度平均值的最大值，单位为摄氏度（℃）；

$\overline{T_L}$——温度平均值的最小值，单位为摄氏度（℃）。

（e）按式（3）计算温度波动度

$$\Delta T_b = \overline{T_{ih}} - \overline{T_{iL}} \tag{3}$$

式中：ΔT_b——温度波动度，单位为摄氏度（℃）；

$\overline{T_{ih}}$——工作空间第 *i* 点的最高温度值，单位为摄氏度（℃）；

$\overline{T_{iL}}$——工作空间第 *i* 点的最低温度值，单位为摄氏度（℃）。

（f）按式（4）计算温度偏差：

$$\Delta T_i = \overline{T_i} - \overline{T_0} \tag{4}$$

式中：ΔT_i——温度偏差，单位为摄氏度（℃）；

$\overline{T_i}$——工作空间中心点的温度平均值，单位为摄氏度（℃）；

$\overline{T_0}$——工作空间中心点的温度平均值，单位为摄氏度（℃）。

（g）试验箱控制仪表的设定值与中心测试值之差应满足表8.1的容许偏差要求 3. 以上计算结果及相对湿度值均应符合表8.1的规定。

（h）交变湿热试验的升降温特性按下述方法求得：

按 GB/T 2423.4—1993 图 8.2 的规定绘出升温阶段（包括升温开始前 30 min 和结束后 30 min）温湿度范围图。

将在升温阶段测得的值描绘成升温特性曲线。

按 GB/T 2423.4—1993 图 8.2 的规定，绘出降温阶段（包括降温开始前 30 min 和结束后 30 min）温湿度范围图。

将降温阶段测得的值描绘成降温特性曲线。

（i）以上计算结果都应满足相关标准的要求，升、降温特性曲线应在 6.4.3.9 要求的温湿度范围图内。

（j）根据实际需要，评定测量结果的不确定度。

（5）风速测试方法

①本测试在空载和室温条件下进行。

②测试点的数量及位置与 6.3 相同。

③测试程序

（a）将细棉纱线或其他轻飘物体悬挂于测试点，关闭箱门，开启风机，找出各测试点处的主导风向。

（b）将风速传感器悬挂于测试点，关闭箱门，开启风机，测出各测试点主导风向的风速值。

④试验结果的计算与判定。

（a）将测得的风速值按风速仪的修正值修正。

（b）按式（6）计算所有测试点风速的平均值：

$$V = (V_A + V_B + \cdots + V_M)/n \qquad (6)$$

式中：V——试验箱风速，单位为米每秒（m/s）；

V_A，$\cdots$，V_M——测量点的风速，单位为米每秒（m/s）；

n——测量点的数量。

计算结果应符合表8.1的规定。

（6）噪声测试及评定方法

试验箱整机噪声的测试方法见 JB/T 9512—1999，结果应符合 5.3.4 的规定。

（7）安全保护及装置的性能试验方法

①本试验在空载条件下进行。

②保护接地端子和绝缘电阻应在6.4的试验前后各进行一次，每次均应符合要求。

③报警和保护装置的试验程序

（a）Ⅰ类试验箱选择 42 ℃，Ⅱ类试验箱选择 42 ℃和 57 ℃作为试验温度。

（b）将报警和保护装置的温度设定在试验温度上，使试验箱升温。当中心点的温度达到设定温度时，报警装置应发出信号，安全保护装置应立即动作进行保护。本试验应连续进行 3 次，每次均应合格。

（8）箱门密封性能的检查及评定方法

①本检查在6.4的试验开始前及结束后各进行 1 次。

②将厚 0.1 mm、宽 50 mm、长 200 mm 的纸条垂直夹在箱门与门框之间的任一部位，用手轻拉纸条。如纸条不能自由滑动，即符合 5.2.7 的规定。

（9）工作空间内凝露水滴落情况的检查及评定方法

①该项检查对Ⅰ类试验箱，应在 6.4.1.4 和 6.4.1.5 的试验期间进行。对Ⅱ类试验箱，应在 6.4.2.4 和 6.4.2.5 的试验期间进行。

②用肉眼观察工作室顶面和内壁上凝露水珠的大小及是否滴落在工作空间内。如无水珠滴在工作空间内，即符合 5.2.2 的规定。

（10）外观质量检查及评定方法

①本检查在 6.4 的试验开始前及结束后各进行 1 次。

②用肉眼检查试验箱外观涂镀层的质量，结果应符合 5.2.8 的要求。

7. 检验规则

（1）试验箱检验分型式检验和出厂检验两类。

（2）型式检验

①有下列情况之一时应进行型式检验：

（a）新产品试制定型鉴定；

（b）正式生产的产品在结构、材料、工艺、生产设备和管理等方面有较大改变，可能影响产品性能时；

（c）国家质量监督检验机构进行质量监督检验时；

（d）出厂试验结果与上次型式试验结果有较大差异时；

（e）产品停产一年以上再生产时；

（f）产品批量生产时，每两年至少一次的定期抽检。

②型式检验项目及试验方法

型式检验项目及试验方法见表 8.2。

表 8.2　检验项目及试验方法

检验项目	技术要求章、条号	试验方法章、条号	检验类别	
			型式检验	出厂检验
温度梯度、温度波动度、温湿度容许偏差及升降温特性	5.1 表 8.1	6.4	○	
风速		6.5	○	—
噪声	5.3.4	6.6	○	—
安全保护装置的性能	5.3.1～5.3.3	6.7	○	
箱门密封性能	5.2.7	6.9		
凝露水滴落情况	5.2.2	6.9	○	—
外观质量	5.2.8	6.10	○	

注：要求检验的项目用"○"表示。

③抽样及判定规则

（a）成批生产的试验箱，批量在 20 台以上时，抽检 2 台；不足 20 台时，抽检 1 台。

（b）抽检样品的型式检验项目应全部合格，否则对不合格项目加倍抽检。第二次抽检合格时，仅将第一次抽检不合格项目返修，检验合格后允许出厂；如第二次抽检样品中仍有 1 台不合格，则判该批产品不合格，如第二次抽检样品全部合格，则判该批产品合格。

（3）出厂检验

①出厂检验由制造厂质量检验部门负责。

②本检验在空载条件下进行。

③检验项目及检验方法

（a）检验项目及检验方法见表 8.2。

（b）除温度梯度及温度容许偏差采用抽样检验外，其他项目应逐台进行检验，检验项目均应合格。

④抽样及评定规则

（a）温度梯度及温度容许偏差的出厂抽检量按产品批量的 10% 计算，但不得少于 2 台。

（b）检验项目应全部合格，如有 1 台不合格，应加倍抽检，第二次抽检合格时，仅将第一次抽样不合格产品返修，检验合格后允许出厂，如第二次抽检仍有 1 台不合格，则应对该批产品逐台检验。

8. 标志、包装、贮存

（1）标志

①试验箱的铭牌，字迹应清晰耐久，固定牢靠。

②铭牌内容应包括：

（a）产品型号、名称；

（b）重量；

（c）电压，频率及总功率；

（d）产品序号，制造日期；

（e）制造厂名称。

（2）包装

①包装箱的文字及标志应符合 GB/T 191—2000 的规定。

②包装箱应牢固可靠。

③包装箱应防雨淋、防潮气聚集。

④试验箱的附件、备件和专用工具应单独包装，牢靠地固定在包装箱内。

⑤试验箱的技术文件如装箱清单、产品使用说明书、产品合格证等应密封防潮。固定在包装箱内明显的地方。

（3）贮存

①试验箱的运输包装件应贮存在通风良好，无腐蚀性气体及化学药品的库房内。

②贮存期长达一年以上的试验箱，应按型式检验抽样及判定规则。按出厂检验项目检验。合格后方可出厂。

第二节 盐雾试验箱技术条件

1. 范围

本标准规定了盐雾试验箱（以下简称"试验箱"）的术语和定义、使用条件、技术要求、试验方法、检验规则及标志、包装、贮存。

本标准适用于对电工、电子及其他产品、零部件及材料进行盐雾试验的试验箱。

2. 规范性引用文件

下列文件中的条款通过本标准的引用而成为本标准的条款。凡是注日期的引用文件，其随后所有的修改单（不包括勘误的内容）或修订版均不适用于本标准，然而，鼓励根据本标准达成协议的各方研究是否可使用这些文件的最新版本．凡是不注日期的引用文件，其最新版本适用于本标准。

GB/T 191—2000 包装储运图示标志

GB/T 14048.1—2000 低压开关设备和控制设备总则

JB/T 9512—1999 气候环境试验设备与试验箱噪声声功率级的侧定

JJF 1059—1999 测量不确定度评定与表示

3. 术语和定义

以下内容为本章中新出现的术语和定义（在第一节中出现的术语及定义此处不在列出），适用于本章所有标准。

（1）极限温度

稳定后，工作空间内所达到的最高和最低测得温度。

4. 使用条件

（1）环境条件

（a）温度：15～35 ℃；

（b）相对湿度：不大于 85%；

（c）大气压：80～106 kPa；

（d）周围无强烈振动；

（e）无阳光直接照射或其他冷、热源直接辐射；

（f）周围无强烈气流，当周田空气需强制流动时，气流不应直接吹到箱体上；

（g）周围无强电磁场影响；

（h）周围无高浓度粉尘及腐蚀性物质。

（2）供电条件

（a）电压为（220±22）V，（380±38）V；

（b）频率为（50±0.5）Hz。

（3）试验负载条件

试验箱的负载应同时满足下列条件：

（a）负载的总质量在每立方米工作室容积内放置不超过 80 kg；

（b）负载的总体积不大于工作室容积的 1/5；

（c）负载不得相互接触，其间隔距离应不影响盐雾能自由降落在试验负载上，以及盐溶液由一个负载滴落至其他负载上。

5. 产品性能

（1）性能要求

①试验温度和容许偏差为（35±2）℃。

②温度波动度不大于 1 ℃。

③温度梯度不大于 2 ℃。

④工作室内的盐雾沉降率为（1.0～2.0）mL／（h·80 cm^3）。

（2）产品结构及外观要求

①试验箱内与盐溶液和盐雾直接接触的材料不应与盐溶液和盐雾起化学反应，不直接接触的部分应耐盐雾腐蚀。

②盐雾不应直接喷射到试验样品上。

③箱内顶部和内壁上以及其他部位的冷凝液不应滴落在试验样品上。

④箱内外压力必须平衡，应设压力平衡排气孔，排气时不应使工作空间的气流过分湍动。

⑤应设有放置或悬挂样品的样品架。

⑥喷雾器产生的盐雾应微小、湿润、浓密；经雾化后的收集液除挡板挡回部分外，不得重复用于喷雾。

⑦应设有温度调节、指示等仪器仪表或装置。

⑧有盐雾沉降量指示装置。

⑨当用压缩空气雾化盐溶液时应满足下列条件：

（a）压缩空气在进入雾化器前应完全滤除油污、尘埃等杂质；

（b）应加热到不低于工作温度；

（c）应充分加湿，喷雾出口处的空气相对湿度应不低于85%；

（d）压缩空气的压力应能在 70～170 kPa 范围内调节，并应能保持稳定。

⑩设有盐溶液过滤器。

⑪箱盖（门）应密封可靠，不应漏气和有盐雾泄出。

⑫外观涂镀层应平整光滑、色泽均匀，不得有露底、起泡、起层或擦伤痕迹。

（3）安全和环境保护要求

①接线端子对箱体金属外壳之间的绝缘电阻值应满足：冷态 2 MΩ 甫以上，热态 1 MΩ 甫以上，并能承受 50 Hz 交流电压 1 500 V，施压时间 5 s 的耐电压试验。

②保护接地端子应与试验箱外壳有良好的电气连接并能方便牢固地接线，应符合 GB/T 14048.1—2000 的 7.1.9 的规定。

③应有超温和过电流等保护及报警装置。

④整机噪声应不高于 75 dB（A）。

6. 试验方法

（1）测试仪器与装置

①温度计

采用铂电阻、热电偶或其他类似温度传感器组成的并满足下列要求的测温系统；

传感器时间：（20～40）s；

测温系统的扩展不确定度（$k=2$）：不大于 0.4 ℃。

②玻璃漏斗

采用直径 100 mm 的玻璃漏斗。

③量筒

采用容量 50 mL 的量筒。

（2）测试条件

①测试条件应满足 4.1 和 4.2 的要求。

②测试在空载条件下进行。

（3）温度测试方法

①测试点的位置及数量

（a）在试验箱工作室内，定出上、中、下三个水平测试面，简称上、中、下层。上层与工作室顶面的距离是工作室高度的1/10，中层通过工作室几何中心，下层在底层样品架上方 10 mm 处。

注：工作室具有斜顶或尖顶时，顶面为通过斜顶面与垂直壁面交线的假想水平平面。

（b）测试点位于三个测试面上。除中心测试点位于工作室几何中心外，其余各测试点到工作室壁的距离为各自边长的1/10（图8.3）。但对工作室不大于 2 m^3 的试验箱，该距离不小于 100 mm。

（c）测试点的数量与工作室容积大小的关系为：

工作室容积不大于 2 m^3 时，测试点为 9 个，O 点为工作室几何中心处，布放位置如图8.3。

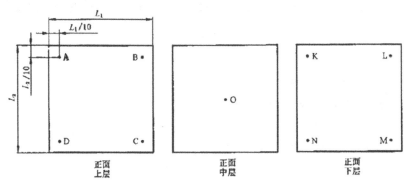

图8.3　测试点布放位置图

A，B，…，M，N——温度测试点。

工作室容积大于 2m^3 到 10 m^3，时，测试点为 15 个，E、O、U 分别位于上、中、下层的几何中心处，布放位置如图8.4。

注意1：对于卧式试验箱，图8.3 和图8.4 中正面的位置可视作喷雾装置的位置。

注意2：对于带有可移动的喷雾塔的试验箱，中心点的位置可按具体情况由供需双方协商确定。

②测试程序

（a）将试验箱的温度调节到试验温度，并使其升温且连续喷雾。

（b）当工作空间中心点的温度值第一次达到规定值并稳定 2 h，在

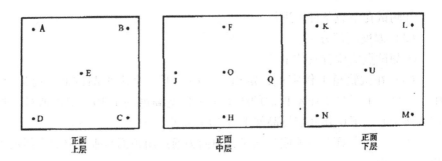

图 8.4　测试点布放位置图

A，B，…，N，U——温度测试点。

30 min内每隔 1 min 对全部测试点的温度值测量 1 次，共测 30 次。

③数据处理和试验结果

（a）对测得的温度数据，按测试仪表的修正值进行修正。

（b）剔除可疑数据（参考附录 AD）。

（c）将测得的数据，按式（1）计算每点 30 次测得值的平均温度：

$$\overline{T} = \frac{1}{n} \sum_{i=1}^{n} T_i \tag{1}$$

式中：$\overline{T}$——温度平均值，单位为摄氏度（℃）；

T_i——第 i 次测试值，单位为摄氏度（℃）；

n——测量次数。

（d）按式（2）计算温度梯度：

$$\Delta T_j = \overline{T}_h - \overline{T}_L \tag{2}$$

式中：ΔT_j——温度梯度，单位为摄氏度（℃）；

$\overline{T}_h$——温度平均值的最大值，单位为摄氏度（℃）；

$\overline{T}_L$——温度平均值的最小值，单位为摄氏度（℃）。

（e）按式（3）计算温度波动度：

$$\Delta T_b = \overline{T}_{ih} - \overline{T}_{iL} \tag{3}$$

式中：ΔT_b——温度波动度，单位为摄氏度（℃）；

$\overline{T}_{ih}$——工作空间第 i 点的最高温度值，单位为摄氏度（℃）；

$\overline{T}_{iL}$——工作空间第 i 点的最低温度值，单位为摄氏度（℃）。

（f）按式（4）计算温度偏差：

$$\Delta T_i = \overline{T}_i - \overline{T}_0 \tag{4}$$

式中：ΔT_i——温度波动度，单位为摄氏度（℃）；

　　　$\overline{T_0}$——工作空间中心点的温度平均值，单位为摄氏度（℃）；

　　　$\overline{T_i}$——工作空间其他点的温度平均值，单位为摄氏度（℃）。

（g）试验箱控制仪表的设定值与中心测试值之差应满足①的容许偏差要求。计算结果均应符合①、②、③的规定。

（h）根据实际需要，评定测量结果的不确定度。

（4）盐雾沉降率测试方法

①测试点的位置与数量

（a）测试点位于试验箱的工作空间内，玻璃漏斗的上表面距工作室底面的高度为工作室高度的1/3。

（b）工作室的容积不大于 2 m³ 时，测试点为 5 个，漏斗中心与内壁的距离为 150 mm，布放位置如图 8.5。中心位置有喷雾塔时，中心点可离喷雾塔适当距离。

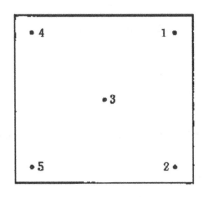

图 8.5　测试点布放位置图

1，2，…，5——烟雾沉降率测试点

（c）工作室的容积大于 2~10 m³ 时，测试点为 9 个，漏斗中心与内壁距离为 170 mm，布放位置如图 8.6 中心位置有喷雾塔时，中心点可离喷雾塔适当距离。

②本测试在空载条件下进行。

③测试程序

（a）将直径 100 mm 的玻璃漏斗穿过橡皮塞并固定在 50 mL 的量筒上，并将量筒按 3.1 要求纸放在工作室底面上。

待试验箱的温度上升到规定的温度后，连续喷雾 16 h。

喷雾停止后，立即取出量筒，记下各量筒中盐溶液的量。

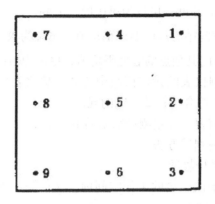

图 8.6　测试点布放位置图

1, 2, …, 9——烟雾沉降率测试点

（b）试验结果的计算与判定

按式（5）计算各测试点的盐雾沉降率：

$$G = V/t \qquad (5)$$

式中：G——烟雾沉降率，mL/（h·80 cm^2）；

　　　t——连续喷雾时间，h；

　　　V——盐雾沉降量，mL/80 cm^2。

计算结果应符合④的规定。

（5）安全保护装置的性能试验方法

①保护接地端子检查和绝缘电阻测量应在 6.3 和 6.4 的试验前后各进行一次，每次均应符合要求。

②耐电压强度测试

按 GB/T 14049.1—2000 有关规定进行。

③绝缘电阻测试

按 GB/T 14048.1—2000 有关规定进行（其中热态绝缘电阻测量应在试验箱正常工作条件，停机后 10 min 内完成测试）。

④超温报警及保护装置试验时，将报警和保护装置的温度设定在选定的试验温度上，并使试验箱升温。当中心点的温度达到设定的报警或保护温度时，报警装置应发出信号，安全保护装置应立即动作。本试验连续进行 3 次，在每次试验过程中，报警和保护装置每次均动作为合格。

（6）噪声测试方法

试验箱整机噪声的测试方法见 GB/T 9512—1999，结果应符合 5.3.4 的规定。

（7）箱门（盖）密封性能的检查及判定方法

①本检查在 6.3 及 6.4 的试验过程中进行。

②用肉眼检查试验箱门（盖）的密封情况，是否有盐雾逸出。

（8）外观涂镀层质量检查

在 6.3 及 6.4 的试验开始前及全都结束后，用肉眼检查外观涂镀层各检查 1 次。

7. 检验规则

（1）检验类型

试验箱的检验分型式检验和出厂检验两类。

（2）型式检验

①有下列情况之一时应进行型式检验：

（a）新产品试制定型鉴定；

（b）正式生产的产品在结构、材料、工艺、生产设备和管理等方面有较大改变，可能影响产品性能时；

（c）国家质量监督检验机构进行质量监督检验时；

（d）出厂试验结果与上次型式试验结果有较大差异时；

（e）产品停产一年以上再生产时；

（f）产品批量生产时，每两年至少一次的定期抽检。

②型式检验项目及试验方法

型式检验项目及试验方法见表8.3。

表8.3　检验项目及试验方法

序号	检验项目	技术要求章条号	试验方法章条号	检验类别	
				型式检验	出厂检验
1	温度容许偏差	5.1.1	6.3		○
2	温度波动度	5.1.2			○
3	温度梯度	5.1.3			○
4	盐雾沉降率	5.1.4	6.4		○
5	安全保护装置的性能	5.3.1～5.3.3	6.5		○
6	噪声	5.3.4	6.6	○	
7	箱盖（门）密封性能	5.2.11	6.7		○
8	外观质量	5.2.12	6.8		○

注：要求检验项目用"○"表示，无"○"者表示不要求检验。

③抽样及评定规则

（a）成批生产的试验箱，批量在 20 台以上时，抽检 2 台，不足 20 台时抽检 1 台。

（b）抽检样品的型式检验项目应全部合格，否则，对不合格项目加倍抽检，第二次抽检全部合格时，判该批产品合格，仅将第一次抽检不合格产品返修，检验合格后允许出厂；如第二次抽检样品中有 1 台不合格，则判该批产品不合格。

（3）出厂检验

①出厂检验由制造厂质量检验部门负责，检验合格后，挂（发）合格证（书）方可出厂。

②本检验在空载条件下进行。

③检验项目及试验方法

（a）检验项目及试验方法见表 8.3。

（b）试验箱除温度梯度及温度容许偏差采用抽样检验外，应逐台进行出厂检验，检验项目均应合格。

④抽样及评定规则

（a）温度梯度及温度容许偏差的出厂抽检量按产品一次批量的 10% 计算，但不得少于 2 台。

（b）检验项目应全部合格，如有 1 台不合格，应加倍抽检；第二次抽检合格时，仅将第一次抽检不合格产品返修，检验合格后允许出厂；如第二次抽检仍有 1 台不合格，则应对该批产品逐台检验。

8. 标志、包装、贮存

（1）标志

①试验箱的铭牌、字迹应清晰耐久。

②铭牌内容应包括：

（a）产品型号、名称；

（b）温度范围；

（c）盐雾沉降率；

（d）电压、频率及功率；

（e）产品序号、制造日期；

（f）制造单位名称。

（2）包装

①包装箱的文字及标志应符合 GB/T 191—2000 的规定。

②包装箱应牢固可靠。

③包装箱应防雨、防潮气聚集。

④试验箱的附件、备件和专用工具应单独包装，牢固地固定在包装箱内。

⑤试验箱的技术文件如装箱清单，产品使用说明书、产品合格证等应密封防潮，固定在包装箱内明显的地方。

（3）贮存

①试验箱运输包装应贮存在通风良好、无腐蚀性气体及化学药品的库房内。

②贮存期长达一年以上的试验箱，应按型式检验抽样规则抽样，按出厂检验项目检验，合格后方能出厂。

第三节　长霉试验箱技术条件

1. 范围

本标准规定了长霉试验箱（以下简称"试验箱"）的术语和定义、使用条件、技术要求、试验方法、检验规则及标志、包装、贮存。

本标准适用于对电工、电子及其他产品、零部件、材料进行长霉试验的试验箱。

2. 规范性引用文件

下列文件中的条款通过本标准的引用而成为本标准的条款。凡是注日期的引用文件，其随后所有的修改单（不包括勘误的内容）或修订版均不适用于本标准，然而，鼓励根据本标准达成协议的各方研究是否可使用这些文件的最新版本。凡是不注日期的引用文件，其最新版本适用于本标准。

GB/T 191—2000　包装储运图示标志

GB/T 6999—1986　环境试验用相对湿度查算表

GB/T 14048.1—2000 低压开关设备和控制设备 总则

JB/T 9512—1999　气候环境试验设备与试验箱 噪声声功率级的测定

JFI O59—1999　测量不确定度评定与表示

3. 术语和定义

本节中的术语和定义已在本章第一节列出，此处不再列出。

4. 使用条件

（1）环境条件

（a）温度：15~35 ℃；

（b）相对湿度：不大于85%；

（c）大气压：80~106 kPa；

（d）周围无强烈振动；

（e）无阳光直接照射或其他热源直接辐射；

（f）周围无强烈气流。当周围空气需强制流动时，气流不应直接吹到箱体上；

（g）周围无强电磁场影响；

（h）周围无高浓度粉尘及腐蚀性物质。

（2）供电条件

（a）电压：（220±22）V 或（380±38）V；

（b）频率：（50±0.5）Hz。

（3）供水条件

（a）冷却水

宜使用满足下列条件的自来水或循环水

——水温：不高30 ℃；

——水压：0.1~0.3 MPa；

——水质：满足工业用水标准。

（b）加湿用水

当用水与空气直接接触的方法加湿空气时，水的电阻率不应低于 500 Ω·m。

（4）试验负载条件

试验箱的负载应同时满足下列条件：

（a）负载的总质量在每立方米工作室容积内放置不超过80 kg；

（b）负载的总体积不大于工作室容积的1/5；

（c）在垂直于主导风向的任意截面上，负载面积之和应不大于该处工作室截面积的1/3，负载置放时不可阻塞气流的流动。

5. 技术要求

（1）产品性能

①试验温度和容许偏差为（29±1）℃。

②温度梯度应不大于1 ℃。

③温度波动度应不大于1 ℃。

④试验箱内的相对湿度不低于90%。

⑤试验箱内的风速应不大于1 m/s。

（2）产品结构及外观要求

①工作室内壁应使用耐腐蚀的材料制造，表面应易于清洁。

②凝结水不允许滴落在工作空间内。且应连续排除，未经处理不得作为加湿用水。

③加热元件的辐射热不应直接作用在试验样品上。

④工作室应设有观察窗和照明装置。

⑤箱门、通风管道和制冷系统应密封可靠，不应漏气、漏水、漏油。

⑥应设有放置或悬挂样品的样品架。

⑦外观涂镀层应平整光滑、色泽均匀，不得有露底、起泡、起层或擦伤痕迹。

（3）安全和环境保护要求

①接线端子对箱体金属外壳之间的绝缘电阻值应满足：冷态2 MΩ 甫以上，热态1 MΩ 甫以上（用500 V，准确度为1.0级兆欧表测量）；并能承受50 Hz 交流电压1 500 V、施压时间5 s 的耐电压试验。

②保护接地端子应与试验箱外壳有良好的电气连接并能方便牢固地接线，应符合GB/T 14048.1—200 的7.1.9 的规定。

③应有超温、过电流等保护及报警装置。

④整机噪声应不高于75 dB（A）。

6. 试验方法

（1）主要测试仪器与装置

①风速仪

风速仪的感应量应不低于0.05 m/s。

②温度计

采用由铂电阻、热电偶或其他类似温度传感器组成并满足下列要求的测温系统：

传感器时间常数：20~40 s；

测温系统的扩展不确定度（$k=2$）：不大于0.4 ℃。

③湿度计

可采用干湿球温度计或由其他传感器组成的测湿系统。

测湿系统的扩展不确定度（$k=2$）应不大于被测湿度容差的 1/3。

（2）测试条件

①测试条件应满足本书中 4.1、4.2 和 4.3 的要求。

②测试在空载条件下进行。

（3）温度、湿度测试方法

①测试点的位置及数量

（a）在试验箱工作室内定出上、中、下三个水平测试面，简称上、中、下层。上层与工作室顶面的距离为工作室高度的 1/10，中层通过工作室几何中心，下层在最低层样品架以上 10 mm 处。

注：工作室具有斜顶或尖顶时，顶面为通过斜面与垂直壁面交线的假想水平面。

（b）测试点位于三个测试面上，中心点位于工作室几何中心，其余测试点到工作室壁的距离为自边长的 1/10（图 8.7）。但对工作室容积不大于 1 m^3 的试验箱，该距离不小于 50 mm。

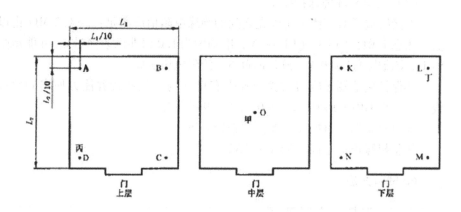

图 8.7　测试点布放位置图

A，B，…，M，N——温度测试点：

甲，丙，丁——温度测试点。

（c）测试点的数量与工作室容积大小的关系为：

工作室容积不大于 2 m^3 时，温度测试点为 9 个，相对湿度测试点为 3 个，布放位置如图 8.8。

工作室容积大于 2 m^3 时，温度测试点为 15 个，相对湿度测试点为 4 个，布放位置如图 8.8。

当工作室容积大于 50 m^3 时，温湿度测试点的数量可以适当增加。

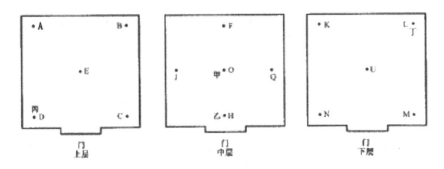

图 8.8　测试点布放位置图
A，B，…，N，U——温度测试点：
甲，乙，丙，丁——温度测试点。

②测试程序

（a）使试验箱工作空间内的温度值达到 29 ℃ 及相对湿度值达到 93% 。

（b）在工作空间中心点的温湿度第一次达到规定值并稳定值，在 30 min 内，每隔 1 min 测试所有测试点的温湿度值 1 次，共测 30 次。

③数据处理和试验结果

（a）对测得的温湿度数据，按测试仪表的修正值进行修正。

（b）删除可疑数据（参考附录 AD）

（c）对测得的温度数据（即在 6.3.2.2 测得的数据），按式（1）计算每点 30 次测得值的平均温度：

$$\overline{T} = \frac{1}{n} \sum_{i=1}^{n} T_i \tag{1}$$

式中：$\overline{T}$——温度平均值，单位为摄氏度（℃）；

$\quad$ T_i——第 i 次测试值，单位为摄氏度（℃）；

$\quad$ n——测量次数。

（d）按式（2）计算温度梯度：

$$\Delta T_j = \overline{T}_h - \overline{T}_L \tag{2}$$

式中：ΔT_j——温度梯度，单位为摄氏度（℃）；

$\quad$ $\overline{T}_h$——温度平均值的最大值，单位为摄氏度（℃）；

$\quad$ $\overline{T}_L$——温度平均值的最小值，单位为摄氏度（℃）。

（e）按式（3）计算温度波动度：

$$\Delta T_b = \overline{T}_{ih} - \overline{T}_{iL} \tag{3}$$

式中：ΔT_b——温度波动度，单位为摄氏度（℃）；

$\quad$ $\overline{T}_{ih}$——工作空间第 i 点的最高温度值，单位为摄氏度（℃）；

$\overline{T_{iL}}$——工作空间第 i 点的最低温度值，单位为摄氏度（℃）。

（f）按式（4）计算温度偏差：

$$\Delta T_i = \overline{T_i} - \overline{T_0} \tag{4}$$

式中：ΔT_i——温度波动度，单位为摄氏度（℃）；

$\overline{T_0}$——工作空间中心点的温度平均值，单位为摄氏度（℃）；

$\overline{T_i}$——工作空间其他点的温度平均值，单位为摄氏度（℃）。

（g）试验箱控制仪表的设定值与中心测试值之差应满足 5.1.1 的容许偏差要求。计算结果及相对湿度值均应符合 5.1.1、5.1.2 和 5.1.3 的规定。

（h）利用 GB/T6999—1986 列出的与各湿度测试点的风速相当的相对湿度查算表，查出各点的相对湿度值，应符合 5.1.4 的规定。

（i）根据实际需要，评定测量结果的不确定度。

（4）风速测试方法

①本测试在空载和室温条件下进行。

②测试点数量及布放位置与本标准 6.3.1 规定相同。

③测试程序

（a）将细棉纱线或其他轻飘物体悬挂在测试点位置，关闭箱门后开启风机，找出各测试点处主导风向。

（b）将风速传感器置于测试点，关闭箱门，开启风机，测出各测试点的主导风向风速值。

④试验结果的计算与评定

（a）将测得的风速值按风速仪的修正值修正。

（b）按式（5）计算所有测试点风速的平均值：

$$V = (V_A + V_B + \cdots + V_M)/n \tag{5}$$

式中：V——试验箱风速，单位为米每秒（m/s）；

$V_A, \cdots, V_M$——测量点的风速，单位为米每秒（m/s）；

n——测量点的数量。

计算结果应符合 5.1.5 的规定

（5）噪声测试及评定方法

试验箱噪声测试方法见 JB/T9512—1999，测试结果应符 5.3.4 的规定。

（6）安全保护及装置的性能试验方法

①本试验在空载条件下进行。

②保护接地端子及绝缘电阻的测试应在 6.3 试验前后各进行一次，每次均应符合要求。

③超温报警及保护装置试验时，将报警和保护装置的温度设定在 32 ℃，

并使试验箱升温。当中心点的温度达到设定的报警或保护温度时，报警装置应发出信号，安全保护装置应立即动作进行保护。本试验应连续进行 3 次，每次均应合格。

（7）箱门密封性能的检查及判定方法

①本检查在 6.3 的试验开始前及结束后各进行 1 次。

②将厚 0.1 mm、宽 50 mm、长 200 mm 的纸条垂直夹在箱门与门框之间的任一部位，用手轻拉纸条，如纸条不能自由滑动，即符合 5.2.5 的规定。

（8）工作空间内凝露水滴落情况的检查及评定方法

①该项检查应在 6.3.2 的试验期间进行；

②用肉眼观察工作室顶面和内壁上凝露水珠的大小及是否滴落在工作空间内。如无水珠滴在工作空间内，即符合 5.2.2 的规定。

（9）外观质量检查及判定方法

①本检查在 6.3 的试验开始前及结束后各进行 1 次。

②用肉眼检查试验箱外观涂镀层的质量，结果应符合 5.2.7 的要求

7. 检验规则

（1）试验箱的检验分型式检验和出厂检验两类。

（2）检验在空载条件下进行。

（3）型式检验和出厂检验的项目及试验方法见表8.4。

（4）型式检验

①有下列情况之一时应进行型式检验：

（a）新产品试制定型鉴定；

（b）正式生产的产品在结构、材料、工艺、生产设备和管理等方面有较大改变，可能影响产品性能时；

（c）国家质量监督机构进行质量监督检验时；

（d）出厂试验结果与上次型式检验结果有较大差异时；

（e）产品停产一年以上再生产时；

（f）产品批量生产时，每两年至少一次的定期抽检。

②抽样及判定规则

（a）成批生产的试验箱，批量在 20 台以上时，抽检 2 台；不足 20 台时，抽检 1 台。

（b）抽检样品的型式检验项目应全部合格，否则，对不合格项目加倍抽检。第二次抽检合格时，仅将第一次抽检不合格项目返修，检验合格后允许出厂；如第二次抽检样品中仍有 1 台不合格，则判该批产品不合格，如第

二次抽检样品全部合格，则判该批产品合格。

表 8.4 检验项目及试验方法

序号	检验项目	技术要求章条号	试验方法章条号	检验类别	
				型式检验	出厂检验
1	温度偏差	5.1.1	6.3		
2	温度梯度	5.1.2		○	○
3	温度波动度	5.1.3			
4	相对湿度	5.1.4	6.4	○	○
5	风速	5.3.1~5.3.3	6.5	○	—
6	噪声	5.3.4	6.6	○	—
7	安全保护性能	5.2.5	6.6	○	○
8	箱盖（门）密封性能	5.2.2	6.7	○	○
9	凝露水滴情况		6.8	○	—
10	外观质量	5.2.7	6.9	○	○

注：要求检验项目用"○"表示，"—"者表示不要求检验。

（5）出厂检验

①除温度梯度及温度偏差采用抽样检验外，其他项目应逐台进行检验，检验项目均应合格。

②抽样及判定规则

（a）温度梯度及温度偏差的出厂抽检量按产品批量的 10% 计算，但不得少于 2 台。

（b）检验项目应全部合格，如有 1 台不合格，应加倍抽检；第二次抽检合格时，仅将第一次抽样不合格产品返修，检验合格后允许出厂，如第二次抽检仍有 1 台不合格，则应对该批产品逐台检验。

8. 标志、包装、贮存

（1）标志

①试验箱的铭牌，字迹应清晰耐久，固定牢靠。

②铭牌内容应包括：

（a）产品型号、名称；

（b）重量；

（c）电压、频率及总功率；

（d）产品序号，制造日期；

（e）制造单位名称。

（2）包装

①包装箱的文字及标志应符合 GB/T 191—200 的规定。

②包装箱应牢固可靠。

③包装箱应防雨淋、防潮气聚集。

④试验箱的附件、备件和专用工具应单独包装，牢靠地固定在包装箱内。

⑤试验箱的技术文件如装箱清单、产品使用说明书、产品合格证等应密封防潮，固定在包装箱内明显的地方。

（3）贮存

①试验箱的运输包装件应贮存在通风良好，无腐蚀性气体及化学药品的库房内。

②贮存期长达一年以上的试验箱，应按型式检验抽样及判定规则，按出厂检验项目检验，合格后方可出厂。

第四节　低温试验箱技术条件

1. 范围

本标准规定了低温试验箱（简称"试验箱"）相关的术语和定义、使用条件、技术要求、试验方法、检验规则以及标志、包装、贮存。

本标准适用于对电工、电子及其他产品、零部件、材料进行低温试验的试验箱。

2. 规范性引用文件

下列文件中的条款通过本标准的引用而成为本标准的条款。凡是注日期的引用文件，其随后所有的修改单（不包括勘误的内容）或修订版均不适用于本标准，然而，鼓励根据本标准达成协议的各方研究是否可使用这些文件的最新版本。凡是不注日期的引用文件，其最新版本适用于本标准。

GB/T 191—2008 包装储运图示标志

GB 14048.1—2006 低压开关设备和控制设备第一部分：总则

JB/T 9512—1999 气候环境试验设备与试验箱噪声声功率级的测定

JJF 1059—1999 测量不确定度评定与表示

3. 术语和定义

本节中的术语和定义已在第一节列出，此处不再列出。

4. 使用条件

（1）环境条件

（a）温度：5~35 ℃；

（b）相对湿度：不大于85% RH；

（c）大气压强：80~106 kPa；

（d）周围无强烈震动；

（e）无阳光直接照射或其他热源直接辐射；

（f）周围无强烈气流，当周围空气需强制流动时，气流不应直接吹到箱体上；

（g）周围无强电磁场影响；

（h）周围无高浓度粉尘及腐蚀性物质。

（2）供电条件

（a）交流电压：（220 ± 22）V，（380 ± 38）V；

（b）频率：（50 ± 0.5）Hz。

（3）供水条件

可使用满足下列条件的自来水或循环水

（a）水温：不高于30 ℃；

（b）水压：0.1~0.3 MPa；

（c）水质：符合工业用水标准。

（4）负载条件

试验箱的负载应同时满足下列条件

（a）负载的总质量在每立方米工作室容积内放置不超过80 kg；

（b）负载的总体积不大于工作室容积的1/5；

（c）在垂直于主导风向的任意截面上，负载面积之和应不大于该处工作室截面积的1/3，负载置放时不可阻塞气流的流动。

5. 技术要求

（1）产品性能

试验箱性能项目及指标见表8.5。

表 8.5

序号	性能项目	单位	规定值
1	温度等级	℃	+5，-5，-10，-25，-40，-55，-65
2	温度偏差	℃	±2
3	温度梯度	℃	≤2
4	温度波动度	℃	≤1
5	设定值与中心温度平均值之差	℃	±2
6	工作室内壁温度与工作空间温度之差	K	应不高于试验箱温度的8%。
7	升降温速率	℃/min	≤1，(1±0.2)，(3±0.6)，(5±1) 或规定最快升温或降温时间
8	风速	m/s	≤1.7 或可调

a 由制造商在产品技术文件中规定最快升温或降温时间

b 由制造商在产品技术文件中规定风速

（2）产品结构及外观要求

①试验箱内壁应使用耐热不易氧化、耐腐蚀和具有一定机械强度的材料制造。应无影响试验的污染源。

②保温材料应具有阻燃性能。保温层应有足够的厚度，能保证试验箱在低温试验及环境温度为5~35 ℃、相对湿度≤85%时不应有凝露现象。

③加热和制冷器件的热量和冷量不应直接辐射在试验样品上。

④工作室应设有观察窗和照明装置。

⑤箱门应密封良好，密封条应有良好的抗高温老化、耐低温硬化性能。

⑥制冷系统不应有漏气、漏水、漏油缺陷。

⑦应有放置或悬挂试验样品的样品架。样品架应有足够的耐低温性能。

⑧应设有引线孔。

⑨外观涂镀层应平整光滑、色泽均匀，不得有露底、起泡、起层或擦伤痕迹。

（3）安全和环境保护要求

①电源接线端子对箱体金属外壳之间

——绝缘电阻值应满足：冷态电阻 ≥ 2 MΩ 甫以上，热态电阻≥1 MΩ 甫；

——应能承受50 Hz、1 500 V 交流电压，施压时间为 5 s 的耐电压试验。

②保护接地端子应与试验箱外壳有良好的电气连接并能方便牢固地接

线，应符合 GB 14048.1—2000 的 7.1.9 的规定。

③应有超温、过电流、缺水等保护及报警装置。

④整机噪声的噪声功率级不应大于 80 dB（A）。

6. 试验方法

（1）主要测试仪器与装置

①风速仪

感应量应不低于 0.05 m/s 的风速仪。

②温度计

采用铂电阻、热电偶或其他类似温度传感器组成的并满足下列要求的测温系统：

传感器时间常数：20~40 s；

测温系统的扩展不确定度（$k=2$）：不大于 0.4 ℃。

③表面温度计

采用铂电阻或其他类似传感器组成并满足下列要求的测量系统：

传感器时间常数：20~40 s，

测温系统扩展不确定度（$k=2$）：不大于 1.0 ℃。

（2）测试条件

①测试条件应满足 4.1、4.2 和 4.3 的要求。

②测试在空载条件下进行。

（3）温度测试方法

①测试点的位置及数量

（a）在试验箱工作室内定出上、中、下三个水平测试面，简称上、中、下层。上层与工作室的顶面的距离是工作室高度的 1/10，中层通过工作室几何中心，下层在最低层样品架上方 10 mm 处。

注：工作室其有斜顶或尖顶时，顶面为通过斜面与垂直壁面交线的假想水平面。

（b）测试点位于三个测试面上，中心测试点位于工作室几何中心，其余测试点到工作室壁的距离为各自边长的 1/10（图 8.9）。但对工作室容积不大于 1 m³ 的试验箱，该距离不小于 50 mm。

（c）测试点的数量与工作室容积大小的关系为：

工作室容积不大于 2 m³ 时，测试点为 9 个，布放位置如图 8.9 所示。

工作室容积大于 2 m³ 到 10 m³，时，测试点为 15 个，E、O、U 分别位于上、中、下层的几何中心处，布放位置如图 8.10。

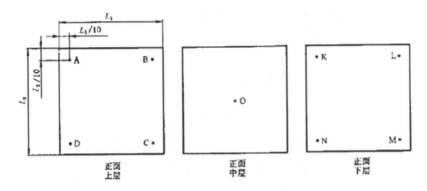

图 8.9　测试点布放位置图

A，B，…，M，N——温度测试点

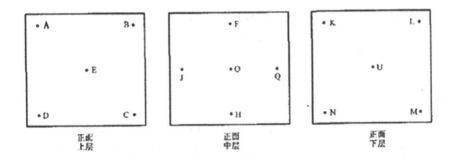

图 8.10　测试点布放位置图

A，B，…，N，U——温度测试点

当工作室容积大于 50 m，时，应适当增加温度测试点的数量。

②测试程序

（a）在试验箱温度可调范围内，选取最高标称温度和最低标称温度。

（b）使试验箱按先低温后高温的程序运行，在工作空间中心点的温度达到测试温度并稳定 2 h 后，在 30 min 内每 1 min 测试所有测试点的温度 1 次，共测 30 次。

③数据处理和试验结果

（a）对测得的温度数据，按测试仪表的修正值进行修正。

（b）剔除可疑数据（参考附录 AD），

（c）对在温度恒定阶段测得的数据（即 6.3.2.2 测得的数据），按式（1）计算每点 30 次测得值的平均温度：

$$\overline{T} = \frac{1}{n} \sum_{i=1}^{n} T_i \qquad (1)$$

式中：$\overline{T}$——温度平均值，单位为摄氏度（℃）；

　　　T_i——第 i 次测试值，单位为摄氏度（℃）；

　　　n——测量次数。

（d）按式（2）计算温度梯度：

$$\Delta T_j = \overline{T}_h - \overline{T}_L \qquad (2)$$

式中：ΔT_j——温度梯度，单位为摄氏度（℃）；

　　　$\overline{T}_h$——温度平均值的最大值，单位为摄氏度（℃）；

　　　$\overline{T}_L$——温度平均值的最小值，单位为摄氏度（℃）。

（e）按式（3）计算温度波动度：

$$\Delta T_b = \overline{T}_{ih} - \overline{T}_{iL} \qquad (3)$$

式中：ΔT_b——温度波动度，单位为摄氏度（℃）；

　　　$\overline{T}_{ih}$——工作空间第 i 点的最高温度值，单位为摄氏度（℃）；

　　　$\overline{T}_{iL}$——工作空间第 i 点的最低温度值，单位为摄氏度（℃）。

（f）按式（4）计算温度偏差：

$$\Delta T_i = \overline{T_i} - \overline{T_0} \qquad (4)$$

式中：ΔT_i——温度波动度，单位为摄氏度（℃）；

　　　$\overline{T_0}$——工作空间中心点的温度平均值，单位为摄氏度（℃）；

　　　$\overline{T_i}$——工作空间其他点的温度平均值，单位为摄氏度（℃）。

（g）按式（5）计算设定值与中心温度平均值差：

$$\Delta T_s = T_s - \overline{T_0} \qquad (5)$$

式中：ΔT_s——设定值与中心温度平均值之差，单位为摄氏度（℃）；

　　　T_s——工作空间中心点的温度平均值，单位为摄氏度（℃）；

　　　$\overline{T_0}$——温度设定值，单位为摄氏度（℃）。

（h）以上计算结果均应符合表 8.5 的规定。

（i）根据实际需要，评定测量结果的不确定度。

（4）工作室内壁与工作空间的温度差的测试方法

①测试点布放位置及数量

（a）在工作空间几何中心布放 1 个温度传感器，在工作室六面内壁几何中心各布放 1 个表面温度传感器。

（b）若工作室内壁中心有引线孔或其他装置，则测试点与孔壁或其他装置的距离应不小于 100 mm。

②测试程序

（a）在试验箱温度可调范围内，选用最高标称温度和最低标称温度为测试温度。

（b）在工作空间几何中心点的温度第一次达到测试温度并稳定 2 h，每隔 2 min 测试所有测试点的温度值 1 次，共测 5 次。

③试验结果的计算与评定

（a）将测得的温度值按测试仪表的修正值修正。

（b）分别计算各测试点温度的算术平均值。

（c）将工作室内壁温度与工作空间几何中心测试点温度的平均值代入式（6）

$$A = \frac{|\overline{T_n} - \overline{T_0}|}{\overline{T_0}} \times 100\% \quad (6)$$

式中：A——工作室内壁与工作室热力学温度之差的百分比；

$\overline{T_n}$——工作室内壁测试点的平均热力学温度，单位为开尔文（K）；

$\overline{T_0}$——工作空间几何中心测试点的平均热力学温度，单位为开尔文（K）。

其结果应符合表 8.5 的规定。

（5）升、降温速率测试方法

①测试点

测试点为工作空间几何中心点。

②测试程序

（a）在试验箱温度可调范围内，选取最低温度设定值为最低规定温度，最高温度设定值为最高规定温度。

（b）开启冷源，使试验箱在最高规定温度下，稳定 2 h，再调至最低规定温度，检测试验箱温度从温度范围的 90% 降到 10% 的时间。

（c）在升温或降温过程每 1 min 记录温度值一次。

③试验结果的计算与评定

（a）将测得的温度值按测试仪表的修正值修正。

（b）按式（7）计算降温平均速率

$$\overline{V_T} = \frac{0.8 \times (T_2 - T_1)}{t} \quad (7)$$

式中：$\overline{V_T}$——升降温平均率，单位为摄氏度每分钟（℃/min）；

T_1——最低规定温度，单位为摄氏度（℃）；

T_2——最高规定温度，单位为摄氏度（℃）；

t——从温度范围 10% 升到 90% 的升温事件，从温度范围的 90% 降到 10% 的降温时间，单位为分钟（min）。

（c）温度按规定温度速率变化的试验箱，在规定的温度范围的 10% 到 90% 的区间内，每 5 min 的温度变化率按式（8）计算

$$V_r = \frac{|\Delta T|}{5} \tag{8}$$

式中：V_r——温度变化速率，单位为摄氏度每分钟（℃/min）；

ΔT——每 5 min 的温度变化值，单位为摄氏度（℃）。

其结果应符合表 8.5 的规定。

（6）风速测试方法

①本测试在空载和室温条件下进行。

②测试点数量及位置

测试点数量与布放位置与 6.3.1 条相同。

③测试程序

（a）将细棉纱线或其他轻飘物体悬挂在测试点位置，关闭箱门后开启风机，找出测试点处主导风向。

（b）将风速仪探头置于测试点，在关闭箱门后，测出各测试点主导风向的最大风速值。

④试验结果的计算与评定

（a）将测得的风速值按风速仪的修正值修正。

（b）计算所有测试点风速的平均值。

$$V = (V_A + V_B + \cdots + V_M)/n \tag{9}$$

式中：V——试验箱风速，单位为米每秒（m/s）；

$V_A, \cdots, V_M$——测量点的风速，单位为米每秒（m/s）；

n——测量点的数量。

（7）保温性能测试方法

试验箱在最低工作温度稳定 2 h 后观察外边面的情况。以上结果应符合 5.2.2 的要求（观察窗架，引线孔及门框边 100 mm 范围除外）。

（8）箱门密封性能检查及评定方法

①本检查在 6.3 ~ 6.9 条的试验开始前及全部结束后各检查 1 次。

②将厚 0.1 mm、宽 50 mm、长 200 mm 的纸条垂直地放在门框任一部位。关闭箱门后，用手轻拉纸条，如纸条不能自由滑动，则符合第 5.2.5 条的规定。

（9）制冷系统密封性能测试方法

用卤素灯或肥皂水检查制冷系统管道接头的密封状况，如无泄漏迹象则满足标准。

（10）安全保护性能测试方法

①电绝缘及接线端子的测试

（a）电源接线端子对箱体金属外壳之间的耐压实验，采用 5 kV 耐压测试仪，在 6.3 试验前进行，其结果应符合 5.3.1 的要求。

（b）绝缘电阻及保护性接地端子的测试，采用 500 V 准确度为 1.0 级绝缘电阻测量仪，在 6.3 试验前后各进行一次，其结果均应符合 5.3.1 和 5.3.2 的要求。

②安全保护装置的测试

（a）在试验箱温度可调范围内，按表 8.5 的度范围中任选 3 个温度作为试验温度。

（b）将超温保护及报警温度设定为测试温度，当工作空间的温度到达设定温度时超温保护装置应动作并同时发出报警信号，即符合 5.3.3 的要求，本试验应连续进行三次。

（c）目视检查是否有过电流、缺水等保护及报警装置。在试验过程中，如报警及保护装置每次均动作即符合要求。

（11）噪声测试方法

见 JB/T 9512—1999。其结果应符合 5.3.4。

（12）外观涂镀层质量测试方法

测试方法为目测，应在 6.3～6.11 规定的试验前和试验后各检查一次。外观涂镀层应符合 5.2.9 规定。

7. 检验规则

（1）检验类型

试验箱的检验分型式检验和出厂检验两类。

（2）检验项目

型式检验和出厂检验的项目见表 8.6。

表 8.6　型式检验和出厂检验项目表

序号	检验项目	技术要求章条号	试验方法章条号	型式试验	出厂检验
1	外观质量	5.2.9	6.12	○	○
2	制冷系统密封性	5.2.6	6.9	○	○
3	箱门密封性能	5.2.5	6.8	○	○
4	噪声	5.3.4	6.11	○	
5	安全性能	5.3.1～5.3.3	6.10	○	○
6	保温性能	5.2.2	6.7	○	○

续表8.6

序号	检验项目	技术要求章条号	试验方法章条号	型式试验	出厂检验
7	温度偏差	表8.5序号2	6.3	○	○
8	温度梯度	表8.5序号3			
9	温度波动度	表8.5序号4			
10	设定值与中心温度平均值之差	表8.5序号S			
11	内壁与工作空间温差	表8.5序号6	6.4	○	
12	升降温速率或时间	表8.5序号7	6.5	○	
13	风速	表8.5序号8	6.6	○	

注：有"○"者为应检验项目。

（3）型式检验

①应进行型式检验的情形

（a）新产品试制定型鉴定；

（b）正式生产的产品在结构、材料、工艺、生产设备和管理等方面有较大改变，可能影响产品性能时；

（c）国家质量监督检验机构进行质量监督检验时；

（d）出厂试验结果与上次型式试验结果有较大差异时；

（e）产品停产一年以上再生产时；

（f）产品批量生产时，每两年至少一次的定期抽检。

②抽样及判定规则

（a）成批生产的试验箱，批量在20台以上时，抽检2台；不足20台时，抽检1台。

（b）抽检样品的型式检验项目应全部合格，否则，对不合格项目加倍抽检。第二次抽检合格时，仅将第一次抽检不合格项目返修，检验合格后允许出厂；如第二次抽检样品中仍有1台不合格，则判该批产品不合格，如第二次抽检样品全部合格，则判该批产品合格。

（4）出厂检验

①检验部门

出厂检验由制造厂质量检验部门负责。

②检验条件

本检验在空载条件下进行。

③检验项目及检验方法

（a）检验项目及检验方法见表8.6。

（b）除温度梯度及温度偏差采用抽样检验外，其他项目应逐台进行检验，检验项目均应合格。

④抽样及评定规则

（a）温度梯度及温度偏差的出厂抽检量按产品批量的10%计算，但不得少于2台。

（b）检验项目应全部合格，如有1台不合格，应加倍抽检；第二次抽检合格时，仅将第一次抽样不合格产品返修，检验合格后允许出厂，如第二次抽检仍有1台不合格，则应对该批产品逐台检验。

8. 标志、包装、贮存

（1）标志

①试验箱铭牌的字迹应清晰耐久。

②铭牌内容应包括：

（a）产品型号、名称；

（b）温度范围；

（c）电压、频率及总功率；

（d）产品序号、制造日期；

（e）制造厂名称。

（2）包装

①包装箱上的文字及标志应符合GB 191的规定。

②包装箱应牢固可靠

③包装箱应防雨、防潮气聚集。

④试验箱的附件、备品备件和专用工具应单独包装，牢靠地固定在包装箱内。

⑤试验箱的技术文件如装箱清单、产品使用说明书、产品合格证等应密封防潮，固定在包装箱内醒目的地方。

（3）贮存

①包装完备的试验箱应贮存在通风良好、无腐蚀性气体及化学药品的库房内。

②贮存期长达一年以上者，出厂前应重新进行出厂检验，合格后方能出厂。

第五节　低温/低气压试验箱技术条件

1. 范围

本标准规定了低温、低气压试验箱（以下简称"试验箱"）的使用条件，技术要求，试验方法，检验规则及标志、包装、运输、贮存等要求。

本标准适用于对电工电子及其他产品、零部件及材料进行低温低气压试验的试验箱。

2. 引用标准

GB 191　包装储运图示标志

GB 998　低压电器基本试验方法

GB 1497　低压电器基本标准

GB 2424.1　电工电子产品基本环境试验规程高温低温试验导则

GB 2424.15　电工电子产品基本环境试验规程温度/低气压综合试验导则

GB 4857.7　运输包装件试验方法正弦振动（定频）试验方法

GB 5398　大型运输包装件试验方法

ZB N61012　气候环境试验设备与试验箱噪声声功率级的测定

3. 使用条件

（1）环境条件

（a）温度：$15 \sim 35 \ ^{\circ}\text{C}$；

（b）相对湿度：不大于 85%；

（c）气压：$86 \sim 106 \ \text{kPa}$；

（d）周围无强烈振动，无腐蚀气体；

（e）无阳光直接照射或其他冷、热源直接辐射；

（f）周围无强烈气流，当周围空气需强制流动时，气流不应直接吹到箱体上；

（h）周围无高浓度粉尘及腐蚀性物质。

（2）电源条件

（a）交流电压：$(220 + 22)$ V 或 (380 ± 38) V；

（b）频率：(50 ± 0.5) Hz。

（3）供水条件

使用自来水或循环水。水温：小于 30 ℃；水压：0.1~0.3 MPa。

（4）负载条件

（a）试验负载可选用电工电子产品，包括整机、元器件或绝缘材料等；

（b）试验负载和总质量按每立方米工作容积内放置 50~80 kg 试验样品计算；

（c）试验负载的总体积不大于工作空间容积的 1/5；

（d）在垂直于主导风向的任意截面上，试验负载截面积之和应不大于该处工作室截面的 1/3。

4. 技术要求

（1）产品性能

①试验箱在作低温、低气压单项试验时，其工作空间应符合表 8.7 和表 8.8 的规定。

表 8.7　试验箱工作空间要求

温度等级	+5	-5	-25	-40	-55	-65
偏差	±3					

表 8.8　试验箱工作空间要求

气压等级	84	79.5	70	61.5	55	40	25	15	8	4	2	1
偏差	±2						±5%				±0.1	

注：试验箱在进行低温低气压综合试验时，若气压低于 10 kPa，温度偏差可放宽。

②气压变化速率：不应大于 10 kPa/min。

③温度均匀度：不大于 2 ℃。

④温度波动度：不大于 ±1 ℃。

⑤工作室内壁温度与工作空间的温度之差不应超过 8%（按开尔文温度计算）。

⑥当进行低温、低气压综合试验时，试验箱温度变化速率按每 5 min 计算，平均速率不大于 1 ℃/min。

⑦工作空间内的风速应可调。

（2）产品结构及外观要求

①内壁及暴露在低温环境中材料、焊料及焊缝等，其机械性能和物理性能，应能保证试验箱正常使用。

②保温层厚度在环境温度 30 ~ 35 ℃、相对湿度 75 % ~85% 条件下，以极限最低温度下运行时，不应使箱外壁、箱门及密封处有明显的凝露现象。

③制冷器件不得对试样直接辐射。

④应设有观察窗和照明装置。

⑤应避免试验箱辅助装置和箱内壁的材料等对箱内空气产生污染。

⑥应有温度和压力调节、指示、记录等仪器仪表。

⑦箱门的密封条不应在低温条件下硬化而失去密封性能。

⑧制冷系统管路应密封可靠，不得漏气、漏水、漏油。

⑨应有测试接线装置。

⑩外观涂镀层应平整光滑、色泽均匀，不得有露底、起层、起泡或擦伤痕迹。

⑪应有放置或悬挂样品的样品架。

（3）安全和环境保护要求

①接线柱之间及接线柱对箱体金属外壳之间的绝缘电阻应不低于 200 Ω，并能承受 50 Hz 交流电压 2 000 V，施压时间 1 min 的耐电压强度试验。

②应有符合 GB 1497 中 7.1.7 条规定的保护接地端子。

③整机噪声应不高于 80 dB （A）。

④应设有电源断相、缺水、超温保护及报警装置。

（4）运输环境性能

①试验箱运输包装件的质量在小于 500 kg 时，应能承受正弦振动（定频）试验。试验时，振动台频率为 3 ~ 4 Hz，最大加速度为 （7.35 ± 2.45） m/s^2，振动持续时间按 GB 4857.7 附录 AD 选用。

②试验箱运输包装件的质量大于 500 kg、并至少有一条边长在 120 cm 以上时，应能承受 GB 5398 规定的跌落试验。

③经运输环境试验的产品应按出厂检验项目进行检验。

（5）可靠性

制造厂应在产品说明书或其他技术资料中尽可能向用户提供产品可靠性指标，如失效率、平均寿命（MTTF）、平均无故障工作时间（MTBF）或强迫停机率（FOR）等。

（6）保用期限

在用户遵守保管、使用和安装规则的条件下，从制造厂发货日起 12 个月内，试验箱因制造不良而发生损坏或不能正常工作时，制造厂应免费为用户修理或更换。

5. 试验方法

（1）测试仪器

①风速仪

采用各种感应量不低于 0.05 m/s 的风速仪。

②温度计

采用铂电阻、热电偶或其他类似温度传感器组成并满足下列要求的测温系统：

传感器时间常数：不大于 20 s；

系统的精密度：±0.3 ℃；

温度计需经国家法定计量机构检定合格，具有有效合格证书和误差修正值。

③表面温度计

采用铂电阻或其他类似传感器组成并满足下列要求的测量系统：

传感器时间常数：不大于 20 s；

系统精密度：±1.0 ℃。

④气压测试仪器

采用误差小于被测气压允许误差 1/3 的气压表（计）。

⑤绝缘电阻测试仪表

选用电压等级为 500 V，精度为 1.0 级的各种兆欧表。

⑥耐压试验装置

可采用符合 GB 998 中 6.3.2 条规定的各种耐压试验装置。

（2）温度测试方法

①测试点的位置及数量

（a）在试验箱工作室内定出上、中、下三个测试面，简称上、中、下三层。上层与工作室的顶面的距离为工作室高度的 1/10，中层通过工作室几何中心，下层在最低层样品架上方 10 mm 处，如不能满足 1/10 的要求，供需双方可根据实际情况协商，适当放宽。

注：工作室具有斜顶或尖顶时，顶面为通过斜顶面与垂直壁面的交线的假想平面。

（b）测试点位于三个测试面上，除中心点位于工作室几何中心外，其余测试点与工作室壁的距离为各自边长的 1/10（图 8.11）

如不能满足 1/10 的规定，供带双方可根据实际情况协商，适当放宽。

（c）测试点数量与工作室容积大小的关系

工作室容积不大于 2 m³ 时，测试点为 9 个，布放位置如图 8.11 所示。

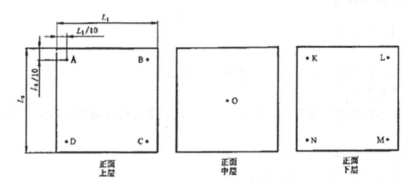

图 8.11　测试点布放位置图

A, B, …, M, N——温度测试点

工作室容积大于 2 m³ 到 10 m³，时，测试点为 15 个，E、O、U 分别位于上、中、下层的几何中心处，布放位置如图 8.12。

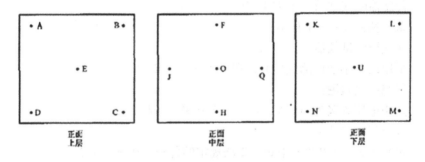

图 8.12　测试点布放位置图

A, B, …, N, U——温度测试点

②本测试应按 3.4 条规定的负载和 3.1 条规定的正常大气压力条件下进行，空载时风速控制在 0.5 m/s。

③测试程序

（a）在试验箱可调范围内，选取最低标称温度或用户要求的温度作为测试温度。

（b）在工作空间中心测试点温度第一次达到测试温度并稳定 2 h 后，每隔 2 min 测试所有测试点温度值 1 次，在 30 min 内共测 15 次，，隔 30 min 再测试 1 次，以后每隔 1 h 测试 1 次，共测 24 h。

④试验结果的计算与评定

（a）将各测试点的温度值按测试仪表的修正值修正。

（b）在 30 min 内，15 次测试数据中，求出每次测试中最高与最低温度之差的算术平均值，为该标称温度下的温度均匀度，再求出中心测试点 15 次测试值中最高与最低温度之差的一半，冠以"±"号，为该标称温度下的波动度。

（c）在 24 h 的测试数据中，分别算出最高、最低温度与标称温度之差为试验箱的该标称温度下的温度偏差。

（d）以上计算结果均应符合 4.1.1～4.1.3 条的规定。

（3）低气压测试方法

①低气压测试点位置为试验箱的气压指示点。

②本测试应按 3.4 条规定的负载和 3.1 条规定的正常温度条件下进行。

③测试程序

（a）在试验箱气压可调范围内，选取最低的试验标称气压值，使箱内的工作空间从常压降至试验压值，稳定 30 min，立即进行测试，每隔 2 min 测试 1 次，共测 15 次，再隔 30 min 测试 1 次，以后每隔 1 h 测试 1 次，共测试 2 h。

④试验结果的计算与评定

（a）将测试点的气压值分别按测试仪器的温度和重力修正值进行修正。

（b）在 2 h 测试数据中，其最高和最低值与试验气压值之差为试验箱在该标称值下的气压偏差。

（c）以上计算结果均应符合 4.1.1 条的有关规定。

（4）低温低气压综合测试方法

①温度测试点的位置及数量与 5.2.1 条相同。

②低气压测试点为试验箱的气压指示点。

③测试应按 3.4 条规定的负载条件下进行。

④测试程序

（a）在试验箱高温低气压可调范围内，选取最低标称温度和最低的试验气压值为综合测试值。

当工作空间中的测试点温度达到测试温度时稳定 2 h；启动降压设备，降压至试验气压时，使气压和温度同时保持 30 min，立即同时对气压和温度进行测试。

（b）气压测试：观察测试气压表，在 30 min 内每隔 2 min 测试 1 次气压值，共测试 2 h。

（c）温度测试：测试所有点的温度值，在 30 min 内每隔 2 min 测试 1 次，共测试 15 次，再隔 30 min 测试 1 次，最后隔 1 h 测试 1 次，共测试

2 h。

⑤试验结果的计算与评定

（a）将测试点的温度气压值分别按测试仪器的温度和重力修正值进行修正。

（b）在 2 h 气压测试数据中，其最高和最低值与标称气压值之差为试验箱在该标称值下的气压偏差。

（c）在 2 h 温度测试数据中，最高的最低值与标称温度之差为试验箱在该标称温度下的温差。

（d）以上计算结果均应符合 4.1.1 条的规定。

（5）温度变化速率测试方法

①温度测试点的位置为试验箱的几何中心点。

②本测试应按 3.4 条规定的负载条件下进行。

③测试程序

（a）在试验箱温度可调范围内，选取最低标称温度作为最低降温温度。

（b）开启冷源，使试验箱由室温降到最低降温温度，稳定 2 h 后，再升到室温，降温和升温期间，每隔 5 min 记录 1 次，直到试验过程结束。

①试验结果的计算与评定

（a）将测得的温度值按测试仪表的修正值修正。

（b）按式（1）计算升、降温过程中每 5 min 内温度平均变化速率：

$$\overline{V} = \frac{\Delta T}{5} \tag{1}$$

式中：V——温度的平均变化速率，℃/min；

ΔT——每 5 min 的温度变化值。

其结果应符合 4.1.6 条规定。

（6）气压变化速率测试方法

①低气压测试点为试验箱的气压指示点。

②本测试应按 3.4 条规定的负载条件进行。

③测试程序

在试验箱气压可调范围内选取最低的试验气压值，当箱内工作空间开始降压时，记录从常压降到试验气压的时间，然后关机，开启放气阀，当箱内工作空间开始升压时，记录从试验气压升到常压的时间。

④试验结果的计算和评定

按式（2）和式（3）分别计算出升、降压的平均变化速率：

$$\overline{V}_{降} = \frac{p_0 - p}{t_{降}}$$

$$\overline{V}_升 = \frac{p_0 - p}{t_升}$$

式中：$V_降$——降压平均变化速率，kPa/min；

$V_升$——升压平均变化速率，kPa/min；

P_0——常压值，kPa；

P——试验气压值，kPa；

$t_降$——降压时间，min；

$t_升$——升压时间，min。

其结果应符合 4.1.2 条的规定。

（7）工作室内壁与工作室空间温差测试方法

①本测试在空载条件下进行。

②测试点布放位置及数量

（a）在试验箱工作空间几何中心布放一个温度传感器，在工作室六面内壁几何中心各布放一个表面温度传感器，用 O，A，B，C，D，E 和 F 表示。

（b）工作室内壁中心有引线孔或其他装置时，测试点与孔壁或其他装置的距离应不小于 100 mm。

③测试程序

（a）在试验箱温度可调范围内，以最高标称温度为测试温度。

（b）在工作空间几何中心点的温度第一次达到测试温度并稳定 2 h 后，每隔 2 min 测试所有测试点的温度值 12 次，共测 5 次。

④试验结果的计算与评定

（a）将各测试点的温度值按测试仪表的修正值修正。

（b）分别计算各测试点温度的算术平均值。

（c）将工作室内壁与工作空间中心点的温度代入式（4）：

$$\Delta T = \frac{|\overline{T}_n - \overline{T}_0|}{273 + T_u} \times 100\% \tag{4}$$

式中：ΔT——工作室内壁与工作室热力学温度之差的百分比；

$\overline{T}_n$——工作室内壁测试点的温度，℃；

$\overline{T}_0$——工作空间几何中心测试点的温度，℃。

其结果应符合 4.1.5 条的规定。

（8）制冷系统密封性能检查及评定方法

用卤素灯或肥皂水检查制冷系统管道接头的密封状况，如无泄漏迹象则满足标准，则符合 4.2.8 条的规定。

（9）保温性能检查及评定方法

①本检查在 5.2 条的测试结束时进行。

②用肉眼观察试验箱外壁、箱门密封处的凝露情况，如无明显的露珠或水膜，即符合 4.2.2 条的规定。

（10）风速测试方法

①测试点数量及布放位置与 5.2.1 条相同。

②本测试在空载和室温条件下进行。

③测试程序

（a）将棉纱线或其他轻飘物体悬挂在测试点位置，关闭箱门后开启风机，找出测试点处的主导风向。

（b）将风速仪探头置于测试点，在关闭箱门后测出主导风向的风速值。

④试验结果的计算与评定

（a）将测得的风速值按风速仪的修正值修正。

（b）计算所有测试点风速的平均值。

（11）绝缘电阻测 t 及耐压试验方法

①本测试在冷态下进行。

②绝缘电阻测量和耐压试验耐压部位：

（a）测试接线柱之间和接线柱与箱壳之间；

（b）低压电路接线端子之间和接线端子与外壳之间。

③当被试低压电器中装有诸如电动机、仪表及半导体器件时，如有必要，可在试验前予以拆除。

④耐压试验应从小于 1/2 试验电压开始，以约 5 s 时间逐步升至规定值，然后持续 1 min，施压结束后应避免突然失压。

⑤试验结果的评定

（a）绝缘电阻测量结果应符合 4.3.1 条的规定。

（b）耐压试验结果的评定参考 GB 998 的 6.3.5 条及其附录 E；

（12）噪声测试方法

试验箱整机噪声的测试方法见 ZBN 61012，结果应符合 4.3.3 条的规定。

（13）安全保护装 2 的性能试验方法

①本试验在满载条件下进行。

②试验程序

（a）从 4.1.1 条的温度等级中任选 3 个温度等级作为试验温度。

（b）在降温过程中，将报警和保护温度顺次设定在安全和保护装置上，当工作空间几何中心点的温度到达设定的温度时，报警装置应发出信号。安全保护装置应立即切断电源。

③试验结果的评定

在试验过程中，如报警及保护装置每次均动作，即符合 4.3.4 条的规定。

（14）箱门密封性能检查及评定方法

①本检查在 5.2～5.13 条规定的试验开始前及全部结束后各检查一次。

②将厚 0.1 mm，宽 50 mm、长 200 mm 的纸条垂直地放在门框任一部位，关闭箱门后用手轻拉纸条，如纸条不能自由滑动，则符合第 4.2.7 条的规定。

（15）外观涂镀层质量检查及评定方法

①本检查在 5.2～5.14 条的试验开始前及全部结束后各检查 1 次。

②用肉眼观察外观涂镀层，结果应符合 4.2.10 条要求。

（16）运输环境试验方法

①本试验在 5.2～5.15 条的试验项目全部符合要求后进行。

②对小于 500 kg 的运输包装件，其正弦振动（定频）试验方法见 GB 4857.7。

③对不小于 500 kg 的运输包装件，其跌落试验方法见 GB 5398。

④运输试验后，检查包装箱外观有无变形或损坏，拆除包装箱后，检查试验箱外观有无损伤、紧固件有无松脱现象。

⑤在确信试验箱外观完好，紧固件无松脱现象后，按出厂检验项目检验，结果应符合出厂检验要求，即符合 4.4 条的规定。

6. 检验规则

（1）试验箱检验分型式检验和出厂检验两类。

（2）型式检验

①有下列情况之一时，应进行型式检验：

（a）新产品试制定型鉴定；

（b）老产品转厂生产时；

（c）正式生产的产品在结构、材料、工艺有较大改革，可能影响产品性能时；

（d）产品停产一年以上再生产时；

（e）产品批量生产时，二年至少一次的定期抽检。

②抽样及评定规则

（a）成批生产的试验箱，批量在 20 台以上时，抽检 2 台，不足 20 台时，抽检 1 台。

（b）抽检样品的型式试验项目应全部合格，否则，对不合格项目加倍抽检。第二次抽检合格时，仅将第一次抽检不合格项目返修，检验合格后允许出厂，如第二次抽检样品中仍有一台不合格时，则认为该批产品不合格。如第二次抽检样品全部合格，则认为该批产品合格。

（3）出厂检验

①出厂检验由制造厂质量检验部门负责。

②本检验在空载条件下进行。

③检验项目及检验方法

（a）检验项目及检验方法见表 8.9。

（b）试验箱除温度均匀度及容差采用抽样检验外，应逐台进行出厂检验，检验项目均应合格。

④抽样及评定规则

（a）温度均匀度及容差的出厂抽检量按产品一次批量的 10% 计算，但不得少于 2 台。

（b）检验项目应全部合格，如有 1 台不合格，应加倍抽检；第 2 次抽检合格时，仅将第 1 次抽检不合格产品返修，检验合格后允许出厂，如第 2 次抽检仍有 1 台不合格，则应对该批产品逐台检验。

表 8.9　检验项目及检验方法

检验项目	技术要求章、条号	测试方法章、条号	检验类别	
			型式检验	出厂检验
温度偏差	4.1.1	5.2	○	○
综合测试温度偏差	4.1.1	5.4	○	○
温度均匀度	4.1.3	5.2	○	○
温度波动度	4.1.4	5.2	○	○
气压偏差	4.1.1	5.3	○	○
综合测试气压偏差	4.1.1	5.4	○	○
气压变化速率	4.1.2	5.6	○	○
温度变化速率	4.1.6	5.5	○	○
工作室内壁温度与工作空间温度之差	4.1.5	5.7	○	

续表 8.9

检验项目	技术要求 章、条号	测试方法 章、条号	检验类别	
			型式检验	出厂检验
风速	4.1.7	5.10	○	
外观涂镀层质量检查	4.2.10	5.15	○	○
安全要求	4.3.4	5.13	○	○
运输环境试验	4.4	5.16	○	
绝缘电阻、耐压试验	4.3.1	5.11	○	
保温性能	4.2.2	5.9	○	
噪声	4.3.3	5.12	○	
制冷系统密封性能	4.2.8	5.8	○	○
箱门密封性能	4.2.7	5.14	○	

注：要求检验项目用"○"表示，无"○"表示不要求检验.

⑤温度均匀度、波动度及温度容差检验

（a）按 5.2.1 条的规定，布放温度传感器；

（b）开启试验箱降温，当中心测试点的温度第 1 次到达规定测试温度后稳定 2 h，接着在 30 min 内，每隔 2 min 测试所有测试点的温度值 1 次，共测 15 次。

（c）按式（5）和式（6）分别计算每次测得的最高温度、最低温度及中心测试点温度的算术平均值和标准偏差。

$$\overline{T} = \frac{1}{n} \sum_{i=1}^{n} T_i \tag{5}$$

$$\hat{\sigma} = \sqrt{\frac{\sum_{i=1}^{n} (T_i - \overline{T})^2}{n-1}} \tag{6}$$

式中：$\overline{T}$——温度平均值，℃；

T_i——第 i 次测试值，℃；

n——测试次数；

$\hat{\sigma}$——标准偏差。

按式（7）和（8）估算温度均匀度及波动度：

$$\Delta T_i = \overline{T}_h - \overline{T}_c + 0.55(\hat{\sigma}_h - \hat{\sigma}_c) \tag{7}$$

$$\Delta T_b = \pm 2.14 \hat{\sigma}_0 \tag{8}$$

式中：ΔT_i——温度均匀度，℃；

$\overline{T}_h$——平均最高温度，℃；

$\overline{T_c}$——平均最低温度，℃；

$\hat{\sigma}_h$——平均最高温度的标准偏差，℃；

$\hat{\sigma}_c$——平均最低温度的标准偏差，℃；

ΔT_b——温度波动度，℃；

$\hat{\sigma}_0$——中心测试点的温度的标准偏差。

按式（9）和（10）估算温度偏差：

$$T_h = T + 3.0\hat{\sigma}_h \tag{9}$$
$$T_c = T + 3.0\hat{\sigma}_c \tag{10}$$

式中：T——标称温度，℃。

7. 仲裁试验

当供需双方对产品质量问题有争议时，按型式检验方法进行检验和评定。

8. 标志、包装、贮存

（1）标志

①试验箱的铭牌应固定在醒目的位置，字迹应清晰、耐久。

②铭牌内容应包括：

（a）产品型号、名称；

（b）温度范围、电压、频率及总功率；

（c）产品序号、制造日期；

（d）制造厂名称。

（2）包装

①试验箱包装运输件文字及标志应符合 GB 191 的规定。

②包装箱应牢固可靠，能经受 5.16 条规定的运输试验的考验。

③包装箱应防雨、防潮气聚集。

④试验箱的附件、备品备件和专用工具应单独包装，牢靠地固定在包装箱内。

⑤试验箱的技术文件如装箱清单、产品使用说明书、产品合格证等应密封防潮，固定在包装箱内明显的地方。

（3）贮存

①试验箱应贮存在通风良好、无腐蚀性气体及化学药品的库房内。

②贮存期长达一年以上的试验箱，应按型式检验，抽样规则抽样，按出厂检验项目检验，合格后方能出厂。

第六节　高温/低气压试验箱技术条件

1. 范围

本标准规定了高温/低气压试验箱（以下简称"试验箱"）的术语和定义、使用条件，技术要求，试验方法，检验规则及标志、包装、贮存。

本标准适用于对电工、电子及其他产品、零部件及材料进行高温/低气压试验的试验箱。

2. 规范性引用文件

下列文件中的条款通过本标准的引用而成为本标准的条款。凡是注日期的引用文件，其随后所有的修改单（不包括勘误的内容）或修订版均不适用于本标准，然而，鼓励根据本标准达成协议的各方研究是否可使用这些文件的最新版本。凡是不注日期的引用文件，其最新版本适用于本标准。

GB/T 191—2000 包装储运图示标志

GB/T 14048.1—2000 低压开关设备和控制设备总则

JB/T 9512—1999 气候环境试验设备与试验箱噪声声功率级的测定

JJF 1059—1999 测量不确定度评定与表示

3. 术语和定义

本节中的术语和定义已在第一节列出，此处不再列出。

4. 推荐使用条件

（1）环境条件

（a）温度 15 ~ 35 ℃；

（b）相对湿度：不大于 85% RH；

（c）大气压 80 ~ 106 kPa；

（d）周围无强烈震动；

（e）无阳光直接照射或其他热源直接辐射；

（f）周围无强烈气流，当周围空气需强制流动时，气流不应直接吹到箱体上；

（g）周围无强电磁场影响；

（h）周围无高浓度粉尘及腐蚀性物质。

（2）供电条件

（a）交流电压：（220±22）V，（380±38）V；

（b）频率：（50±0.5）Hz；

（3）负载条件

试验箱的负载应同时满足下列条件：

（a）负载的总质量在每立方米工作室容积内放置不超过80kg；

（b）负载的总体积不大于工作室容积的1/5；

（c）在垂直于主导风向的任意截面上，负载面积之和应不大于该处工作室截面积的1/3，负载置放时不可阻塞气流的流动。

5. 技术要求

（1）产品性能

试验箱的性能项目及指标见表8.10。

表8.10 试验箱的性能项目及指标

序号	性能项目	单位	规定值
1	温度等级	℃	30、40、55、70、85、100、125、155、175、200
2	温度偏差	℃	常压温度试验时：±2 ℃
			温度低气压综合试验时：≤100 ℃时：±3 ℃ >100 ℃至200 ℃时：±5 ℃
3	温度梯度	℃	≤2
4	温度波动度	℃	≤1
5	工作室内壁温度与工空室温度之差	K	应不高于试验箱工作空间温度的3%。
6	气压等级	kPa	84、79.5、70、61.5、55、40、25、15、8、4、2、1
7	气压偏差	kPa	84~40时：±2；25~4时；±0.5≤2时；±0.1
8	升温速率	℃/min	每5 min计算，平均速率不大于1 ℃/min； 或规定最快升温时间
9	气压变化速率	kPa/min	≤10
10	风速	m/s	≤1 m/s或可调

a 若气压低于4 kPa，温度偏差可适当放宽。

b 由制造商在产品技术文件中规定最快升温时间。

c 由制造商在产品技术文件中规定风速可调范围。

（2）产品结构及外观要求

①试验箱内壁应使用耐热、不易氧化和具有一定机械强度的材料制造。

②保温材料应能耐高温并具有阻燃烧性。

③保温层的厚度应保证试验箱外部易触及部位的温度不高于50 ℃。

④加热器件不得对试验样品直接辐射。

⑤应设有观察窗和照明装置。

⑥应避免试验箱的辅助装置和箱内壁材料等对箱内空气产生污染。

⑦箱门的密封条应在高温条件下不易老化、发黏、变形、失去密封性能，并便于更换。

⑧应具有测试接线装置。

⑨外观涂镀层应平整光滑、色泽均匀，不得有露底、起层、起泡或擦伤痕迹。

⑩样品架在高温条件下具有一定的机械强度并应便于装卸。

（3）安全和环境保护要求

①接线端子对箱体金属外壳之间的绝缘电阻值应满足：冷态2 MΩ 甫以上，热态1 MΩ 甫以上（用500 V，准确度为1.0级兆欧表测量）；并能承受50 Hz 交流电压1 500 V、施压时间5 s的耐电压试验。

②保护接地端子应与试验箱外壳有良好的电气连接并能方便牢固地接线，应符合 GB/T 14048.1—2000 的 7.1.9 的规定。

③应有超温、过电流等保护及报警装置。

④整机噪声应不高于85 dB（A）。

6. 测试方法

（1）主要测试仪器

①风速仪

感应量应不低于0.05 m/s 的风速仪。

②温度计

采用铂电阻、热电偶或其他类似温度传感器组成的并满足下列要求的测温系统：

传感器时间常数：20～40 s；

测温系统的扩展不确定度（$k=2$）：不大于0.4 ℃。

（2）测试条件

①测试条件应满足4.1和4.2的要求。

②测试在空载条件下进行。

③进行降温速率试验时，环境温度应不高于 25 ℃，冷却水温度应不高于 30 ℃。

（3）温度测试方法

①测试点的位置及数量

（a）在试验箱工作室内定出上、中、下三个水平测试面，简称上、中、下层。上层与工作室的顶面的距离是工作室高度的 1/10，中层通过工作室几何中心，下层在最低层样品架上方 10 mm 处。

注：工作室其有斜顶或尖顶时，顶面为通过斜面与垂直壁面交线的假想水平面。

（b）测试点位于三个测试面上，中心测试点位于工作室几何中心，其余测试点到工作室壁的距离为各自边长的 1/10（图 8.13）。但对工作室容积不大于 1 m³ 的试验箱，该距离不小于 50 mm。

（c）测试点的数量与工作室容积大小的关系为：

工作室容积不大于 2 m³ 时，测试点为 9 个，布放位置如图 8.13 所示。

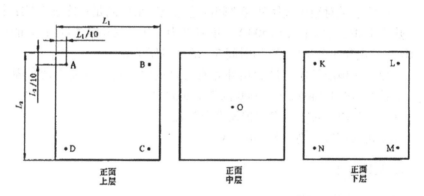

图 8.13　测试点布放位置图

A，B，…，M，N——温度测试点。

工作室容积大于 2 m³ 到 10 m³，时，测试点为 15 个，E、O、U 分别位于上、中、下层的几何中心处，布放位置如图 8.14。

②本测试应按 4.1 规定的正常大气压力条件下进行。

③测试程序

（a）在试验箱温度可调范围内，选取最高标称温度和最低标称温度。

（b）使试验箱按先低温后高温的程序运行．在工作空间中心点的温度达到测试温度并稳定 2 h 后，在 30 min 内每 1 min 测试所有测试点的温度 1 次，共测 30 次。

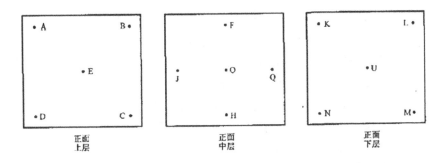

图 8.14 测试点布放位置图

A，B，…，N，U——温度测试点

④数据处理和试验结果

（a）对测得的温度数据，按测试仪表的修正值进行修正。

（b）剔除可疑数据。

（c）对在温度恒定阶段测得的数据（即6.3.2.2测得的数据），按式
（1）计算每点30次测得值的平均温度：

$$\overline{T} = \frac{1}{n} \sum_{i-1}^{n} T_i \tag{1}$$

式中：$\overline{T}$——温度平均值，单位为摄氏度（℃）；

　　T_i——第 i 次测试值，单位为摄氏度（℃）；

　　n——测量次数。

（d）按式（2）计算温度梯度

$$\Delta T_j = \overline{T}_h - \overline{T}_L \tag{2}$$

式中：ΔT_j——温度梯度，单位为摄氏度（℃）；

　　$\overline{T}_h$——温度平均值的最大值，单位为摄氏度（℃）；

　　$\overline{T}_L$——温度平均值的最小值，单位为摄氏度（℃）。

（e）按式（3）计算温度波动度

$$\Delta T_b = \overline{T}_{ih} - \overline{T}_{iL} \tag{3}$$

式中：ΔT_b——温度波动度，单位为摄氏度（℃）；

　　$\overline{T}_{ih}$——工作空间第 i 点的最高温度值，单位为摄氏度（℃）；

　　$\overline{T}_{iL}$——工作空间第 i 点的最低温度值，单位为摄氏度（℃）。

（f）按式（4）计算温度偏差：

$$\Delta T_i = \overline{T}_i - \overline{T}_0 \tag{4}$$

式中：ΔT_i——温度偏差，单位为摄氏度（℃）；

$\overline{T_i}$——工作空间中心点的温度平均值，单位为摄氏度（℃）；

$\overline{T_0}$——工作空间中心点的温度平均值，单位为摄氏度（℃）。

（g）试验箱控制仪表的设定值与中心测试值之差应满足表 8.10 的容许偏差要求。以上计算结果均应符合表 8.10 的规定。

（h）根据实际需要，评定测量结果的不确定度。

（4）工作室内壁与工作空间的温度差的测试方法

①测试点布放位置及数量

（a）在工作空间几何中心布放 1 个温度传感器，在工作室六面内壁几何中心各布放 1 个表面温度传感器。

（b）若工作室内壁中心有引线孔或其他装置，则测试点与孔壁或其他装置的距离应不小于 100 mm。

②测试程序

（a）在试验箱温度可调范围内，选用最高标称温度和最低标称温度为测试温度。

（b）在工作空间几何中心点的温度第一次达到测试温度并稳定 2 h，每隔 2 min 测试所有测试点的温度值 1 次，共测 5 次。

③试验结果的计算与评定

（a）将测得的温度值按测试仪表的修正值修正。

（b）分别计算各测试点温度的算术平均值。

（c）将工作室内壁温度与工作空间几何中心测试点温度的平均值代入式（5）：

$$A = \frac{|\overline{T_n} - \overline{T_0}|}{\overline{T_0}} \times 100\% \tag{5}$$

式中：A——工作室内壁与工作室热力学温度之差的百分比，%；

$\overline{T_n}$——工作室内壁测试点的平均温度，单位为开尔文（K）；

$\overline{T_0}$——工作空间几何中心测试点的平均温度，单位为开尔文（K）。

（5）低气压测试方法

①低气压测试点位置为试验箱中气压指示点。

②测试在空载和室温条件下进行。

③测试程序

在试验箱气压可调范围内，选取最低的试验标称气压值，当工作空间从常压降至试验气压值，稳定 30 min，立即进行测试，每 1 min 测试 1 次，共测 30 次。

④试验结果的计算与评定

（a）将测试点的气压值分别按测试系统修正值进行修正。

（b）在 30 min 测试数据中，其最高和最低值与标称气压值之差，为试验箱在该标称值下的气压偏差。

（c）以上计算结果均应符合表 8.10 的规定。

（6）高温低气压综合测试方法

①温度测试点的位置及数量与 6.3.1 中相同。

②低气压测试点为试验箱的气压指示点。

③测试程序

（a）在试验箱高温低气压可调范围内，选取最高温度和最低的试验标称气压值（不低于 4 kPa）为综合测试值。当工作空间中以测试点温度达到测试温度时稳定值，启动降压设备，降压至试验气压时，使气压和温度同时保持 30 min，立即同时对气压和温度进行测试。

（b）气压测试：在 30 min 内每隔 1 min 测试 1 次气压值，共测 30 次。

（c）温度测试：测试所有测试点的温度值，在 30 min 内每 1 min 测试 1 次，共测试 30 次。

④试验结果的计算与判定

（a）对测得的气压和温度数据，按测试仪表的修正值分别进行修正。

（b）在 30 min 内气压测试数据中，其最高和最低值与标称气压值之差为试验箱在该标称值下的气压偏差，以上计算结果均应符合表 8.10 的规定。

（c）在 30 min 内 30 次温度测试数据中，按照 6.3.4 的方法计算温度偏差，以上计算结果均应符合表 8.10 的规定。

（7）升温速率测试方法

①本测试在空载和 4.1 规定的常压条件下进行。

②温度测试点的位置为试验箱的工作空间中心点。

③测试程序

（a）在试验箱温度可调范围内，选取室温为最低规定温度，最高标称温度为最高规定温度。

（b）开启热源，使试验箱由室温升高至最高规定温度，检测试验箱温度从温度范围的 10% 升到 90% 的时间。使试验箱在最高规定温度下，至少稳定 2 h，再调至最低规定温度，检测试验箱温度从温度范围的 90% 降到 10% 的时间。

④试验结果的计算与评定

（a）将测试温度值按测试仪表的修正值修正。

（b）按式（6）计算升温平均速率

$$V_T = \frac{0.8 \times (T_2 - T_1)}{t} \tag{6}$$

式中：V_T——升温平均速率，单位为摄氏度每分钟（℃/min）；

T_1——最低规定温度，单位为摄氏度（℃）；

T_2——最高规定温度，单位为摄氏度（℃）；

t——从温度范围的 10% 升到 90% 的升温时间，单位为分分钟（min）。

（8）气压变化速率测试方法

①低气压测试点为试验箱的气压指示点。

②测试程序

在试验箱气压可调范围内，选取最低的试验气压值，当箱内工作空间开始降压时，记录从常压降到试验气压的时间，然后关机，开启放气阀，当箱内工作空间开始升压时，记录从试验气压升到常压的时间。

③试验结果的计算和评定

按式（7）和式（8）分别计算出升、降压的平均速率

$$\overline{V}_{降} = \frac{p_0 - p}{t_{降}} \tag{7}$$

$$\overline{V}_{升} = \frac{p_0 - p}{t_{升}} \tag{8}$$

式中：$V_{降}$——降压平均变化速率，kPa/min；

$V_{升}$——升压平均变化速率，kPa/min；

P_0——常压值，kPa；

P——试验气压值，kPa；

$t_{降}$——降压时间，min；

$t_{升}$——升压时间，min。

（9）风速测试方法

①测试点数针及布放位置与6.3.1相同。

②本测试在空载和室温条件下进行。

③测试程序

将风速仪探头置于测试点，沿任意方向测试每一点的风速，取其触大值作为该测试点的风速。

④试验结果的计算与评定

（a）将测得风速按风速仪的修正值修正。

（b）计算所有测试点风速的平均值。其结果应符合表 8.10 的规定。

（10）安全保护性能测试方法

①电绝缘及保护接地端子的测试应在 6.3 试验前后各进行一次，均应符合要求。

②安全保护装置测试程序

（a）在试验箱温度可调范围内，按表 8.10 序号 1 的温度范围中任选 3 个温度作为试验温度。

（b）将超温保护及报警温度设定为测试温度，然后降温或升温。当工作空间几何中心点的温度到达设定温度时超温保护装置应动作（停止制冷或加热）并同时发出报警信号即符合 5.3.3 的要求，本试验应连续进行三次。

③试验结果的评定

在试验过程中，如报警及保护装置每次均动作即符合要求。

（11）噪声测试方法

试验箱整机噪声的测试方法见 JB/T 9512—1999，结果应符合 5.3.4 的规定。

（12）保温性能检查及评定方法

①在 6.3 测试结束时进行。

②试验箱温度稳定在最高工作温度点 2 h，用表面温度计检查试验箱外壁的温度，以上结果应符合本标准 5.2.3 的要求（观察窗框架、引线孔及门框边 100 m 范围除外）。

（13）外观涂镀层质量的检查及评定方法

在 6.3 ~ 6.12 的试验前及结束后，用肉眼检查试验箱外观涂镀层，结果应符合 5.2.9 的规定。

7. 检验规则

（1）试验箱检验分型式检验和出厂检验两类。

（2）型式检验和出厂检验的项目及试验方法见表 8.11。试验箱除温度均匀度及容差采用抽样检验外，应逐台进行出厂检验，检验项目均应合格。

表 8.11　检验项目及试验方法

序号	检验项目	技术要求章、条号	测试方法章、条号	检验类别	
				型式检验	出厂检验
1	温度偏差	表 8.10 序号 2	6.3	○	○

续表 8.11

序号	检验项目	技术要求 章、条号	测试方法 章、条号	检验类别	
				型式检验	出厂检验
2	综合测试温度偏差	表 8.10 序号 2	6.6	○	○
3	温度梯度	表 8.10 序号 3	6.3	○	○
4	气压偏差	表 8.10 序号 7	6.5	○	○
5	升温速率	表 8.10 序号 8	6.7	○	○
6	气压变化速	表 8.10 序号 9	6.8	○	○
7	风速	表 8.10 序号 10	6.9	○	—
8	工作室内壁温度与 工作空间温度之差	表 8.10 序号 5	6.4	○	—
9	安全和保护装里性能	5.3	6.10	○	○
10	噪声	5.3.4	6.11	○	—
11	外观涂镀层质量检查	5.2.9	6.13	○	—
12	保温性能	5.2.3	6.12	○	—

注:"○"为应检项目

（3）型式检验

①有下列情况之一时，应进行型式检验，试验项目见表 8.11：

（a）新产品试制定型鉴定；

（b）正式生产的产品在结构、材料、工艺、生产设备和管理等方面有较大改变，可能影响产品性能时；

（c）国家质量监督检验机构进行质量监督检验时；

（d）出厂试验结果与上次型式试验结果有较大差异时；

（e）产品停产一年以上再生产时；

（f）产品批量生产时，每两年至少一次的定期抽检。

②抽样及评定规则

（a）成批生产的试验箱，批量在 20 台以上时，抽检 2 台，不足 20 台时，抽检 1 台。

（b）抽检样品的型式试验项目应全部合格，否则，对不合格项目加倍抽检，第二次抽检合格时，仅将第一次抽检不合格项目返修，检验合格后允许出厂，如第二次抽检样品中仍有 1 台不合格时，则认为该批产品不合格。

如第二次抽检样品全部合格，则认为该批产品合格。

（4）出厂检验

①出厂检验由制造厂质量检验部门负责。

②出厂检验在空载条件下进行。

③抽样及评定规则

（a）温度梯度及容差的出厂抽检量按产品一次批量的10%但不得少于2台。

（b）检验项目应全部合格，如有1台不合格，应加倍抽检，第2次抽检合格时，仅将第一次抽检不合格产品返修，检验合格后允许出厂。如第二次抽检仍有1台不合格，则应对该产品逐台检验。

8. 标志、包装、贮存

（1）标志

①试验箱的铭牌，字迹应清晰耐久，固定牢靠。

②铭牌内容应包括：

（a）产品型号、名称；

（b）质量；

（c）电压、频率及总功率；

（d）产品序号，制造日期；

（e）制造单位名称。

（2）包装

①包装箱的文字及标志应符合 GB/T 191—2000 的规定。

②包装箱应牢固可靠。

③包装箱应防雨淋、防潮气聚集。

④试验箱的附件、备件和专用工具应单独包装，牢靠地固定在包装箱内。

⑤试验箱的技术文件如装箱清单、产品使用说明书、产品合格证等应密封防潮，固定在包装箱内明显的地方。

（3）贮存

①试验箱的运输包装件应贮存在通风良好，无腐蚀性气体及化学药品的库房内。

②贮存期长达一年以上的试验箱，应按型式检验抽样及判定规则，按出厂检验项目检验，合格后方可出厂。

第七节　高温试验箱技术条件

1. 范围

本标准规定了高温/低气压试验箱（以下简称"试验箱"）的术语和定义、使用条件，技术要求，试验方法，检验规则及标志、包装、贮存。

本标准适用于对电工、电子及其他产品、零部件及材料进行高温/低气压试验的试验箱。

2. 规范性引用文件

下列文件中的条款通过本标准的引用而成为本标准的条款。凡是注日期的引用文件，其随后所有的修改单（不包括勘误的内容）或修订版均不适用于本标准，然而鼓励根据本标准达成协议的各方研究是否可使用这些文件的最新版本。凡是不注日期的引用文件，其最新版本适用于本标准。

GB/T 191—2000 包装储运图示标志

GB/T 14048.1—2000 低压开关设备和控制设备总则

JB/T 9512—1999 气候环境试验设备与试验箱噪声声功率级的测定

JJF 1059—1999 测量不确定度评定与表示

3. 术语和定义

本节中的术语和定义已在第一节列出，此处不再列出。

4. 推荐使用条件

（1）环境条件

（a）温度：15 ~ 35 ℃；

（b）相对湿度：不大于85% RH；

（c）大气压强：80 ~ 106 kPa；

（d）周围无强烈震动；

（e）无阳光直接照射或其他热源直接辐射；

（f）周围无强烈气流，当周围空气需强制流动时，气流不应直接吹到箱体上；

（g）周围无强电磁场影响；

（h）周围无高浓度粉尘及腐蚀性物质。

（2）供电条件

（a）交流电压：（220 ± 22）V，（380 ± 38）V；

（b）频率：（50 ± 0.5）Hz；

（3）负载条件

试验箱的负载应同时满足下列条件：

（a）负载的总质量在每立方米工作室容积内放置不超过 80 kg；

（b）负载的总体积不大于工作室容积的 1/5；

（c）在垂直于主导风向的任意截面上，负载面积之和应不大于该处工作室截面积的 1/3，负载置放时不可阻塞气流的流动。

5. 技术要求

（1）产品性能

试验箱的性能项目及指标见表 8.12。

表 8.12　试验箱性能项目及指标

序号	性能项目	单位	规定值
1	温度范围	℃	（室温 + 15）至 200
2	温度偏差	℃	± 2
3	温度梯度	℃	≤ 2
4	温度波动度	℃	≤ 1
5	设定值与中心温度平均值之差	℃	± 2
6	工作室内壁温度与工作空间温度之差	K	应不高于试验箱温度的 3%
7	升温速率	℃/min	一般情况下，试验箱每 5 min 的平均升温速率应不大于 1 ℃/min。试验样品对升温速率不敏感时，本项目可用升温时间替代
8	风速	m/s	≤ 1.7 或可调

A 温度范围超过 200 ℃时，温度偏差、温度梯度可适当放宽。

B 由制造商在产品技术文件中规定最快升温时间；升温时间是指试验箱工作空间从室温升至最高工作温度的时间。

C 由制造商在产品技术文件中规定风速。

（2）产品结构及外观要求

①试验箱内壁应使用耐热、不易氧化和具有一定机械强度的材料制造。

②保温材料应能耐高温并具有阻燃烧性。

③保温层的厚度应保证试验箱外部易触及部位的温度不高于 50 ℃。

④加热器件不得对试验样品直接辐射。

⑤应设有观察窗和照明装置。

⑥应避免试验箱的辅助装置和箱内壁材料等对箱内空气产生污染。

⑦箱门的密封条应在高温条件下不易老化、发黏、变形、失去密封性能，并便于更换。

⑧应具有测试接线装置。

⑨外观涂镀层应平整光滑、色泽均匀，不得有露底、起层、起泡或擦伤痕迹。

⑩样品架在高温条件下具有一定的机械强度并应便于装卸。

（3）安全和环境保护要求

①接线端子对箱体金属外壳之间的绝缘电阻值应满足：冷态 2 MΩ 甫以上，热态 1 MΩ 甫以上（用 500 V，准确度为 1.0 级兆欧表测量）；并能承受 50 Hz 交流电压 1 500 V、施压时间 5 s 的耐电压试验。

②保护接地端子应与试验箱外壳有良好的电气连接并能方便牢固地接线，应符合 GB/T 14048.1—2000 的 7.1.9 的规定。

③应有超温、过电流等保护及报警装置。

④整机噪声应不高于 70 dB（A）。

6. 测试方法

（1）主要测试仪器

①风速仪

感应量应不低于 0.05 m/s 的风速仪。

②温度计

采用铂电阻、热电偶或其他类似温度传感器组成的并满足下列要求的测温系统：

传感器时间常数：20～40 s；

测温系统的扩展不确定度（$k=2$）：不大于 0.4 ℃。

（2）测试条件

①测试条件应满足 4.1 和 4.2 的要求。

②测试在空载条件下进行。

③进行降温速率试验时，环境温度应不高于 25 ℃，冷却水温度应不高于 30 ℃。

（3）温度测试方法

①测试点的位置及数量

（a）在试验箱工作室内定出上、中、下三个水平测试面，简称上、中、下层。上层与工作室的顶面的距离是工作室高度的1/10，中层通过工作室几何中心，下层在最低层样品架上方 10 mm 处。

注：工作室其有斜顶或尖顶时，顶面为通过斜面与垂直壁面交线的假想水平面。

（b）测试点位于三个测试面上，中心测试点位于工作室几何中心，其余测试点到工作室壁的距离为各自边长的 1/10（图 8.15）。但对工作室容积不大于 1 m³ 的试验箱，该距离不小于 50 mm。

（c）测试点的数量与工作室容积大小的关系为：

工作室容积不大于 2 m³ 时，测试点为 9 个，布放位置如图 8.15 所示。

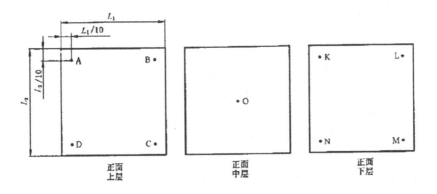

图 8.15　测试点布放位置图

A，B，…，M，N——温度测试点。

工作室容积大于 2 m³ 到 10 m³，时，测试点为 15 个，E、O、U 分别位于上、中、下层的几何中心处，布放位置如图 8.16。

当工作室容积大于 50 m³ 时，应适当增加温度测试点的数量。

②测试程序

（a）在试验箱温度可调范围内，选取最高标称温度和最低标称温度。

（b）使试验箱按先低温后高温的程序运行，在工作空间中心点的温度达到测试温度并稳定 2 h 后，在 30 min 内每 1 min 测试所有测试点的温度 1 次，共测 30 次。

③数据处理和试验结果

（a）对测得的温度数据，按测试仪表的修正值进行修正。

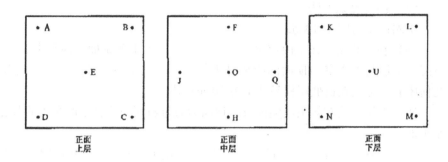

图 8.16 测试点布放位置图

A，B，…，N，U——温度测试点

（b）剔除可疑数据。

（c）对在温度恒定阶段测得的数据（即 6.3.2.2 测得的数据），按式 （1）计算每点 30 次测得值的平均温度：

$$\bar{T} = \frac{1}{n} \sum_{i=1}^{n} T_i \tag{1}$$

式中：$\bar{T}$——温度平均值，单位为摄氏度（℃）；

T_i——第 i 次测试值，单位为摄氏度（℃）；

n——测量次数。

（d）按式（2）计算温度梯度：

$$\Delta T_j = \bar{T}_h - \bar{T}_L \tag{2}$$

式中：ΔT_j——温度梯度，单位为摄氏度（℃）；

$\bar{T}_h$——温度平均值的最大值，单位为摄氏度（℃）；

$\bar{T}_L$——温度平均值的最小值，单位为摄氏度（℃）。

（e）按式（3）计算温度波动度：

$$\Delta T_b = \bar{T}_{ih} - \bar{T}_{iL} \tag{3}$$

式中：ΔT_b——温度波动度，单位为摄氏度（℃）；

$\bar{T}_{ih}$——工作空间第 i 点的最高温度值，单位为摄氏度（℃）；

$\bar{T}_{iL}$——工作空间第 i 点的最低温度值，单位为摄氏度（℃）。

（f）按式（4）计算温度偏差：

$$\Delta T_i = \bar{T}_i - \bar{T}_0 \tag{4}$$

式中：ΔT_i——温度波动度，单位为摄氏度（℃）；

$\bar{T}_0$——工作空间中心点的温度平均值，单位为摄氏度（℃）；

$\bar{T}_i$——工作空间其他点的温度平均值，单位为摄氏度（℃）。

（g）按式（5）计算设定值与中心温度平均值差：

$$\Delta T_s = T_s - \overline{T_0} \tag{5}$$

式中：ΔT_s——设定值与中心温度平均值之差，单位为摄氏度（℃）；

T_s——工作空间中心点的温度平均值，单位为摄氏度（℃）；

$\overline{T_0}$——温度设定值，单位为摄氏度（℃）。

（h）以上计算结果均应符合表 8.12 的规定。

（i）根据实际需要，评定测量结果的不确定度。

（4）工作室内壁与工作空间的温度差的测试方法

①测试点布放位置及数量

（a）在工作空间几何中心布放 1 个温度传感器，在工作室六面内壁几何中心各布放 1 个表面温度传感器。

（b）若工作室内壁中心有引线孔或其他装置，则测试点与孔壁或其他装置的距离应不小于 100 mm。

②测试程序

（a）在试验箱温度可调范围内，选用最高标称温度和最低标称温度为测试温度。

（b）在工作空间几何中心点的温度第一次达到测试温度并稳定 2 h，每隔 2 min 测试所有测试点的温度值 1 次，共测 5 次。

③试验结果的计算与评定

（a）将测得的温度值按测试仪表的修正值修正。

（b）分别计算各测试点温度的算术平均值。

（c）将工作室内壁温度与工作空间几何中心测试点温度的平均值代入式（6）：

$$A = \frac{|\overline{T_n} - \overline{T_0}|}{\overline{T_0}} \times 100\% \tag{6}$$

式中：A——工作室内壁与工作室热力学温度之差的百分比；

$\overline{T_n}$——工作室内壁测试点的平均热力学温度，单位为开尔文（K）；

$\overline{T_0}$——工作空间几何中心测试点的平均热力学温度，单位为开尔文（K）。

其结果应符合表 8.12 的规定。

（5）升、降温速率测试方法

①测试点

测试点为工作空间几何中心点。

②测试程序

（a）在试验箱温度可调范围内，选取最低温度设定值为最低规定温度，最高温度设定值为最高规定温度。

（b）开启冷源，使试验箱在最高规定温度下，稳定 2 h，再调至最低规定温度，检测试验箱温度从温度范围的 90% 降到 10% 的时间。

（c）在升温或降温过程每 1 min 记录温度值一次。

③试验结果的计算与评定

（a）将测得的温度值按测试仪表的修正值修正。

（b）按式（7）计算降温平均速率：

$$\bar{V}_T = \frac{0.8 \times (T_2 - T_1)}{t} \tag{7}$$

式中：$\bar{V}_T$——升降温平均速率，单位为摄氏度每分钟（℃/min）；

　　　T_1——最低规定温度，单位为摄氏度（℃）；

　　　T_2——最高规定温度，单位为摄氏度（℃）；

　　　t——从温度范围的 10% 升到 90% 的升温时间，从温度范围的 90% 降到 10% 的降温时间，单位为分钟（min）。

（6）风速测试方法

①测试条件

本测试在空载和室温条件下进行。

②测试点

测试点的数量及位置与 6.3.1 相同。

③测试程序

（a）将细棉纱线或其他轻飘物体悬挂于测试点，关闭箱门开启风机，找出各测试点的主导风向。

（b）将风速传感器置于测试点，关闭箱门后测出各测试点主导风向的风速值。

④试验结果的计算与评定

（a）将测得的风速值按风速仪的修正值修正。

（b）计算所有测试点风速的平均值。

（c）按式（8）计算所有测试点风速的平均值：

$$V = (V_A + V_B + \cdots + V_M)/n \tag{8}$$

式中：V——试验箱风速，单位为米每秒（m/s）；

　　　$V_A, \cdots, V_M$——测量点的风速，单位为米每秒（m/s）；

　　　n——测量点的数量。

（7）保温性能测试方法

试验箱在最低工作温度稳定 2 h 后观察外边面的情况。以上结果应符合 5.2.2 的要求（观察窗架，引线孔及门框边 100 mm 范围除外）。

（8）箱门密封性能检查及评定方法

①本检查在 6.3~6.9 条的试验开始前及全部结束后各检查 1 次。

②将厚 0.1 mm、宽 50 mm、长 200 mm 的纸条垂直地放在门框任一部位，关闭箱门后，用手轻拉纸条，如纸条不能自由滑动，则符合第 5.2.5 条的规定。

（9）制冷系统密封性能测试方法

用卤素灯或肥皂水检查制冷系统管道接头的密封状况，如无泄漏迹象则满足标准。

（10）安全保护性能测试方法

①电绝缘及接线端子的测试

（a）电源接线端子对箱体金属外壳之间的耐压实验，采用 5 kV 耐压测试仪，在 6.3 试验前进行，其结果应符合 5.3.1 的要求。

（b）绝缘电阻及保护性接地端子的测试，采用 500 V 准确度为 1.0 级绝缘电阻测量仪，在 6.3 试验前后各进行一次，其结果均应符合 5.3.1 和 5.3.2 的要求。

②安全保护装置的测试

（a）在试验箱温度可调范围内，按表 8.12 的度范围中任选 3 个温度作为试验温度。

（b）将超温保护及报警温度设定为测试温度，当工作空间的温度到达设定温度时超温保护装置应动作并同时发出报警信号，即符合 5.3.3 的要求，本试验应连续进行三次。

（c）目视检查是否有过电流、缺水等保护及报警装置。在试验过程中，如报警及保护装置每次均动作即符合要求。

（11）外观涂镀层质量的检查及判定方法

测试方法为目测，应在 6.3~6.10 规定的试验前和试验后各检查一次。外观涂镀层应符合 5.2.9 规定。

7. 检验规则

（1）检验类型

试验箱的检验分型式检验和出厂检验两类。

（2）检验项目

型式检验和出厂检验的项目见表 8.13。

表 8. 13　检验项目

序号	检验项目	技术要求章条号	试验方法章条号	型式检验	出厂检验
1	外观质量	5.2.8	6.11	○	○
2	箱门密封性	5.2.6	6.8	○	○
3	噪声	5.3.4	6.9	○	
4	安全保护性能	5.3.11~5.3.3	6.10	○	○
5	保温性能	5.2.3	6.7	○	
6	温度偏差	表 8.12 序号 2		○	○
7	温度梯度	表 8.12 序号 3		○	○
8	温度波动度	表 8.12 序号 4	6.3	○	○
9	设定值与中心温度平均值之差	表 8.12 序号 5		○	○
10	内壁与工作空间温差	表 8.12 序号 6	6.4	○	
11	升温速率（升温时间）	表 8.12 序号 7	6.5	○	○
12	风速	表 8.12 序号 8	6.6	○	

注：有"○"者为应检验项目。

（3）型式检验

①应进行型式检验的情形

（a）新产品试制定型鉴定；

（b）正式生产的产品在结构、材料、工艺、生产设备和管理等方面有较大改变，可能影响产品性能时；

（c）国家质量监督检验机构进行质量监督检验时；

（d）出厂试验结果与上次型式试验结果有较大差异时；

（e）产品停产一年以上再生产时；

（f）产品批量生产时，每两年至少一次的定期抽检。

②抽样及判定规则

（a）成批生产的试验箱，批量在 20 台以上时，抽检 2 台；不足 20 台时，抽检 1 台。

（b）抽检样品的型式检验项目应全部合格，否则，对不合格项目加倍抽检。第二次抽检合格时，仅将第一次抽检不合格项目返修，检验合格后允许出厂；如第二次抽检样品中仍有 1 台不合格，则判该批产品不合格，如第二次抽检样品全部合格，则判该批产品合格。

（4）出厂检验

①检验部门

出厂检验由制造厂质量检验部门负责。

②检验条件

本检验在空载条件下进行。

③检验项目及检验方法

（a）检验项目及检验方法见表8.13。

（b）除温度梯度及温度偏差采用抽样检验外，其他项目应逐台进行检验，检验项目均应合格。

④抽样及评定规则

（a）温度梯度及温度偏差的出厂抽检量按产品批量的10%计算，但不得少于2台。

（b）检验项目应全部合格，如有1台不合格，应加倍抽检；第二次抽检合格时，仅将第一次抽样不合格产品返修，检验合格后允许出厂，如第二次抽检仍有1台不合格，则应对该批产品逐台检验。

8. 标志、包装、贮存

（1）标志

①试验箱铭牌的字迹应清晰耐久。

②铭牌内容应包括：

（a）产品型号、名称；

（b）温度范围；

（c）电压、频率及总功率；

（d）产品序号、制造日期；

（e）制造厂名称。

（2）包装

①包装箱上的文字及标志应符合GB 191的规定。

②包装箱应牢固可靠

③包装箱应防雨、防潮气聚集。

④试验箱的附件、备品备件和专用工具应单独包装，牢靠地固定在包装箱内。

⑤试验箱的技术文件如装箱清单、产品使用说明书、产品合格证等应密封防潮，固定在包装箱内醒目的地方。

（3）贮存

①包装完备的试验箱应贮存在通风良好、无腐蚀性气体及化学药品的库房内。

②贮存期长达一年以上者，出厂前应重新进行出厂检验，合格后方能出厂。

第九章　知识产权法

第一节　中华人民共和国商标法实施细则

第一章　总则

第一条

根据《中华人民共和国商标法》（以下简称《商标法》）第四十二条规定，制定本实施细则。

第二条

商标注册申请人，必须是依法成立的企业、事业单位、社会团体、个体工商户、个人合伙以及符合《商标法》第九条规定的外国人或者外国企业。本实施细则有关商品商标的规定，适用于服务商标。

第三条

申请商标注册、转让注册、续展注册、变更注册人名义或者地址、补发《商标注册证》等有关事项，申请人可以委托国家工商行政管理局认可的商标代理组织代理，也可以直接办理。外国人或者外国企业在中国申请商标注册或者办理其他商标事宜，应当委托国家工商行政管理局指定的商标代理组织代理。商标国际注册，依照《商标国际注册马德里协定》办理。

第四条

申请商标注册、转让注册、续展注册、变更、补证、评审及其他有关事项，必须按照规定缴纳费用。

第五条

国家工商行政管理局商标局（以下简称商标局）设置《商标注册簿》，记载注册商标及有关注册事项。商标局编印发行《商标公告》，刊登商标注册及其他有关事项。

第六条

依照《商标法》第三条规定，经商标局核准注册的集体商标、证明商标，受法律保护。集体商标、证明商标的注册和管理办法，由国家工商行政管理局会同国务院有关部门另行制定。

第七条

国家规定并由国家工商行政管理局公布的人用药品和烟草制品，必须使用注册商标。国家规定必须使用注册商标的其他商品，由国家工商行政管理局公布。

第八条

国家工商行政管理局设立商标评审委员会，对依照《商标法》和本实施细则规定提出的评审事宜，做出终局决定、裁定。

第二章　商标注册的申请

第九条

申请商标注册，应当依照公布的商品分类表按类申请。每一个商标注册申请应当向商标局交送《商标注册申请书》一份、商标图样十份（指定颜色的彩色商标，应当交送着色图样十份）、黑白墨稿一份。商标图样必须清晰、便于粘贴，用光洁耐用的纸张印制或者用照片代替，长和宽应当不大于十厘米，不小于五厘米。

第十条

商标注册申请等有关书件，应当使用钢笔、毛笔或者打字机填写，应当字迹工整、清晰。商标注册申请人的名义、章戳，应当与核准或者登记的名称一致。申报的商品不得超出核准或者登记的经营范围。商品名称应当依照商品分类表填写；商品名称未列入商品分类表的，应当附送商品说明。

第十一条

申请人用药品商标注册，应当附送卫生行政部门发给的证明文件。

申请卷烟、雪茄烟和有包装烟丝的商标注册，应当附送国家烟草主管机关批准生产的证明文件。申请国家规定必须使用注册商标的其他商品的商标注册，应当附送有关主管部门的批准证明文件。

第十二条

商标注册的申请日期，以商标局收到申请书件的日期为准。申请手续齐备并按照规定填写申请书件的，编定申请号，发给《受理通知书》；申请手续不齐备或者未按照规定填写申请书件的，予以退回，申请日期不予保留。申请手续基本齐备或者申请书件基本符合规定，但是需要补正的，商标局通知申请人予以补正，限其在收到通知之日起十五天内，按指定内容补正并交回商标局。限期内补正并交回商标局的，保留申请日期；未作补正或者超过期限补正的，予以退回，申请日期不予保留。

第十三条

两个或者两个以上的申请人，在同一种商品或者类似商品上，以相同或者近似的商标在同一天申请注册的，各申请人应当按照商标局的通知，在三十天内交送第一次使用该商标的日期的证明。同日使用或者均未使用的，各申请人应当进行协商，协商一致的，应当在三十天将书面协议报送商标局；超过三十天达不成协议的，在商标局主持下，由申请人抽签决定，或者由商标局裁定。

第十四条

申请人委托商标代理组织申请办理商标注册或者办理其他商标事宜，应当交送代理人委托书一份。代理人委托书应当载明代理内容及权限，外国人或者外国企业的代理人委托书应当载明委托人的国籍。外国人或者外国企业申请商标注册或者办理其他商标事宜，应当使用中文。代理人委托书和有关证明的公证、认证手续，按照对等原则办理。外文书件应当附中文译本。

第十五条

商标局受理申请商标注册要求优先权的事宜。具体程序依照国家工商行政管理局公布的规定办理。

第三章 商标注册的审查

第十六条

商标局对受理的申请，依照《商标法》进行审查，凡符合《商标法》有关规定并具有显著性的商标，予以初步审定，并予以公告；驳回申请的，发给申请人《驳回通知书》。商标局认为商标注册申请内容可以修正的，发给《审查意见书》，限其在收到通知之日起十五天内予以修正；未作修正、超过期限或者修正后仍不符合《商标法》有关规定的，驳回申请，发给申请人《驳回通知书》。

第十七条

对驳回申请的商标申请复审的，申请人应当在收到驳回通知之日起十五天内，将《驳回商标复审申请书》一份交送商标评审委员会申请复审，同时附送原《商标注册申请书》、原商标图样十份、黑白墨稿一份和《驳回通知书》。商标评审委员会做出终局决定，书面通知申请人。终局决定应予初步审定的商标移交商标局办理。

第十八条

对商标局初步审定予以公告的商标提出异议的，异议人应当将《商标异议书》一式两份交送商标局，《商标异议书》应当写明被异议商标刊登《商标公告》的期号、页码及初步审定号。商标局将《商标异议书》交被异议人，限其在收到通知之日起三十天内答辩，并根据当事人陈述的事实和理由予以裁定；期满不答辩的，由商标局裁定并通知有关当事人。被异议商标的在异议裁定生效前公告注册的，该商标的注册公告无效。

第十九条

当事人对商标局的异议裁定不服的，可以在收到商标异议裁定通知之日起十五天内，将《商标异议复审申请书》一式两份交送商标评审委员会申请复审。商标评审委员会做出终局裁定，书面通知有关当事人，并移交商标局办理。异议不成立的商标，异议裁定生效后，由商标局核准注册。

第四章　注册商标的变更、转让、续展、争议裁定

第二十条

申请变更商标注册人名义的，每一个申请应当向商标局交送《变更商标注册人名义申请书》和变更证明各一份，并交回原《商标注册证》。经商标局核准后，将原《商标注册证》加注发还，并予以公告。申请变更商标注册人地址或者其他注册事项的，每一个申请应当向商标局交送《变更商标注册人地址申请书》或者《变更商标其他注册事项申请书》，以及有关变更证明各一份，并交回原《商标注册证》。经商标局核准后，将原《商标注册证》加注发还，并予以公告。变更商标注册人名义或者地址的，商标注册人必须将其全部注册商标一并办理。

第二十一条

申请转让注册商标的，转让人和受让人应当向商标局交送《转让注册商标申请书》一份，附送原《商标注册证》。转让注册商标申请手续由受让人办理。受让人必须符合本实施细则第二条的规定。经商标局核准后，将原《商标注册证》加注发给受让人，并予以公告。转让注册商标的，商标注册人对其在同一种或者类似商品上注册的相同或者近似的商标，必须一并办理。转让本实施细则第七条规定的商品的商标，受让人应当依照本实施细则第十一条规定，提供有关部门的证明文件。对可能产生误认、混淆或者其他不良影响的转让注册商标申请，商标局不予核准，予以驳回。

第二十二条

申请商标续展注册的，每一个申请应当向商标局交送《商标续展注册申请书》一份，商标图样五份，并交回原《商标注册证》。经商标局核准后，将原《商标注册证》加注发还，并予以公告。不符合《商标法》有关规定的，商标局不予核准，予以驳回。续展注册商标有效期自该商标上一届有效期满次日起计算。

第二十三条

对商标局驳回转让、续展注册申请不服的，申请人可以在收到驳回通知之日起十五天内，将《驳回转让复审申请书》或者《驳回续展复审申请书》

一份交送商标评审委员会申请复审，同时附送原《转让注册商标申请书》或者《商标续展注册申请书》和《驳回通知书》。商标评审委员会做出终局决定，书面通知申请人。终局决定核准转让注册或者续展注册的，移交商标局办理。

第二十四条

商标注册人对他人已经注册的商标提出争议的，应当在他人商标刊登注册公告之日起一年内，将《商标争议裁定申请书》一式两份交送商标评审委员会申请裁定。商标评审委员会做出维持或者撤销被争议注册商标终局裁定，书面通知有关当事人，并移交商标局办理。撤销理由仅涉及部分注册内容的，该部分内容予以撤销。被裁定撤销的，原商标注册人应当在收到裁定通知之日起十五天内，将《商标注册证》交回商标局。

第二十五条

下列行为属于《商标法》第二十七条第一款所指的以欺骗手段或者其他不正当手段取得注册的行为：

（一）虚构、隐瞒事实真相或者伪造申请书件及有关文件进行注册的；

（二）违反诚实信用原则，以复制、模仿、翻译等方式，将他人已为公众熟知的商标进行注册的；

（三）未经授权，代理人以其名义将被代理人的商标进行注册的；

（四）侵犯他人合法的在先权利进行注册的；

（五）以其他不正当手段取得注册的。商标注册人对商标局依照《商标法》第二十七条第一款规定做出的撤销注册商标决定不服的，可以在收到决定通知之日起十五天内，将《撤销注册不当商标复审申请书》一份交送商标评审委员会申请复审。商标评审委员会做出终局决定，书面通知申请人，并移交商标局办理。任何单位或者个人认为商标注册不当的，可以将《撤销注册不当商标申请书》一式两份交送商标评审委员会裁定。商标评审委员会做出终局裁定，书面通知有关当事人，并移交商标局办理。被撤销的注册不当商标由商标局予以公告，原商标注册人应当在收到决定或者裁定通知之日起十五天内，将《商标注册证》交回商标局。依照《商标法》第二十七条第一款、第二款的规定撤销的注册商标，其商标专用权视为自始即不存在。撤销注册商标的决定或者裁定，对在撤销前人民法院做出并已执行的商标侵权案件的判决、裁定，工商行政管理机关做出并已执行的商标侵权案件的处理决定，以及已经履行的商标转让或者使用许可合同，不具有追溯力。但是，因商标注册人的恶意给他人造成损失的，应当予以赔偿。

第五章　商标使用的管理

第二十六条

使用注册商标应当标明"注册商标"字样或者标明标记注或 R，在商品上不便标明的，应当在商品包装或者说明书以及其他附着物上标明。

第二十七条

《商标注册证》遗失或者破损的，必须申请补发，商标注册人应当向商标局交送《补发商标注册证申请书》一份，商标图样五份。《商标注册证》遗失的，应当在《商标公告》上刊登遗失声明。破损的《商标注册证》，应当交回商标局。伪造或者涂改《商标注册证》的，由其所在地工商行政管理机关根据情节处以二万元以下的罚款，并收缴伪造的话子涂改的《商标注册证》。

第二十八条

对有《商标法》第三十条第（一）、（二）、（三）项行为之一的，由工商行政管理机关责令商标注册人限期改正；拒不改正的，由商标注册人所在地工商行政管理机关报请商标局撤销其注册商标。

第二十九条

对有《商标法》第三十条第（四）项行为的，任何人可以向商标局申请撤销该注册商标，并说明有关情况。商标局应当通知商标注册人，限其在收到通知之日起三个月内提供该商标使用的证明或者不使用的正当理由。逾期不提供使用证明或者证明无效的，商标局撤销其注册商标。前款所指商标的使用，包括将商标用于商品、商品包装或者容器以及商品交易文书上，或者将商标用于广告宣传、展览以及其他业务活动。

第三十条

在同一种或者类似商品上申请注册与本实施细则第二十九条规定撤销的商标相同或者近似的商标，不受《商标法》第三十二条规定的限制。

第三十一条

对有《商标法》第三十一条、第三十四条第（三）项行为之一的，由工商行政管理机关责令限期改正；情节严重的，责令检讨，予以通报，并处以非法经营额 20% 以下或者非法获利两倍以下的罚款；对有毒、有害并且没有使用价值的商品，予以销毁；使用注册商标的，应当依照《商标法》的规定，撤销其注册商标。

第三十二条

对有《商标法》第三十四条第（一）、（二）项行为之一的，由工商行政管理机关禁止其进行广告宣传，封存或者收缴其商标标识，责令限期改正，并可根据情节予以通报、处以非法经营额 20% 以下的罚款。

第三十三条

对违反《商标法》第五条规定的，由工商行政管理机关禁止其商品销售和广告宣传，封存或者收缴其商标标识，并可根据情节处以非法经营额 10% 以下的罚款。

第三十四条

任何人不得非法印制或者买卖商品标识。对违反前款规定的，由工商行政管理机关予以制止，收缴其商标标识，并可根据情节处以非法经营额 20% 以下的罚款；销售自己注册商标标识的，商标局还可以撤销其注册商标；但属于侵犯注册商标专用权的，依照本实施细则第四十三条的规定处理。

第三十五条

商标注册人许可他人使用其注册商标，必须签订商标使用许可合同。许可人和被许可人应当在许可合同签订之日起三个月内，将许可合同副本交送其所在地县级工商行政管理机关存查，由许可人报送商标局备案，并由商标局予以公告。违反前款规定的，由许可人或者被许可人所在地工商行政管理机关责令限期改正；拒不改正的，处以一万元以下的罚款，直至报请商标局撤销该注册商标。违反《商标法》第二十六条第二款规定的，由被许可人所在地工商行政管理机关责令限期改正，收缴其商标标识，并可根据情节处以五万元以下的罚款。

第三十六条

商标注册人许可他人使用其注册商标，被许可人必须符合本实施细则第二条的规定。许可他人使用本实施细则第七条规定的商品商标的，在将许可合同副本交送存查时，被许可人应当依照本实施细则第十一条的规定，附送有关部门的证明文件。

第三十七条

商标局依照《商标法》第三十条、第三十一条和本实施细则第二十八条、第二十九条、第三十一条、第三十四条、第三十五条规定做出的撤销注册商标的决定，应当书面通知商标注册人及其所在地工商行政管理机关。商标注册人对商标局撤销其注册商标决定不服的，可以在收到决定通知之日起十五天内，将《撤销商标复审申请书》一份交送商标评审委员会申请复审。商标评审委员会做出终局决定，书面通知商标注册人及其所在地工商行政管理机关，并移交商标局办理。

第三十八条

商标注册人申请注销其注册商标，应当向商标局交送《商标注销申请书》一份，交回原《商标注册证》。

第三十九条

撤销或者注销的注册商标，由商标局予以公告；自撤销或者注销公告之日起，其商标专用权丧失。被撤销的注册商标，由原商标注册人所在地工商行政管理机关收缴《商标注册证》，交回商标局。

第四十条

对工商行政管理机关依照《商标法》第六章和本实施细则第五章的规定做出的处理决定不服的，当事人可以在收到决定通知之日起十五天内，向上一级工商行政管理机关申请复议；上一级工商行政管理机关应当在收到复议申请之日起两个月内，做出复议决定。对复议决定不服的，当事人可以在收到复议决定通知之日起十五天内，向人民法院起诉。逾期不申请复议、不起诉又不履行的，由工商行政管理机关申请人民

法院强制执行。

第六章　注册商标专用权的保护

第四十一条

有下列行为之一的，属于《商标法》第三十八条第（四）项所指的侵犯注册商标专用权的行为：

（一）经销明知或者应知是侵犯他人注册商标专用权商品的；

（二）在同一种或者类似商品上，将与他人注册商标相同或者计算近似的文字、图形作为商品名称或者商品装潢使用，并足以造成误认的；

（三）故意为侵犯他人注册商标专用权行为为提供仓储、运输、邮寄、隐匿等便利条件的。

第四十二条

对侵犯注册商标使用权的，任何人可以向侵权人所在地或者侵权行为地县级以上工商行政管理机关控告或者检举。被侵权人也可以直接向人民法院起诉。工商行政管理机关认为侵犯注册商标专用权的，在调查取证时可以行使下列职权；

（一）询问有关当事人；

（二）检查与侵权活动有关的物品，必要时，可以责令封存；

（三）调查与侵权活动有关的行为；

（四）查阅、复制与侵权活动有关的合同、账册等业务资料。

工商行政管理机关在行使前款所列职权时，有关当事人应当予以协助，不得拒绝。

第四十三条

对侵犯注册商标专用权的，工商行政管理机关可以采取下列措施制止侵权行为：

（一）责令立即停止销售；

（二）收缴并销毁侵权商标标识；

（三）消除现存商品上的侵权商标；

（四）收缴直接专门用于商标侵权的模具、印版或者其他作案工具；

（五）采取前四项措施不足以制止侵权行为的，或者侵权商标与商品难以分离的，责令并监督销毁侵权物品。对侵犯注册商标专用权，尚未构成犯罪的，工商行政管理机关可以根据情节处以非法经营额 50% 以下或者侵权所获利润五倍以下的罚款。对侵权注册商标专用权的单位的直接责任人员，工商行政管理机关可根据情节处以一万元以下的罚款。工商行政管理机关可以应倍侵权人的请求责令侵权人赔偿损失。当事人不服的，可以向人民法院起诉。

第四十四条

对工商行政管理机关依照前条第一款、第二款的规定做出的处理决定不服的，当事人可以在收到决定通知之日起十五天内向上一级工商行政管理机关申请复议；上一级工商行政管理机关应当在收到复议申请之日起两个月内，做出复议决定。对复议决定不服的，当事人可以在收到复议决定通知之日起十五天内，向人民法院起诉。逾期不申请复议、不起诉又不履行的，由工商行政管理机关申请人民法院强制执行。

第四十五条

对假冒他人注册商标的，任何人可以向工商行政管理机关或者检察机关控告和检举。向工商行政管理机关控告和检举的，工商行政管理机关依照本实施细则第四十三条的规定处理；其所控告和检举的情节严重，构成犯罪的，由司法机关依法追究刑事责任。

第七章　附则

第四十六条

依照《商标法》第二十一条、第二十二条、第三十五条和本实施细则第二十三条、第二十五条规定申请复审的，当事人应当在规定的期限内办理。当事人因不可抗拒的事由或者其他正当理由，可以在期满前申请延期三十天，是否准许，由商标评审委员会决定。以邮寄方式收发文的，以邮戳日期为准；邮戳不清或者没有邮戳的，以商标局发文后二十天或者收文前二十天分别作为当事人收到或者发出的日期。

第四十七条

申请商标注册或者办理其他商标事宜的书式，由国家工商行政管理局制定、公布。申请商标注册或者办理其他商标事宜的收费标准，由国家工商行政管理局依照国家有关规定制定、公布。商标注册的商品分类表，由国家工商行政管理局公布。

第四十八条

连续使用至一九九三年七月一日的服务商标，与他人在相同或者类似的服务上已注册的服务商标（公众熟知的服务商标除外）相同或者近似的，可以依照国家工商行政管理局有关规定继续使用。

第四十九条

本实施细则由国家工商行政管理局负责解释。

第五十条

本实施细则自发布之日起施行。

第二节　中华人民共和国专利法实施细则全文
（2010 修订）

中新网 1 月 31 日电 日前，国务院公布了《国务院关于修改〈中华人民共和国专利法实施细则〉的决定》，修改后的《中华人民共和国专利法实施细则》从 2010 年 2 月 1 日起施行。

具体实施细则如下：

（2001 年 6 月 15 日中华人民共和国国务院令第 306 号公布　根据 2002 年 12 月 28 日《国务院关于修改〈中华人民共和国专利法实施细则〉的决定》第一次修订　根据 2010 年 1 月 9 日《国务院关于修改〈中华人民共和国专利法实施细则〉的决定》第二次修订）

第一章　总　则

第一条　根据《中华人民共和国专利法》（以下简称专利法），制定本细则。

第二条　专利法和本细则规定的各种手续，应当以书面形式或者国务院专利行政部门规定的其他形式办理。

第三条　依照专利法和本细则规定提交的各种文件应当使用中文；国家有统一规定的科技术语的，应当采用规范词；外国人名、地名和科技术语没有统一中文译文的，应当注明原文。

依照专利法和本细则规定提交的各种证件和证明文件是外文的，国务院专利行政部门认为必要时，可以要求当事人在指定期限内附送中文译文；期满未附送的，视为未提交该证件和证明文件。

第四条 向国务院专利行政部门邮寄的各种文件，以寄出的邮戳日为递交日；邮戳日不清晰的，除当事人能够提出证明外，以国务院专利行政部门收到日为递交日。

国务院专利行政部门的各种文件，可以通过邮寄、直接送交或者其他方式送达当事人。当事人委托专利代理机构的，文件送交专利代理机构；未委托专利代理机构的，文件送交请求书中指明的联系人。

国务院专利行政部门邮寄的各种文件，自文件发出之日起满 15 日，推定为当事人收到文件之日。

根据国务院专利行政部门规定应当直接送交的文件，以交付日为送达日。

文件送交地址不清，无法邮寄的，可以通过公告的方式送达当事人。自公告之日起满 1 个月，该文件视为已经送达。

第五条 专利法和本细则规定的各种期限的第一日不计算在期限内。期限以年或者月计算的，以其最后一月的相应日为期限届满日；该月无相应日的，以该月最后一日为期限届满日；期限届满日是法定休假日的，以休假日后的第一个工作日为期限届满日。

第六条 当事人因不可抗拒的事由而延误专利法或者本细则规定的期限或者国务院专利行政部门指定的期限，导致其权利丧失的，自障碍消除之日起 2 个月内，最迟自期限届满之日起 2 年内，可以向国务院专利行政部门请求恢复权利。

除前款规定的情形外，当事人因其他正当理由延误专利法或者本细则规定的期限或者国务院专利行政部门指定的期限，导致其权利丧失的，可以自收到国务院专利行政部门的通知之日起 2 个月内向国务院专利行政部门请求恢复权利。

当事人依照本条第一款或者第二款的规定请求恢复权利的，应当提交恢复权利请求书，说明理由，必要时附具有关证明文件，并办理权利丧失前应当办理的相应手续；依照本条第二款的规定请求恢复权利的，还应当缴纳恢复权利请求费。

当事人请求延长国务院专利行政部门指定的期限的，应当在期限届满前，向国务院专利行政部门说明理由并办理有关手续。

本条第一款和第二款的规定不适用专利法第二十四条、第二十九条、第四十二条、第六十八条规定的期限。

第七条　专利申请涉及国防利益需要保密的，由国防专利机构受理并进行审查；国务院专利行政部门受理的专利申请涉及国防利益需要保密的，应当及时移交国防专利机构进行审查。经国防专利机构审查没有发现驳回理由的，由国务院专利行政部门做出授予国防专利权的决定。

国务院专利行政部门认为其受理的发明或者实用新型专利申请涉及国防利益以外的国家安全或者重大利益需要保密的，应当及时做出按照保密专利申请处理的决定，并通知申请人。保密专利申请的审查、复审以及保密专利权无效宣告的特殊程序，由国务院专利行政部门规定。

第八条　专利法第二十条所称在中国完成的发明或者实用新型，是指技术方案的实质性内容在中国境内完成的发明或者实用新型。

任何单位或者个人将在中国完成的发明或者实用新型向外国申请专利的，应当按照下列方式之一请求国务院专利行政部门进行保密审查：

（一）直接向外国申请专利或者向有关国外机构提交专利国际申请的，应当事先向国务院专利行政部门提出请求，并详细说明其技术方案；

（二）向国务院专利行政部门申请专利后拟向外国申请专利或者向有关国外机构提交专利国际申请的，应当在向外国申请专利或者向有关国外机构提交专利国际申请前向国务院专利行政部门提出请求。

向国务院专利行政部门提交专利国际申请的，视为同时提出了保密审查请求。

第九条　国务院专利行政部门收到依照本细则第八条规定递交的请求后，经过审查认为该发明或者实用新型可能涉及国家安全或者重大利益需要保密的，应当及时向申请人发出保密审查通知；申请人未在其请求递交日起4个月内收到保密审查通知的，可以就该发明或者实用新型向外国申请专利或者向有关国外机构提交专利国际申请。

国务院专利行政部门依照前款规定通知进行保密审查的，应当及时做出是否需要保密的决定，并通知申请人。申请人未在其请求递交日起6个月内收到需要保密的决定的，可以就该发明或者实用新型向外国申请专利或者向有关国外机构提交专利国际申请。

第十条　专利法第五条所称违反法律的发明创造，不包括申请后开始实施的法律所禁止的发明创造。

第十一条　除专利法第二十八条和第四十二条规定的情形外，专利法所称申请日，有优先权的，指优先权日。

本细则所称申请日，除另有规定的外，是指专利法第二十八条规定的申请日。

第十二条 专利法第六条所称执行本单位的任务所完成的职务发明创造，是指：

（一）在本职工作中做出的发明创造；

（二）履行本单位交付的本职工作之外的任务所作出的发明创造；

（三）退休、调离原单位后或者劳动、人事关系终止后1年内作出的，与其在原单位承担的本职工作或者原单位分配的任务有关的发明创造。

专利法第六条所称本单位，包括临时工作单位；专利法第六条所称本单位的物质技术条件，是指本单位的资金、设备、零部件、原材料或者不对外公开的技术资料等。

第十三条 专利法所称发明人或者设计人，是指对发明创造的实质性特点作出创造性贡献的人。在完成发明创造过程中，只负责组织工作的人、为物质技术条件的利用提供方便的人或者从事其他辅助工作的人，不是发明人或者设计人。

第十四条 除依照专利法第十条规定转让专利权外，专利权因其他事由发生转移的，当事人应当凭有关证明文件或者法律文书向国务院专利行政部门办理专利权转移手续。

专利权人与他人订立的专利实施许可合同，应当自合同生效之日起3个月内向国务院专利行政部门备案。

以专利权出质的，由出质人和质权人共同向国务院专利行政部门办理出质登记。

第二章 专利的申请

第十五条 以书面形式申请专利的，应当向国务院专利行政部门提交申请文件一式两份。

以国务院专利行政部门规定的其他形式申请专利的，应当符合规定的要求。

申请人委托专利代理机构向国务院专利行政部门申请专利和办理其他专利事务的，应当同时提交委托书，写明委托权限。

申请人有2人以上且未委托专利代理机构的，除请求书中另有声明的外，以请求书中指明的第一申请人为代表人。

第十六条 发明、实用新型或者外观设计专利申请的请求书应当写明下列事项：

（一）发明、实用新型或者外观设计的名称；

（二）申请人是中国单位或者个人的，其名称或者姓名、地址、邮政编码、组织机构代码或者居民身份证件号码；申请人是外国人、外国企业或者外国其他组织的，其姓名或者名称、国籍或者注册的国家或者地区；

（三）发明人或者设计人的姓名；

（四）申请人委托专利代理机构的，受托机构的名称、机构代码以及该机构指定的专利代理人的姓名、执业证号码、联系电话；

（五）要求优先权的，申请人第一次提出专利申请（以下简称在先申请）的申请日、申请号以及原受理机构的名称；

（六）申请人或者专利代理机构的签字或者盖章；

（七）申请文件清单；

（八）附加文件清单；

（九）其他需要写明的有关事项。

第十七条　发明或者实用新型专利申请的说明书应当写明发明或者实用新型的名称，该名称应当与请求书中的名称一致。说明书应当包括下列内容：

（一）技术领域：写明要求保护的技术方案所属的技术领域；

（二）背景技术：写明对发明或者实用新型的理解、检索、审查有用的背景技术；有可能的，并引证反映这些背景技术的文件；

（三）发明内容：写明发明或者实用新型所要解决的技术问题以及解决其技术问题采用的技术方案，并对照现有技术写明发明或者实用新型的有益效果；

（四）附图说明：说明书有附图的，对各幅附图作简略说明；

（五）具体实施方式：详细写明申请人认为实现发明或者实用新型的优选方式；必要时，举例说明；有附图的，对照附图。

发明或者实用新型专利申请人应当按照前款规定的方式和顺序撰写说明书，并在说明书每一部分前面写明标题，除非其发明或者实用新型的性质用其他方式或者顺序撰写能节约说明书的篇幅并使他人能够准确理解其发明或者实用新型。

发明或者实用新型说明书应当用词规范、语句清楚，并不得使用"如权利要求……所述的……"一类的引用语，也不得使用商业性宣传用语。

发明专利申请包含一个或者多个核苷酸或者氨基酸序列的，说明书应当包括符合国务院专利行政部门规定的序列表。申请人应当将该序列表作为说明书的一个单独部分提交，并按照国务院专利行政部门的规定提交该序列表的计算机可读形式的副本。

实用新型专利申请说明书应当有表示要求保护的产品的形状、构造或者其结合的附图。

第十八条　发明或者实用新型的几幅附图应当按照"图1，图2，……"顺序编号排列。

发明或者实用新型说明书文字部分中未提及的附图标记不得在附图中出现，附图中未出现的附图标记不得在说明书文字部分中提及。申请文件中表示同一组成部分的附图标记应当一致。

附图中除必需的词语外，不应当含有其他注释。

第十九条　权利要求书应当记载发明或者实用新型的技术特征。

权利要求书有几项权利要求的，应当用阿拉伯数字顺序编号。

权利要求书中使用的科技术语应当与说明书中使用的科技术语一致，可以有化学式或者数学式，但是不得有插图。除绝对必要的外，不得使用"如说明书……部分所述"或者"如图……所示"的用语。

权利要求中的技术特征可以引用说明书附图中相应的标记，该标记应当放在相应的技术特征后并置于括号内，便于理解权利要求。附图标记不得解释为对权利要求的限制。

第二十条　权利要求书应当有独立权利要求，也可以有从属权利要求。

独立权利要求应当从整体上反映发明或者实用新型的技术方案，记载解决技术问题的必要技术特征。

从属权利要求应当用附加的技术特征，对引用的权利要求作进一步限定。

第二十一条　发明或者实用新型的独立权利要求应当包括前序部分和特征部分，按照下列规定撰写：

（一）前序部分：写明要求保护的发明或者实用新型技术方案的主题名称和发明或者实用新型主题与最接近的现有技术共有的必要技术特征；

（二）特征部分：使用"其特征是……"或者类似的用语，写明发明或者实用新型区别于最接近的现有技术的技术特征。这些特征和前序部分写明的特征合在一起，限定发明或者实用新型要求保护的范围。

发明或者实用新型的性质不适于用前款方式表达的，独立权利要求可以用其他方式撰写。

一项发明或者实用新型应当只有一个独立权利要求，并写在同一发明或者实用新型的从属权利要求之前。

第二十二条　发明或者实用新型的从属权利要求应当包括引用部分和限定部分，按照下列规定撰写：

（一）引用部分：写明引用的权利要求的编号及其主题名称；

（二）限定部分：写明发明或者实用新型附加的技术特征。

从属权利要求只能引用在前的权利要求。引用两项以上权利要求的多项从属权利要求，只能以择一方式引用在前的权利要求，并不得作为另一项多项从属权利要求的基础。

第二十三条　说明书摘要应当写明发明或者实用新型专利申请所公开内容的概要，即写明发明或者实用新型的名称和所属技术领域，并清楚地反映所要解决的技术问题、解决该问题的技术方案的要点以及主要用途。

说明书摘要可以包含最能说明发明的化学式；有附图的专利申请，还应当提供一幅最能说明该发明或者实用新型技术特征的附图。附图的大小及清晰度应当保证在该图缩小到 4 厘米 ×6 厘米时，仍能清晰地分辨出图中的各个细节。摘要文字部分不得超过 300 个字。摘要中不得使用商业性宣传用语。

第二十四条　申请专利的发明涉及新的生物材料，该生物材料公众不能得到，并且对该生物材料的说明不足以使所属领域的技术人员实施其发明的，除应当符合专利法和本细则的有关规定外，申请人还应当办理下列手续：

（一）在申请日前或者最迟在申请日（有优先权的，指优先权日），将该生物材料的样品提交国务院专利行政部门认可的保藏单位保藏，并在申请时或者最迟自申请日起 4 个月内提交保藏单位出具的保藏证明和存活证明；期满未提交证明的，该样品视为未提交保藏；

（二）在申请文件中，提供有关该生物材料特征的资料；

（三）涉及生物材料样品保藏的专利申请应当在请求书和说明书中写明该生物材料的分类命名（注明拉丁文名称）、保藏该生物材料样品的单位名称、地址、保藏日期和保藏编号；申请时未写明的，应当自申请日起 4 个月内补正；期满未补正的，视为未提交保藏。

第二十五条　发明专利申请人依照本细则第二十四条的规定保藏生物材料样品的，在发明专利申请公布后，任何单位或者个人需要将该专利申请所涉及的生物材料作为实验目的使用的，应当向国务院专利行政部门提出请求，并写明下列事项：

（一）请求人的姓名或者名称和地址；

（二）不向其他任何人提供该生物材料的保证；

（三）在授予专利权前，只作为实验目的使用的保证。

第二十六条　专利法所称遗传资源，是指取自人体、动物、植物或者微生物等含有遗传功能单位并具有实际或者潜在价值的材料；专利法所称依赖遗传资源完成的发明创造，是指利用了遗传资源的遗传功能完成的发明创造。

就依赖遗传资源完成的发明创造申请专利的，申请人应当在请求书中予以说明，并填写国务院专利行政部门制定的表格。

第二十七条 申请人请求保护色彩的，应当提交彩色图片或者照片。

申请人应当就每件外观设计产品所需要保护的内容提交有关图片或者照片。

第二十八条 外观设计的简要说明应当写明外观设计产品的名称、用途，外观设计的设计要点，并指定一幅最能表明设计要点的图片或者照片。省略视图或者请求保护色彩的，应当在简要说明中写明。

对同一产品的多项相似外观设计提出一件外观设计专利申请的，应当在简要说明中指定其中一项作为基本设计。

简要说明不得使用商业性宣传用语，也不能用来说明产品的性能。

第二十九条 国务院专利行政部门认为必要时，可以要求外观设计专利申请人提交使用外观设计的产品样品或者模型。样品或者模型的体积不得超过 30 厘米×30 厘米×30 厘米，重量不得超过 15 公斤。易腐、易损或者危险品不得作为样品或者模型提交。

第三十条 专利法第二十四条第（一）项所称中国政府承认的国际展览会，是指国际展览会公约规定的在国际展览局注册或者由其认可的国际展览会。

专利法第二十四条第（二）项所称学术会议或者技术会议，是指国务院有关主管部门或者全国性学术团体组织召开的学术会议或者技术会议。

申请专利的发明创造有专利法第二十四条第（一）项或者第（二）项所列情形的，申请人应当在提出专利申请时声明，并自申请日起 2 个月内提交有关国际展览会或者学术会议、技术会议的组织单位出具的有关发明创造已经展出或者发表，以及展出或者发表日期的证明文件。

申请专利的发明创造有专利法第二十四条第（三）项所列情形的，国务院专利行政部门认为必要时，可以要求申请人在指定期限内提交证明文件。

申请人未依照本条第三款的规定提出声明和提交证明文件的，或者未依照本条第四款的规定在指定期限内提交证明文件的，其申请不适用专利法第二十四条的规定。

第三十一条 申请人依照专利法第三十条的规定要求外国优先权的，申请人提交的在先申请文件副本应当经原受理机构证明。依照国务院专利行政部门与该受理机构签订的协议，国务院专利行政部门通过电子交换等途径获得在先申请文件副本的，视为申请人提交了经该受理机构证明的在先申请文件副本。要求本国优先权，申请人在请求书中写明在先申请的申请日和申请号的，视为提交了在先申请文件副本。

要求优先权，但请求书中漏写或者错写在先申请的申请日、申请号和原受理机构名称中的一项或者两项内容的，国务院专利行政部门应当通知申请人在指定期限内补正；期满未补正的，视为未要求优先权。

要求优先权的申请人的姓名或者名称与在先申请文件副本中记载的申请人姓名或者名称不一致的，应当提交优先权转让证明材料，未提交该证明材料的，视为未要求优先权。

外观设计专利申请的申请人要求外国优先权，其在先申请未包括对外观设计的简要说明，申请人按照本细则第二十八条规定提交的简要说明未超出在先申请文件的图片或者照片表示的范围的，不影响其享有优先权。

第三十二条　申请人在一件专利申请中，可以要求一项或者多项优先权；要求多项优先权的，该申请的优先权期限从最早的优先权日起计算。

申请人要求本国优先权，在先申请是发明专利申请的，可以就相同主题提出发明或者实用新型专利申请；在先申请是实用新型专利申请的，可以就相同主题提出实用新型或者发明专利申请。但是，提出后一申请时，在先申请的主题有下列情形之一的，不得作为要求本国优先权的基础：

（一）已经要求外国优先权或者本国优先权的；

（二）已经被授予专利权的；

（三）属于按照规定提出的分案申请的。

申请人要求本国优先权的，其在先申请自后一申请提出之日起即视为撤回。

第三十三条　在中国没有经常居所或者营业所的申请人，申请专利或者要求外国优先权的，国务院专利行政部门认为必要时，可以要求其提供下列文件：

（一）申请人是个人的，其国籍证明；

（二）申请人是企业或者其他组织的，其注册的国家或者地区的证明文件；

（三）申请人的所属国，承认中国单位和个人可以按照该国国民的同等条件，在该国享有专利权、优先权和其他与专利有关的权利的证明文件。

第三十四条　依照专利法第三十一条第一款规定，可以作为一件专利申请提出的属于一个总的发明构思的两项以上的发明或者实用新型，应当在技术上相互关联，包含一个或者多个相同或者相应的特定技术特征，其中特定技术特征是指每一项发明或者实用新型作为整体，对现有技术做出贡献的技术特征。

第三十五条　依照专利法第三十一条第二款规定，将同一产品的多项相似外观设计作为一件申请提出的，对该产品的其他设计应当与简要说明中指定的基本设计相似。一件外观设计专利申请中的相似外观设计不得超过10项。

专利法第三十一条第二款所称同一类别并且成套出售或者使用的产品的两项以上外观设计，是指各产品属于分类表中同一大类，习惯上同时出售或者同时使用，而且各产品的外观设计具有相同的设计构思。

将两项以上外观设计作为一件申请提出的，应当将各项外观设计的顺序编号标注在每件外观设计产品各幅图片或者照片的名称之前。

第三十六条　申请人撤回专利申请的，应当向国务院专利行政部门提出声明，写明发明创造的名称、申请号和申请日。

撤回专利申请的声明在国务院专利行政部门作好公布专利申请文件的印刷准备工作后提出的，申请文件仍予公布；但是，撤回专利申请的声明应当在以后出版的专利公报上予以公告。

第三章　专利申请的审查和批准

第三十七条　在初步审查、实质审查、复审和无效宣告程序中，实施审查和审理的人员有下列情形之一的，应当自行回避，当事人或者其他利害关系人可以要求其回避：

（一）是当事人或者其代理人的近亲属的；

（二）与专利申请或者专利权有利害关系的；

（三）与当事人或者其代理人有其他关系，可能影响公正审查和审理的；

（四）专利复审委员会成员曾参与原申请的审查的。

第三十八条　国务院专利行政部门收到发明或者实用新型专利申请的请求书、说明书（实用新型必须包括附图）和权利要求书，或者外观设计专利申请的请求书、外观设计的图片或者照片和简要说明后，应当明确申请日、给予申请号，并通知申请人。

第三十九条　专利申请文件有下列情形之一的，国务院专利行政部门不予受理，并通知申请人：

（一）发明或者实用新型专利申请缺少请求书、说明书（实用新型无附图）或者权利要求书的，或者外观设计专利申请缺少请求书、图片或者照片、简要说明的；

（二）未使用中文的；

（三）不符合本细则第一百二十一条第一款规定的；

（四）请求书中缺少申请人姓名或者名称，或者缺少地址的；

（五）明显不符合专利法第十八条或者第十九条第一款的规定的；

（六）专利申请类别（发明、实用新型或者外观设计）不明确或者难以确定的。

第四十条　说明书中写有对附图的说明但无附图或者缺少部分附图的，申请人应当在国务院专利行政部门指定的期限内补交附图或者声明取消对附图的说明。申请人补交附图的，以向国务院专利行政部门提交或者邮寄附图之日为申请日；取消对附图的说明的，保留原申请日。

第四十一条　两个以上的申请人同日（指申请日；有优先权的，指优先权日）分别就同样的发明创造申请专利的，应当在收到国务院专利行政部门的通知后自行协商确定申请人。

同一申请人在同日（指申请日）对同样的发明创造既申请实用新型专利又申请发明专利的，应当在申请时分别说明对同样的发明创造已申请了另一专利；未作说明的，依照专利法第九条第一款关于同样的发明创造只能授予一项专利权的规定处理。

国务院专利行政部门公告授予实用新型专利权，应当公告申请人已依照本条第二款的规定同时申请了发明专利的说明。

发明专利申请经审查没有发现驳回理由，国务院专利行政部门应当通知申请人在规定期限内声明放弃实用新型专利权。申请人声明放弃的，国务院专利行政部门应当做出授予发明专利权的决定，并在公告授予发明专利权时一并公告申请人放弃实用新型专利权声明。申请人不同意放弃的，国务院专利行政部门应当驳回该发明专利申请；申请人期满未答复的，视为撤回该发明专利申请。

实用新型专利权自公告授予发明专利权之日起终止。

第四十二条　一件专利申请包括两项以上发明、实用新型或者外观设计的，申请人可以在本细则第五十四条第一款规定的期限届满前，向国务院专利行政部门提出分案申请；但是，专利申请已经被驳回、撤回或者视为撤回的，不能提出分案申请。

国务院专利行政部门认为一件专利申请不符合专利法第三十一条和本细则第三十四条或者第三十五条的规定的，应当通知申请人在指定期限内对其申请进行修改；申请人期满未答复的，该申请视为撤回。

分案的申请不得改变原申请的类别。

第四十三条　依照本细则第四十二条规定提出的分案申请，可以保留原申请日，享有优先权的，可以保留优先权日，但是不得超出原申请记载的范围。

分案申请应当依照专利法及本细则的规定办理有关手续。

分案申请的请求书中应当写明原申请的申请号和申请日。提交分案申请时，申请人应当提交原申请文件副本；原申请享有优先权的，并应当提交原申请的优先权文件副本。

第四十四条　专利法第三十四条和第四十条所称初步审查，是指审查专利申请是否具备专利法第二十六条或者第二十七条规定的文件和其他必要的文件，这些文件是否符合规定的格式，并审查下列各项：

（一）发明专利申请是否明显属于专利法第五条、第二十五条规定的情形，是否不符合专利法第十八条、第十九条第一款、第二十条第一款或者本细则第十六条、第二十六条第二款的规定，是否明显不符合专利法第二条第二款、第二十六条第五款、第三十一条第一款、第三十三条或者本细则第十七条至第二十一条的规定；

（二）实用新型专利申请是否明显属于专利法第五条、第二十五条规定的情形，是否不符合专利法第十八条、第十九条第一款、第二十条第一款或者本细则第十六条至第十九条、第二十一条至第二十三条的规定，是否明显不符合专利法第二条第三款、第二十二条第二款、第四款、第二十六条第三款、第四款、第三十一条第一款、第三十三条或者本细则第二十条、第四十三条第一款的规定，是否依照专利法第九条规定不能取得专利权；

（三）外观设计专利申请是否明显属于专利法第五条、第二十五条第一款第（六）项规定的情形，是否不符合专利法第十八条、第十九条第一款或者本细则第十六条、第二十七条、第二十八条的规定，是否明显不符合专利法第二条第四款、第二十三条第一款、第二十七条第二款、第三十一条第二款、第三十三条或者本细则第四十三条第一款的规定，是否依照专利法第九条规定不能取得专利权；

（四）申请文件是否符合本细则第二条、第三条第一款的规定。

国务院专利行政部门应当将审查意见通知申请人，要求其在指定期限内陈述意见或者补正；申请人期满未答复的，其申请视为撤回。申请人陈述意见或者补正后，国务院专利行政部门仍然认为不符合前款所列各项规定的，应当予以驳回。

第四十五条　除专利申请文件外，申请人向国务院专利行政部门提交的与专利申请有关的其他文件有下列情形之一的，视为未提交：

（一）未使用规定的格式或者填写不符合规定的；

（二）未按照规定提交证明材料的。

国务院专利行政部门应当将视为未提交的审查意见通知申请人。

第四十六条　申请人请求早日公布其发明专利申请的，应当向国务院专利行政部门声明。国务院专利行政部门对该申请进行初步审查后，除予以驳回的外，应当立即将申请予以公布。

第四十七条　申请人写明使用外观设计的产品及其所属类别的，应当使用国务院专利行政部门公布的外观设计产品分类表。未写明使用外观设计的产品所属类别或者所写的类别不确切的，国务院专利行政部门可以予以补充或者修改。

第四十八条　自发明专利申请公布之日起至公告授予专利权之日止，任何人均可以对不符合专利法规定的专利申请向国务院专利行政部门提出意见，并说明理由。

第四十九条　发明专利申请人因有正当理由无法提交专利法第三十六条规定的检索资料或者审查结果资料的，应当向国务院专利行政部门声明，并在得到有关资料后补交。

第五十条　国务院专利行政部门依照专利法第三十五条第二款的规定对专利申请自行进行审查时，应当通知申请人。

第五十一条　发明专利申请人在提出实质审查请求时以及在收到国务院专利行政部门发出的发明专利申请进入实质审查阶段通知书之日起的3个月内，可以对发明专利申请主动提出修改。

实用新型或者外观设计专利申请人自申请日起2个月内，可以对实用新型或者外观设计专利申请主动提出修改。

申请人在收到国务院专利行政部门发出的审查意见通知书后对专利申请文件进行修改的，应当针对通知书指出的缺陷进行修改。

国务院专利行政部门可以自行修改专利申请文件中文字和符号的明显错误。国务院专利行政部门自行修改的，应当通知申请人。

第五十二条　发明或者实用新型专利申请的说明书或者权利要求书的修改部分，除个别文字修改或者增删外，应当按照规定格式提交替换页。外观设计专利申请的图片或者照片的修改，应当按照规定提交替换页。

第五十三条　依照专利法第三十八条的规定，发明专利申请经实质审查应当予以驳回的情形是指：

（一）申请属于专利法第五条、第二十五条规定的情形，或者依照专利法第九条规定不能取得专利权的；

（二）申请不符合专利法第二条第二款、第二十条第一款、第二十二条、第二十六条第三款、第四款、第五款、第三十一条第一款或者本细则第二十条第二款规定的；

（三）申请的修改不符合专利法第三十三条规定，或者分案的申请不符合本细则第四十三条第一款的规定的。

第五十四条 国务院专利行政部门发出授予专利权的通知后，申请人应当自收到通知之日起2个月内办理登记手续。申请人按期办理登记手续的，国务院专利行政部门应当授予专利权，颁发专利证书，并予以公告。

期满未办理登记手续的，视为放弃取得专利权的权利。

第五十五条 保密专利申请经审查没有发现驳回理由的，国务院专利行政部门应当做出授予保密专利权的决定，颁发保密专利证书，登记保密专利权的有关事项。

第五十六条 授予实用新型或者外观设计专利权的决定公告后，专利法第六十条规定的专利权人或者利害关系人可以请求国务院专利行政部门作出专利权评价报告。

请求做出专利权评价报告的，应当提交专利权评价报告请求书，写明专利号。每项请求应当限于一项专利权。

专利权评价报告请求书不符合规定的，国务院专利行政部门应当通知请求人在指定期限内补正；请求人期满未补正的，视为未提出请求。

第五十七条 国务院专利行政部门应当自收到专利权评价报告请求书后2个月内做出专利权评价报告。对同一项实用新型或者外观设计专利权，有多个请求人请求做出专利权评价报告的，国务院专利行政部门仅作出一份专利权评价报告。任何单位或者个人可以查阅或者复制该专利权评价报告。

第五十八条 国务院专利行政部门对专利公告、专利单行本中出现的错误，一经发现，应当及时更正，并对所作更正予以公告。

第四章 专利申请的复审与专利权的无效宣告

第五十九条 专利复审委员会由国务院专利行政部门指定的技术专家和法律专家组成，主任委员由国务院专利行政部门负责人兼任。

第六十条 依照专利法第四十一条的规定向专利复审委员会请求复审的，应当提交复审请求书，说明理由，必要时还应当附具有关证据。

复审请求不符合专利法第十九条第一款或者第四十一条第一款规定的，专利复审委员会不予受理，书面通知复审请求人并说明理由。

复审请求书不符合规定格式的，复审请求人应当在专利复审委员会指定的期限内补正；期满未补正的，该复审请求视为未提出。

第六十一条　请求人在提出复审请求或者在对专利复审委员会的复审通知书作出答复时，可以修改专利申请文件；但是，修改应当仅限于消除驳回决定或者复审通知书指出的缺陷。

修改的专利申请文件应当提交一式两份。

第六十二条　专利复审委员会应当将受理的复审请求书转交国务院专利行政部门原审查部门进行审查。原审查部门根据复审请求人的请求，同意撤销原决定的，专利复审委员会应当据此作出复审决定，并通知复审请求人。

第六十三条　专利复审委员会进行复审后，认为复审请求不符合专利法和本细则有关规定的，应当通知复审请求人，要求其在指定期限内陈述意见。期满未答复的，该复审请求视为撤回；经陈述意见或者进行修改后，专利复审委员会认为仍不符合专利法和本细则有关规定的，应当做出维持原驳回决定的复审决定。

专利复审委员会进行复审后，认为原驳回决定不符合专利法和本细则有关规定的，或者认为经过修改的专利申请文件消除了原驳回决定指出的缺陷的，应当撤销原驳回决定，由原审查部门继续进行审查程序。

第六十四条　复审请求人在专利复审委员会做出决定前，可以撤回其复审请求。

复审请求人在专利复审委员会做出决定前撤回其复审请求的，复审程序终止。

第六十五条　依照专利法第四十五条的规定，请求宣告专利权无效或者部分无效的，应当向专利复审委员会提交专利权无效宣告请求书和必要的证据一式两份。无效宣告请求书应当结合提交的所有证据，具体说明无效宣告请求的理由，并指明每项理由所依据的证据。

前款所称无效宣告请求的理由，是指被授予专利的发明创造不符合专利法第二条、第二十条第一款、第二十二条、第二十三条、第二十六条第三款、第四款、第二十七条第二款、第三十三条或者本细则第二十条第二款、第四十三条第一款的规定，或者属于专利法第五条、第二十五条的规定，或者依照专利法第九条规定不能取得专利权。

第六十六条　专利权无效宣告请求不符合专利法第十九条第一款或者本细则第六十五条规定的，专利复审委员会不予受理。

在专利复审委员会就无效宣告请求做出决定之后，又以同样的理由和证据请求无效宣告的，专利复审委员会不予受理。

以不符合专利法第二十三条第三款的规定为理由请求宣告外观设计专利

权无效，但是未提交证明权利冲突的证据的，专利复审委员会不予受理。

专利权无效宣告请求书不符合规定格式的，无效宣告请求人应当在专利复审委员会指定的期限内补正；期满未补正的，该无效宣告请求视为未提出。

第六十七条 在专利复审委员会受理无效宣告请求后，请求人可以在提出无效宣告请求之日起1个月内增加理由或者补充证据。逾期增加理由或者补充证据的，专利复审委员会可以不予考虑。

第六十八条 专利复审委员会应当将专利权无效宣告请求书和有关文件的副本送交专利权人，要求其在指定的期限内陈述意见。

专利权人和无效宣告请求人应当在指定期限内答复专利复审委员会发出的转送文件通知书或者无效宣告请求审查通知书；期满未答复的，不影响专利复审委员会审理。

第六十九条 在无效宣告请求的审查过程中，发明或者实用新型专利的专利权人可以修改其权利要求书，但是不得扩大原专利的保护范围。

发明或者实用新型专利的专利权人不得修改专利说明书和附图，外观设计专利的专利权人不得修改图片、照片和简要说明。

第七十条 专利复审委员会根据当事人的请求或者案情需要，可以决定对无效宣告请求进行口头审理。

专利复审委员会决定对无效宣告请求进行口头审理的，应当向当事人发出口头审理通知书，告知举行口头审理的日期和地点。当事人应当在通知书指定的期限内作出答复。

无效宣告请求人对专利复审委员会发出的口头审理通知书在指定的期限内未作答复，并且不参加口头审理的，其无效宣告请求视为撤回；专利权人不参加口头审理的，可以缺席审理。

第七十一条 在无效宣告请求审查程序中，专利复审委员会指定的期限不得延长。

第七十二条 专利复审委员会对无效宣告的请求做出决定前，无效宣告请求人可以撤回其请求。

专利复审委员会做出决定之前，无效宣告请求人撤回其请求或者其无效宣告请求被视为撤回的，无效宣告请求审查程序终止。但是，专利复审委员会认为根据已进行的审查工作能够做出宣告专利权无效或者部分无效的决定的，不终止审查程序。

第五章 专利实施的强制许可

第七十三条 专利法第四十八条第（一）项所称未充分实施其专利，

是指专利权人及其被许可人实施其专利的方式或者规模不能满足国内对专利产品或者专利方法的需求。

专利法第五十条所称取得专利权的药品，是指解决公共健康问题所需的医药领域中的任何专利产品或者依照专利方法直接获得的产品，包括取得专利权的制造该产品所需的活性成分以及使用该产品所需的诊断用品。

第七十四条　请求给予强制许可的，应当向国务院专利行政部门提交强制许可请求书，说明理由并附具有关证明文件。

国务院专利行政部门应当将强制许可请求书的副本送交专利权人，专利权人应当在国务院专利行政部门指定的期限内陈述意见；期满未答复的，不影响国务院专利行政部门做出决定。

国务院专利行政部门在做出驳回强制许可请求的决定或者给予强制许可的决定前，应当通知请求人和专利权人拟做出的决定及其理由。

国务院专利行政部门依照专利法第五十条的规定作出给予强制许可的决定，应当同时符合中国缔结或者参加的有关国际条约关于为了解决公共健康问题而给予强制许可的规定，但中国作出保留的除外。

第七十五条　依照专利法第五十七条的规定，请求国务院专利行政部门裁决使用费数额的，当事人应当提出裁决请求书，并附具双方不能达成协议的证明文件。国务院专利行政部门应当自收到请求书之日起3个月内作出裁决，并通知当事人。

第六章　对职务发明创造的发明人或者设计人的奖励和报酬

第七十六条　被授予专利权的单位可以与发明人、设计人约定或者在其依法制定的规章制度中规定专利法第十六条规定的奖励、报酬的方式和数额。

企业、事业单位给予发明人或者设计人的奖励、报酬，按照国家有关财务、会计制度的规定进行处理。

第七十七条　被授予专利权的单位未与发明人、设计人约定也未在其依法制定的规章制度中规定专利法第十六条规定的奖励的方式和数额的，应当自专利权公告之日起3个月内发给发明人或者设计人奖金。一项发明专利的奖金最低不少于3 000元；一项实用新型专利或者外观设计专利的奖金最低不少于1 000元。

由于发明人或者设计人的建议被其所属单位采纳而完成的发明创造，被授予专利权的单位应当从优发给奖金。

第七十八条　被授予专利权的单位未与发明人、设计人约定也未在其依法制定的规章制度中规定专利法第十六条规定的报酬的方式和数额的，在专利权有效期限内，实施发明创造专利后，每年应当从实施该项发明或者实用新型专利的营业利润中提取不低于2%或者从实施该项外观设计专利的营业利润中提取不低于0.2%，作为报酬给予发明人或者设计人，或者参照上述比例，给予发明人或者设计人一次性报酬；被授予专利权的单位许可其他单位或者个人实施其专利的，应当从收取的使用费中提取不低于10%，作为报酬给予发明人或者设计人。

第七章　专利权的保护

第七十九条　专利法和本细则所称管理专利工作的部门，是指由省、自治区、直辖市人民政府以及专利管理工作量大又有实际处理能力的设区的市人民政府设立的管理专利工作的部门。

第八十条　国务院专利行政部门应当对管理专利工作的部门处理专利侵权纠纷、查处假冒专利行为、调解专利纠纷进行业务指导。

第八十一条　当事人请求处理专利侵权纠纷或者调解专利纠纷的，由被请求人所在地或者侵权行为地的管理专利工作的部门管辖。

两个以上管理专利工作的部门都有管辖权的专利纠纷，当事人可以向其中一个管理专利工作的部门提出请求；当事人向两个以上有管辖权的管理专利工作的部门提出请求的，由最先受理的管理专利工作的部门管辖。

管理专利工作的部门对管辖权发生争议的，由其共同的上级人民政府管理专利工作的部门指定管辖；无共同上级人民政府管理专利工作的部门的，由国务院专利行政部门指定管辖。

第八十二条　在处理专利侵权纠纷过程中，被请求人提出无效宣告请求并被专利复审委员会受理的，可以请求管理专利工作的部门中止处理。

管理专利工作的部门认为被请求人提出的中止理由明显不能成立的，可以不中止处理。

第八十三条　专利权人依照专利法第十七条的规定，在其专利产品或者该产品的包装上标明专利标识的，应当按照国务院专利行政部门规定的方式予以标明。

专利标识不符合前款规定的，由管理专利工作的部门责令改正。

第八十四条　下列行为属于专利法第六十三条规定的假冒专利的行为：

（一）在未被授予专利权的产品或者其包装上标注专利标识，专利权被宣告无效后或者终止后继续在产品或者其包装上标注专利标识，或者未经许可在产品或者产品包装上标注他人的专利号；

（二）销售第（一）项所述产品；

（三）在产品说明书等材料中将未被授予专利权的技术或者设计称为专

利技术或者专利设计，将专利申请称为专利，或者未经许可使用他人的专利号，使公众将所涉及的技术或者设计误认为是专利技术或者专利设计；

（四）伪造或者变造专利证书、专利文件或者专利申请文件；

（五）其他使公众混淆，将未被授予专利权的技术或者设计误认为是专利技术或者专利设计的行为。

专利权终止前依法在专利产品、依照专利方法直接获得的产品或者其包装上标注专利标识，在专利权终止后许诺销售、销售该产品的，不属于假冒专利行为。

销售不知道是假冒专利的产品，并且能够证明该产品合法来源的，由管理专利工作的部门责令停止销售，但免除罚款的处罚。

第八十五条　除专利法第六十条规定的外，管理专利工作的部门应当事人请求，可以对下列专利纠纷进行调解：

（一）专利申请权和专利权归属纠纷；

（二）发明人、设计人资格纠纷；

（三）职务发明创造的发明人、设计人的奖励和报酬纠纷；

（四）在发明专利申请公布后专利权授予前使用发明而未支付适当费用的纠纷；

（五）其他专利纠纷。

对于前款第（四）项所列的纠纷，当事人请求管理专利工作的部门调解的，应当在专利权被授予之后提出。

第八十六条　当事人因专利申请权或者专利权的归属发生纠纷，已请求管理专利工作的部门调解或者向人民法院起诉的，可以请求国务院专利行政部门中止有关程序。

依照前款规定请求中止有关程序的，应当向国务院专利行政部门提交请求书，并附具管理专利工作的部门或者人民法院的写明申请号或者专利号的有关受理文件副本。

管理专利工作的部门做出的调解书或者人民法院做出的判决生效后，当事人应当向国务院专利行政部门办理恢复有关程序的手续。自请求中止之日起 1 年内，有关专利申请权或者专利权归属的纠纷未能结案，需要继续中止有关程序的，请求人应当在该期限内请求延长中止。期满未请求延长的，国务院专利行政部门自行恢复有关程序。

第八十七条　人民法院在审理民事案件中裁定对专利申请权或者专利权采取保全措施的，国务院专利行政部门应当在收到写明申请号或者专利号的裁定书和协助执行通知书之日中止被保全的专利申请权或者专利权的有关程序。保全期限届满，人民法院没有裁定继续采取保全措施的，国务院专利行政部门自行恢复有关程序。

第八十八条 国务院专利行政部门根据本细则第八十六条和第八十七条规定中止有关程序，是指暂停专利申请的初步审查、实质审查、复审程序，授予专利权程序和专利权无效宣告程序；暂停办理放弃、变更、转移专利权或者专利申请权手续，专利权质押手续以及专利权期限届满前的终止手续等。

第八章 专利登记和专利公报

第八十九条 国务院专利行政部门设置专利登记簿，登记下列与专利申请和专利权有关的事项：

（一）专利权的授予；

（二）专利申请权、专利权的转移；

（三）专利权的质押、保全及其解除；

（四）专利实施许可合同的备案；

（五）专利权的无效宣告；

（六）专利权的终止；

（七）专利权的恢复；

（八）专利实施的强制许可；

（九）专利权人的姓名或者名称、国籍和地址的变更。

第九十条 国务院专利行政部门定期出版专利公报，公布或者公告下列内容：

（一）发明专利申请的著录事项和说明书摘要；

（二）发明专利申请的实质审查请求和国务院专利行政部门对发明专利申请自行进行实质审查的决定；

（三）发明专利申请公布后的驳回、撤回、视为撤回、视为放弃、恢复和转移；

（四）专利权的授予以及专利权的著录事项；

（五）发明或者实用新型专利的说明书摘要，外观设计专利的一幅图片或者照片；

（六）国防专利、保密专利的解密；

（七）专利权的无效宣告；

（八）专利权的终止、恢复；

（九）专利权的转移；

（十）专利实施许可合同的备案；

（十一）专利权的质押、保全及其解除；

（十二）专利实施的强制许可的给予；

（十三）专利权人的姓名或者名称、地址的变更；

（十四）文件的公告送达；

（十五）国务院专利行政部门做出的更正；

（十六）其他有关事项。

第九十一条　国务院专利行政部门应当提供专利公报、发明专利申请单行本以及发明专利、实用新型专利、外观设计专利单行本，供公众免费查阅。

第九十二条　国务院专利行政部门负责按照互惠原则与其他国家、地区的专利机关或者区域性专利组织交换专利文献。

第九章　费　　用

第九十三条　向国务院专利行政部门申请专利和办理其他手续时，应当缴纳下列费用：

（一）申请费、申请附加费、公布印刷费、优先权要求费；

（二）发明专利申请实质审查费、复审费；

（三）专利登记费、公告印刷费、年费；

（四）恢复权利请求费、延长期限请求费；

（五）著录事项变更费、专利权评价报告请求费、无效宣告请求费。

前款所列各种费用的缴纳标准，由国务院价格管理部门、财政部门会同国务院专利行政部门规定。

第九十四条　专利法和本细则规定的各种费用，可以直接向国务院专利行政部门缴纳，也可以通过邮局或者银行汇付，或者以国务院专利行政部门规定的其他方式缴纳。

通过邮局或者银行汇付的，应当在送交国务院专利行政部门的汇单上写明正确的申请号或者专利号以及缴纳的费用名称。不符合本款规定的，视为未办理缴费手续。

直接向国务院专利行政部门缴纳费用的，以缴纳当日为缴费日；以邮局汇付方式缴纳费用的，以邮局汇出的邮戳日为缴费日；以银行汇付方式缴纳费用的，以银行实际汇出日为缴费日。

多缴、重缴、错缴专利费用的，当事人可以自缴费日起3年内，向国务院专利行政部门提出退款请求，国务院专利行政部门应当予以退还。

第九十五条　申请人应当自申请日起2个月内或者在收到受理通知书之日起15日内缴纳申请费、公布印刷费和必要的申请附加费；期满未缴纳或者未缴足的，其申请视为撤回。

申请人要求优先权的，应当在缴纳申请费的同时缴纳优先权要求费；期满未缴纳或者未缴足的，视为未要求优先权。

第九十六条 当事人请求实质审查或者复审的，应当在专利法及本细则规定的相关期限内缴纳费用；期满未缴纳或者未缴足的，视为未提出请求。

第九十七条 申请人办理登记手续时，应当缴纳专利登记费、公告印刷费和授予专利权当年的年费；期满未缴纳或者未缴足的，视为未办理登记手续。

第九十八条 授予专利权当年以后的年费应当在上一年度期满前缴纳。专利权人未缴纳或者未缴足的，国务院专利行政部门应当通知专利权人自应当缴纳年费期满之日起6个月内补缴，同时缴纳滞纳金；滞纳金的金额按照每超过规定的缴费时间1个月，加收当年全额年费的5%计算；期满未缴纳的，专利权自应当缴纳年费期满之日起终止。

第九十九条 恢复权利请求费应当在本细则规定的相关期限内缴纳；期满未缴纳或者未缴足的，视为未提出请求。

延长期限请求费应当在相应期限届满之日前缴纳；期满未缴纳或者未缴足的，视为未提出请求。

著录事项变更费、专利权评价报告请求费、无效宣告请求费应当自提出请求之日起1个月内缴纳；期满未缴纳或者未缴足的，视为未提出请求。

第一百条 申请人或者专利权人缴纳本细则规定的各种费用有困难的，可以按照规定向国务院专利行政部门提出减缓或者缓缴的请求。减缓或者缓缴的办法由国务院财政部门会同国务院价格管理部门、国务院专利行政部门规定。

第十章 关于国际申请的特别规定

第一百〇一条 国务院专利行政部门根据专利法第二十条规定，受理按照专利合作条约提出的专利国际申请。

按照专利合作条约提出并指定中国的专利国际申请（以下简称国际申请）进入国务院专利行政部门处理阶段（以下称进入中国国家阶段）的条件和程序适用本章的规定；本章没有规定的，适用专利法及本细则其他各章的有关规定。

第一百〇二条 按照专利合作条约已确定国际申请日并指定中国的国际申请，视为向国务院专利行政部门提出的专利申请，该国际申请日视为专利法第二十八条所称的申请日。

第一百〇三条　国际申请的申请人应当在专利合作条约第二条所称的优先权日（本章简称优先权日）起30个月内，向国务院专利行政部门办理进入中国国家阶段的手续；申请人未在该期限内办理该手续的，在缴纳宽限费后，可以在自优先权日起32个月内办理进入中国国家阶段的手续。

第一百〇四条　申请人依照本细则第一百〇三条的规定办理进入中国国家阶段的手续的，应当符合下列要求：

（一）以中文提交进入中国国家阶段的书面声明，写明国际申请号和要求获得的专利权类型；

（二）缴纳本细则第九十三条第一款规定的申请费、公布印刷费，必要时缴纳本细则第一百〇三条规定的宽限费；

（三）国际申请以外文提出的，提交原始国际申请的说明书和权利要求书的中文译文；

（四）在进入中国国家阶段的书面声明中写明发明创造的名称，申请人姓名或者名称、地址和发明人的姓名，上述内容应当与世界知识产权组织国际局（以下简称国际局）的记录一致；国际申请中未写明发明人的，在上述声明中写明发明人的姓名；

（五）国际申请以外文提出的，提交摘要的中文译文，有附图和摘要附图的，提交附图副本和摘要附图副本，附图中有文字的，将其替换为对应的中文文字；国际申请以中文提出的，提交国际公布文件中的摘要和摘要附图副本；

（六）在国际阶段向国际局已办理申请人变更手续的，提供变更后的申请人享有申请权的证明材料；

（七）必要时缴纳本细则第九十三条第一款规定的申请附加费。

符合本条第一款第（一）项至第（三）项要求的，国务院专利行政部门应当给予申请号，明确国际申请进入中国国家阶段的日期（以下简称进入日），并通知申请人其国际申请已进入中国国家阶段。

国际申请已进入中国国家阶段，但不符合本条第一款第（四）项至第（七）项要求的，国务院专利行政部门应当通知申请人在指定期限内补正；期满未补正的，其申请视为撤回。

第一百〇五条　国际申请有下列情形之一的，其在中国的效力终止：

（一）在国际阶段，国际申请被撤回或者被视为撤回，或者国际申请对中国的指定被撤回的；

（二）申请人未在优先权日起32个月内按照本细则第一百〇三条规定办理进入中国国家阶段手续的；

（三）申请人办理进入中国国家阶段的手续，但自优先权日起 32 个月期限届满仍不符合本细则第一百〇四条第（一）项至第（三）项要求的。

依照前款第（一）项的规定，国际申请在中国的效力终止的，不适用本细则第六条的规定；依照前款第（二）项、第（三）项的规定，国际申请在中国的效力终止的，不适用本细则第六条第二款的规定。

第一百〇六条　国际申请在国际阶段作过修改，申请人要求以经修改的申请文件为基础进行审查的，应当自进入日起 2 个月内提交修改部分的中文译文。在该期间内未提交中文译文的，对申请人在国际阶段提出的修改，国务院专利行政部门不予考虑。

第一百〇七条　国际申请涉及的发明创造有专利法第二十四条第（一）项或者第（二）项所列情形之一，在提出国际申请时作过声明的，申请人应当在进入中国国家阶段的书面声明中予以说明，并自进入日起 2 个月内提交本细则第三十条第三款规定的有关证明文件；未予说明或者期满未提交证明文件的，其申请不适用专利法第二十四条的规定。

第一百〇八条　申请人按照专利合作条约的规定，对生物材料样品的保藏已作出说明的，视为已经满足了本细则第二十四条第（三）项的要求。申请人应当在进入中国国家阶段声明中指明记载生物材料样品保藏事项的文件以及在该文件中的具体记载位置。

申请人在原始提交的国际申请的说明书中已记载生物材料样品保藏事项，但是没有在进入中国国家阶段声明中指明的，应当自进入日起 4 个月内补正。期满未补正的，该生物材料视为未提交保藏。

申请人自进入日起 4 个月内向国务院专利行政部门提交生物材料样品保藏证明和存活证明的，视为在本细则第二十四条第（一）项规定的期限内提交。

第一百〇九条　国际申请涉及的发明创造依赖遗传资源完成的，申请人应当在国际申请进入中国国家阶段的书面声明中予以说明，并填写国务院专利行政部门制定的表格。

第一百一十条　申请人在国际阶段已要求一项或者多项优先权，在进入中国国家阶段时该优先权要求继续有效的，视为已经依照专利法第三十条的规定提出了书面声明。

申请人应当自进入日起 2 个月内缴纳优先权要求费；期满未缴纳或者未缴足的，视为未要求该优先权。

申请人在国际阶段已依照专利合作条约的规定，提交过在先申请文件副本的，办理进入中国国家阶段手续时不需要向国务院专利行政部门提交在先申请文件副本。申请人在国际阶段未提交在先申请文件副本的，国务院专利行政部门认为必要时，可以通知申请人在指定期限内补交；申请人期满未补交的，其优先权要求视为未提出。

第一百一十一条 在优先权日起 30 个月期满前要求国务院专利行政部门提前处理和审查国际申请的，申请人除应当办理进入中国国家阶段手续外，还应当依照专利合作条约第二十三条第二款规定提出请求。国际局尚未向国务院专利行政部门传送国际申请的，申请人应当提交经确认的国际申请副本。

第一百一十二条 要求获得实用新型专利权的国际申请，申请人可以自进入日起 2 个月内对专利申请文件主动提出修改。

要求获得发明专利权的国际申请，适用本细则第五十一条第一款的规定。

第一百一十三条 申请人发现提交的说明书、权利要求书或者附图中的文字的中文译文存在错误的，可以在下列规定期限内依照原始国际申请文本提出改正：

（一）在国务院专利行政部门作好公布发明专利申请或者公告实用新型专利权的准备工作之前；

（二）在收到国务院专利行政部门发出的发明专利申请进入实质审查阶段通知书之日起 3 个月内。

申请人改正译文错误的，应当提出书面请求并缴纳规定的译文改正费。

申请人按照国务院专利行政部门的通知书的要求改正译文的，应当在指定期限内办理本条第二款规定的手续；期满未办理规定手续的，该申请视为撤回。

第一百一十四条 对要求获得发明专利权的国际申请，国务院专利行政部门经初步审查认为符合专利法和本细则有关规定的，应当在专利公报上予以公布；国际申请以中文以外的文字提出的，应当公布申请文件的中文译文。

要求获得发明专利权的国际申请，由国际局以中文进行国际公布的，自国际公布日起适用专利法第十三条的规定；由国际局以中文以外的文字进行国际公布的，自国务院专利行政部门公布之日起适用专利法第十三条的规定。

对国际申请，专利法第二十一条和第二十二条中所称的公布是指本条第一款所规定的公布。

第一百一十五条 国际申请包含两项以上发明或者实用新型的，申请人可以自进入日起，依照本细则第四十二条第一款的规定提出分案申请。

在国际阶段，国际检索单位或者国际初步审查单位认为国际申请不符合专利合作条约规定的单一性要求时，申请人未按照规定缴纳附加费，导致国际申请某些部分未经国际检索或者未经国际初步审查，在进入中国国家阶段时，申请人要求将所述部分作为审查基础，国务院专利行政部门认为国际检索单位或者国际初步审查单位对发明单一性的判断正确的，应当通知申请人在指定期限内缴纳单一性恢复费。期满未缴纳或者未足额缴纳的，国际申请中未经检索或者未经国际初步审查的部分视为撤回。

第一百一十六条　国际申请在国际阶段被有关国际单位拒绝给予国际申请日或者宣布视为撤回的，申请人在收到通知之日起2个月内，可以请求国际局将国际申请档案中任何文件的副本转交国务院专利行政部门，并在该期限内向国务院专利行政部门办理本细则第一百〇三条规定的手续，国务院专利行政部门应当在接到国际局传送的文件后，对国际单位作出的决定是否正确进行复查。

第一百一十七条　基于国际申请授予的专利权，由于译文错误，致使依照专利法第五十九条规定确定的保护范围超出国际申请的原文所表达的范围的，以依据原文限制后的保护范围为准；致使保护范围小于国际申请的原文所表达的范围的，以授权时的保护范围为准。

第十一章　附则

第一百一十八条　经国务院专利行政部门同意，任何人均可以查阅或者复制已经公布或者公告的专利申请的案卷和专利登记簿，并可以请求国务院专利行政部门出具专利登记簿副本。

已视为撤回、驳回和主动撤回的专利申请的案卷，自该专利申请失效之日起满2年后不予保存。

已放弃、宣告全部无效和终止的专利权的案卷，自该专利权失效之日起满3年后不予保存。

第一百一十九条　向国务院专利行政部门提交申请文件或者办理各种手续，应当由申请人、专利权人、其他利害关系人或者其代表人签字或者盖章；委托专利代理机构的，由专利代理机构盖章。

请求变更发明人姓名、专利申请人和专利权人的姓名或者名称、国籍和地址、专利代理机构的名称、地址和代理人姓名的，应当向国务院专利行政部门办理著录事项变更手续，并附具变更理由的证明材料。

第一百二十条　向国务院专利行政部门邮寄有关申请或者专利权的文件，应当使用挂号信函，不得使用包裹。

除首次提交专利申请文件外，向国务院专利行政部门提交各种文件、办理各种手续的，应当标明申请号或者专利号、发明创造名称和申请人或者专利权人姓名或者名称。

一件信函中应当只包含同一申请的文件。

第一百二十一条　各类申请文件应当打字或者印刷，字迹呈黑色，整齐清晰，并不得涂改。附图应当用制图工具和黑色墨水绘制，线条应当均匀清晰，并不得涂改。

请求书、说明书、权利要求书、附图和摘要应当分别用阿拉伯数字顺序编号。

申请文件的文字部分应当横向书写。纸张限于单面使用。

第一百二十二条　国务院专利行政部门根据专利法和本细则制定专利审查指南。

第一百二十三条　本细则自 2001 年 7 月 1 日起施行。1992 年 12 月 12 日国务院批准修订、1992 年 12 月 21 日中国专利局发布的《中华人民共和国专利法实施细则》同时废止。

第三节　中华人民共和国著作权法实施细则

（一九九一年五月二十四日国务院批准，一九九一年五月三十日国家版权局发布，一九九一年六月一日起施行）

第一章　一般规定

第一条　根据中华人民共和国著作权法（以下简称著作权法）第五十四条规定，制定本实施条例。

第二条　著作权法所称作品，指文学、艺术和科学领域内，具有独创性并能以某种有形形式复制的智力创作成果。

第三条　著作权法所称创作，指直接产生文学、艺术和科学作品的智力活动。

为他人创作进行组织工作，提供咨询意见、物质条件或者进行其他辅助活动，均不视为创作。

第四条　著作权法和本实施条例中下列作品的含义是：

（一）文字作品，指小说、诗词、散文、论文等以文字形式表现的作品；

（二）口述作品，指即兴的演说、授课、法庭辩论等以口头语言创作、未以任何物质载体固定的作品；

（三）音乐作品，指交响乐、歌曲等能够演唱或者演奏的带词或者不带词的作品；

（四）戏剧作品，指话剧、歌剧、地方戏曲等供舞台演出的作品；

（五）曲艺作品，指相声、快书、大鼓、评书等以说唱为主要形式表演的作品；

（六）舞蹈作品，指通过连续的动作、姿势表情表现的作品；

（七）美术作品，指绘画、书法、雕塑、建筑等以线条、色彩或者其他方式构成的有审美意义的平面或者立体的造型艺术作品；

（八）摄影作品，指借助器械，在感光材料上记录客观物体形象的艺术品作品。

（九）电影、电视、录像作品，指摄制在一定物质上，由一系列有伴音或者无伴音的画面组成，并且借助适当装置放映、播放的作品；

（十）工程设计、产品设计图纸及其说明，指为施工和生产绘制的图样及对图样的文字说明；

（十一）地图、示意图等图形作品，指地图、线路图、解剖图等反映地理现象、说明事物原理或者结构的图形或者模型。

第五条　著作权法和本实施条例中下列使用作品方式的含义是：

（一）复制，指以印刷、复印、临摹、拓印、录音、录像、翻拍等方式将作品制作一份或者多份的行为；

（二）表演，指演奏乐曲、上演剧本、朗诵诗词等直接或者借助技术设备以声音、表情、动作公开再现作品；

（三）播放，指通过无线电波、有线电视系统传播作品；

（四）展览，指公开陈列美术作品、摄影作品的原件或者复制件；

（五）发行，指为满足公众的合理需求，通过出售、出租等方式向公众提供一定数量的作品复制件；

（六）出版，指将作品编辑加工后，经过复制向公众发行；

（七）摄制电影、电视、录像作品，指以拍摄电影或者类似的方式首次将作品固定在一定的载体上。将表演或者景物机械地录制下来，不视为摄制电影、电视、录像作品；

（八）改编，指在原有作品的基础上，通过改变作品的表现形式或者用途，创作出具有独创性的新作品；

（九）翻译，指将作品从一种语言文字转换成另一种语言文字；

（十）注释，指对文字作品中的字、词、句进行解释；

（十一）编辑，指根据特定要求选择若干作品或者作品的片断汇集编排成为一部作品；

（十二）整理，指对内容零散、层次不清的已有文字作品或者材料进行条理化、系统化的加工，如古籍的校点、补遗等。

第六条 著作权法和本实施条例中下列用语的含义是：

（一）时事新闻，指通过报纸、期刊、电台、电视台等传播媒介报道的单纯事实消息；

（二）录音制品，指任何声音的原始录制品；

（三）录像制品，指电影、电视、录像作品以外的任何有伴音或者无伴音的连续相关形象的原始录制品；

（四）广播、电视节目，指广播电台、电视台通过载有声音、图像的信号传播的节目；

（五）录音制作者，指制作录音制品的人；

（六）录像制作者，指制作录像制品的人；

（七）表演者，指演员或者其他表演文学、艺术作品的人。

第二章 著作权行政管理部门

第七条 国家版权局是国务院著作权行政管理部门，主管全国的著作权管理工作，其主要职责是：

（一）贯彻实施著作权法律、法规，制定与著作权行政管理有关的办法；

（二）查处在全国有重大影响的著作权侵权案件；

（三）批准设立著作权集体管理机构、涉外代理机构和合同纠纷仲裁机构，并监督、指导其工作；

（四）负责著作权涉外管理工作；

（五）负责国家享有的著作权管理工作；

（六）指导地方著作权行政管理部门的工作；

（七）承担国务院交办的其他著作权管理工作；

第八条 地方人民政府交办的著作行政管理部门主管本行政区域的著作权管理工作，其职责由各省、自治区、直辖市人民政府确定。

第三章 著作权的归属与行使

第九条 创作作品的公民或者依法被视为作者的法人或者非法人单位享有著作权，但法律另有规定的除外。

法人必须符合民法通则规定的条件。不具备法人条件，经核准登记的社会团体、经济组织或者组成法人的各个相对独立的部门，为非法人单位。

第十条 注释、整理他人已有作品的人，对经过自己注释、整理而产生的作品享有著作权，但对原作品不享有著作权，并且不得阻止其他人对同一已有作品进行注释、整理。

第十一条　合作作品不可以分割使用的，合作作者对著作权的行使如果不能协商一致，任何一方无正当理由不得阻止他方行使。

第十二条　由法人或者非法人单位组织人员进行创作，提供资金或者资料等创作条件，并承担责任的百科全书、辞书、教材、大型摄影画册等编辑作品，其整体著作权归法人或者非法人单位所有。

第十三条　著作权人许可他人将其作品摄制成电影、电视、录像作品的，视为已同意对其作品进行必要的改动，但是这种改动不得歪曲篡改原作品。

第十四条　职务作品由作者享有著作权的，在作品完成两年内，如单位在其业务范围内不使用，作者可以要求单位同意由第三个以与单位使用的相同方式使用，单位没有正当理由不得拒绝。

在作品完成两年内，经单位同意，作者许可第三人以与单位使用的相同方式作用作品所获报酬，由作者与单位按约定的比例分配。

作品完成两年后，单位可以在其业务范围内继续使用。

作品完成两年期限，自作者向单位交付作品之日起计算。

第十五条　著作权法第十六条第二款第（一）项所称物质技术条件，指为创作专门提供的资金、设备或者资料。

第十六条　作者身份不明的作品，由作品原件的合法持有人行使除署名权以外的著作权。作者身份确定后，由作者或者其继承人行使著作权。

第十七条　著作权法第十八条关于美术等作品原件所有权的转移，不视为作品著作权的转移的规定，适用于任何原件所有权可能转移的作品。

第十八条　著作权中的财产权依照继续法的规定继承。

第十九条　合作作者之一死亡后，其对合作作品享有的使用权和获得报酬权无人继承又无人受遗赠的，由其他合作作者享有。

第二十条　作者死亡后，其著作权中的署名权、修改权和保护作品完整权由作者的继承人或者受遗赠人保护。

著作权无人继承又无人受遗赠的，其署名权、修改权和保护作品完整权由著作权行政管理部门保护。

第二十一条　国家享有的著作权，由著作权行政管理部门代表国家行使。

第二十二条　作者生前未发表的作品，如果作者未明确表示不发表，作者死亡后五十年内，其发表权可由继承人或者受遗赠人行使；没有继承人又无人受遗赠的，由作品原件的合法所有人行使。

第二十三条　著作权自作品完成创作之日起产生，并受著作权法的保护。

第二十四条　作者身份不明的作品，对其使用权和获得报酬权的保护期为五十年，截止于作品首次发表后第五十年的十二月三十一日。作者身份一旦确定，适用著作权法第二十一条的规定。

第二十五条　外国人的作品首先在中国境内发表的，其著作权保护期自首次发表之日起计算。

著作权法第二条第二款所称外国人的作品首先在中国境内发表，指外国人未发表的作品通过合法方式首先在中国境内出版。

外国人作品在中国境外首先出版后，三十天内在中国境内出版的，视为该作品首先在中国境内发表。

外国人未发表的作品经授权改编、翻译后首先在中国境内出版的，视为该作品首先在中国境内发表。

第二十六条　著作权法所称已经发表的作品，指著作人以著作权法规定的方式公之于众的作品。

第二十七条　著作权法第二十二条第（二）项规定的适当引用他人已经发表的作品，必须具备下列条件：

（一）引用目的的仅限于介绍、评论某一作品或者说明某一问题。

（二）所引用部分不能构成引用人作品的主要部分或者实质部分；

（三）不得损害被引用作品著作权人的利益。

第二十八条　著作权法第二十二条第（三）项的规定，指在符合新闻报道目的范围内，不可避免地再现已经发表的作品。

第二十九条　依照著作权法第二十二条第（六）、（七）项的规定使用他人已经发表的作品，不得影响作品的正常利用，也不得无故损害著作权人的合法权益。

第三十条　依照著作权法第二十二条第（九）项的规定表演已经发表的作品，不得向听众、观众收取费用，也不得向表演者支付报酬。

第三十一条　著作权法第二十二条第（十一）项的规定，仅适用于原作品为汉族文字的作品。

第四章　著作权许可使用合同

第三十二条　同著作权人订立合同或者取得许可使用其作品，应当采取书面形式，但是报社、杂志社刊登作品除外。

第三十三条　除著作权法另有规定外，合同中未明确约定授予专用使用权的，使用者仅取得非专有使用权。

第三十四条　国家版权局负责提供各类著作权许可使用合同的标准样式。

第三十五条　取得某项专有使用权的使用者，有权排除著作权人在内的一切他人以同样的方式使用作品。如果许可第三人行使同一权利，必须取得著作权人的许可，合同另有约定的除外。

第五章　与著作权有关权益的行使与限制

第三十六条　著作权法和本实施条例所称与著作权有关权益，指出版者对其出版的图书和报刊享有的权利，表演者对其表演享有的权利，录音录像制作者对其制作的录音录像制品享有的权利，广播电台、电视台对其制作的广播、电视节目享有的权利。

第三十七条　出版者、表演者、录音录像制作者、广播电台、电视台行使权利，不得损害被使用作品和原作品著作权人的权利。

第三十八条　出版者对其出版的图书、报纸、杂志的版式、装帧设计，享有专有使用权。

第三十九条　图书出版者依照著作权法第三十条的规定，在合同有效期内和在合同约定地区内，以同种文字的原版、修订版和缩编本的方式出版图书的独占权利，受法律保护。

第四十条　作者主动投给图书出版者的稿件，出版者应在六个月内决定是否采用。采用的，应签订合同；不采用的，应及时通知作者。既不通知作者，又不签订合同的，六个月后作者可以要求出版者退还原稿和给予经济补偿。六个月期限，从出版者收到稿件之日起计算。

第四十一条　由著作权人承担出版经费的，不适用著作权法第二十九条、第三十条、第三十一条、第三十三条的规定。

第四十二条　著作权人寄给图书出版者的两份订单在六个月内未能得到履行，视为著作权法第三十一条所称的图书脱销。

第四十三条　著作权人依照著作权法第三十二条第二款声明不得转载、摘编其作品的，应当在报纸、杂志首次刊登该作品时附带声明。

第四十四条　著作权法第三十六条第（一）、（二）项权利的保护期不受时间限制。

著作权法第三十九条第二款和第四十二条第三款规定的表演者获得报酬权利的保护期，分别适用第三十九条第一款和第四十二条第二款的规定。

第四十五条　依照著作权法第三十五条的规定，表演者应当通过演出组织者向著作权人支付报酬。

第四十六条　外国表演者在中国境内的表演，受著作权法保护。

第四十七条　外国录音录像制作者在中国境内制作并发行的录音录像制品，受著作权法保护。

第四十八条　著作权人依照著作权法第三十五条第二款、第三十七条第一款和第四十条第二款声明不得对其作品表演、录音或者制作广播、电视节目的，应当在发表该作品时声明，或者在国家版权局的著作权公报上刊登声明。

第四十九条　根据著作权法第三十二条第二款、第三十五条第二款、第三十七条第一款、第四十条第二款，使用他人已经发表的作品，应当向著作权人支付报酬。著作权人或者著作权人地址不明的，应在一个月内将报酬寄送国家版权局指定机构，由该机构转递著作权人。

第六章　罚则

第五十条　著作权行政管理部门对著作权法第四十六条所列的侵权行为，可给予警告、责令停止制作和发行侵权复制品、没收非法所得、没收侵权复制品及制作设备和罚款的行政处罚。

第五十一条　著作权行政管理部门对著作权法第四十六条所列侵权行为，视情节轻重，罚款数额如下：

（一）对有著作权法第四十六条第（一）项行为的，罚款一百至五千元；

（二）对有著作权法第四十六条第（二）、（三）、（四）、（五）、（六）项行为的，罚款一万至十万元或者总定价的二至五倍；

（三）对有著作权法第四十六条第（七）项行为的，罚款一千至五万元。

第五十二条　地方人民政府著作行政管理部门负责查处本地区发生的著作权法第四十六条所列的侵权行为。

国家版权局负责查处著作权法第四十六条所列侵权行为中的下列行为：

（一）在全国有重大影响的侵权行为；

（二）涉外侵权行为；

（三）认为应当由国家版权局查处的侵权行为。

第五十三条　著作权行政管理部门在行使行政处罚权时，可以责令侵害人赔偿受害人的损失。

第七章　附则

第五十四条　著作权人可以通过集体管理的方式行使其著作权。

第五十五条　本实施条例由国家版权局负责解释。

第五十六条　本实施条例自一九九一年六月一日起施行。